基于R应用的统计学丛书

Statistics Series with R

多元统计分析

——基于R

第2版

Multivariate Statistical Analysis with R

主 编 费 宇　　副主编 郭民之　陈贻娟

中国人民大学出版社

·北京·

前　言

我们所处的时代是一个大数据时代, 数据无处不在, 统计学是研究数据的科学, 在数据分析中扮演了非常重要的角色. 多元统计分析是统计学应用最广泛的一个分支, 在自然科学、社会科学、经济科学和管理科学等领域应用广泛.

本书的编写有以下特点: (1) 言简意赅, 为了节约篇幅, 省略了一些烦琐的理论证明和公式推导; (2) 强调应用, 采用生动具体的例子来讲解多元统计分析方法, 方便读者学习; (3) 与 R 密切结合, 采用 R 软件来实现多元统计的计算和分析, 并解读 R 软件的分析结果; (4) 使用方便, 本书所有例题、案例和习题的数据文件以及相应的 R 程序都放在中国人民大学出版社网站 www.crup.com.cn 上供读者下载使用. 读者也可以通过电子邮件向作者索取, 邮箱地址: 1350691353@qq.com (费宇).

第一版全书共 10 章, 第 1, 2, 3, 4, 7 章由云南财经大学费宇编写, 第 5, 6, 10 章由云南师范大学郭民之编写, 第 8, 9 章由云南财经大学陈贻娟编写. 本书可作为经济学和管理学类专业的本科生和硕士研究生教材, 也可以作为统计工作者的参考书.

本书第一版自 2014 年出版以来, 承蒙读者的厚爱, 许多高校都采用此书作为教材, 同时, 许多教师和学生给予我们热情的鼓励并对书中有些地方提出了中肯的建议, 在此我们表示衷心感谢.

本书由云南财经大学费宇负责修订第 1 章、第 2 章和第 3 章, 云南师范大学郭民之负责修订第 4 章、第 5 章、第 6 章和第 10 章, 云南财经大学陈贻娟负责修订第 7 章、第 8 章和第 9 章, 最后由费宇负责全书的统稿. 本次修订在保持强调应用的风格下, 主要做了如下修改:

(1) 统一修改了各章符号不一致的地方, 书写的风格尽量一致, 保留第一版简明易懂的特点.

(2) 适当增加了一些内容: 第 2 章多元线性模型增加了 "多元正态分布" (第 2.1 节); 第 3 章广义线性模型增加了 "Probit 模型" (第 3.3 节)、"多项 Logit 模型" (第 3.4 节)、"零膨胀计数模型" (第 3.6 节)、"多项分布对数线性模型" (第 3.7 节); 第 4 章聚类分析增加了 "EM 聚类法" (第 4.4 节); 第 5 章判别分析增加了 "二次判别" (第

5.4 节); 第 6 章主成分分析增加了 "案例分析: 主成分回归分析" (第 6.4 节); 第 7 章因子分析增加了 "主因子法" (第 7.2.2 节), 还增加了一个案例分析 (第 7.6 节).

(3) 更新了一些例子、案例和习题: 比如第 8 章、第 9 章更新了案例; 第 2~10 章更新了习题数据.

(4) 各章参考文献分章罗列.

本书参阅了许多国内外教材和资料, 并引用了部分例题和习题, 在此向有关的作者表示衷心的感谢. 本书得到国家自然科学基金项目 "高维纵向数据动态聚类分析研究" (项目批准号: 11971421) 和 "广义估计方程 (GEE) 框架下的回归诊断: 基于均值和协方差结构同时拟合的研究" (项目批准号: 11561071) 的支持, 还得到云南省云岭学者培养经费的支持, 特此表示感谢.

由于作者水平有限, 难免有不妥和谬误之处, 恳请同行专家及广大读者提出宝贵意见和建议.

费　宇

于云南财经大学

目　录

第 1 章　多元统计分析与 R 简介 … 1
1.1 多元统计分析简介 …………… 1
1.2 R 简介 ………………………… 5
习题 ……………………………… 15
参考文献 ………………………… 15

第 2 章　多元线性模型 ………… 16
2.1 多元正态分布 ………………… 16
2.2 多元线性模型 ………………… 17
2.3 变量选择 ……………………… 20
2.4 回归诊断 ……………………… 23
2.5 回归预测 ……………………… 28
习题 ……………………………… 29
参考文献 ………………………… 35

第 3 章　广义线性模型 ………… 36
3.1 广义线性模型的定义 ………… 36
3.2 Logistic 模型 ………………… 37
3.3 Probit 模型 …………………… 40
3.4 多项 Logit 模型 ……………… 42
3.5 泊松对数线性模型 …………… 45
3.6 零膨胀计数模型 ……………… 47
3.7 多项分布对数线性模型 ……… 51
习题 ……………………………… 54

参考文献 ………………………… 59

第 4 章　聚类分析 ……………… 60
4.1 相似性度量 …………………… 60
4.2 系统聚类法 …………………… 63
4.3 k 均值聚类法 ………………… 67
4.4 EM 聚类法 …………………… 71
习题 ……………………………… 75
参考文献 ………………………… 80

第 5 章　判别分析 ……………… 81
5.1 距离判别 ……………………… 81
5.2 Fisher 判别 …………………… 85
5.3 Bayes 判别 …………………… 91
5.4 二次判别 ……………………… 95
5.5 案例: 30 个地区经济状况的
　　判别分析 …………………… 98
习题 ……………………………… 103
参考文献 ………………………… 107
附录 ……………………………… 107

第 6 章　主成分分析 …………… 110
6.1 主成分分析的基本思想 ……… 110
6.2 总体主成分 …………………… 110
6.3 样本主成分 …………………… 116

6.4 案例: 城市空气质量数据的
　　主成分回归分析 …………… 129
习题 ………………………………… 133
参考文献 ………………………… 138

第 7 章　因子分析 ……………… 139
7.1 正交因子模型 ……………… 139
7.2 因子模型的估计 …………… 141
7.3 因子正交旋转 ……………… 144
7.4 因子得分 …………………… 145
7.5 因子分析小结 ……………… 151
7.6 案例: 汽车零部件行业业绩的
　　因子分析 ………………… 151
习题 ………………………………… 160
参考文献 ………………………… 160

第 8 章　对应分析 ……………… 161
8.1 对应分析的基本思想 ……… 161
8.2 对应分析的原理 …………… 162
8.3 对应分析的计算步骤 ……… 165
8.4 案例: 31 个地区人口文化程度
　　分布的对应分析 ………… 167
习题 ………………………………… 173
参考文献 ………………………… 174

第 9 章　典型相关分析 ………… 176
9.1 典型相关分析基本理论 …… 176

9.2 总体典型相关变量的概念
　　及其解法 ………………… 176
9.3 典型相关变量的性质 ……… 178
9.4 原始变量与典型相关变量的
　　相关系数 ………………… 179
9.5 简单相关、复相关和典型相关
　　之间的关系 ……………… 180
9.6 分量的标准化处理 ………… 181
9.7 样本典型相关系数及其对应
　　典型相关变量的计算 …… 182
9.8 典型相关系数的显著性检验 …… 182
9.9 被解释样本方差的比例 …… 183
9.10 案例: 科技活动和经济发展
　　的典型相关分析 ………… 188
习题 ………………………………… 193
参考文献 ………………………… 198
附录 ………………………………… 198

第 10 章　多维标度分析 ………… 202
10.1 多维标度法的基本思想 …… 202
10.2 古典多维标度法 …………… 203
10.3 案例: 中国农村居民家庭
　　人均支出的多维标度分析 … 211
习题 ………………………………… 214
参考文献 ………………………… 217

C 第 1 章
Chapter 1 多元统计分析与 R 简介

在实际生活中, 我们研究的对象往往受多个变量的作用和影响, 如果这些变量是相互独立的, 我们可以把多个变量分开来进行研究, 一次分析一个变量, 即采用一元统计分析的方法进行分析; 但如果变量之间是相关的 (比如人的身高、坐高、体重和肺活量这四个变量就是相关的), 采用一元统计方法就会丢失很多信息, 因为这种分析方法忽略了多个变量间的相关性. **多元统计分析** (multivariate statistical analysis) 就是把多个变量合在一起进行研究的统计学方法, 在自然科学、经济学、管理学和社会科学等领域有广泛的应用.

R 是一个自由和开源的软件平台, 是一款统计分析功能强大的免费软件. 本书将结合 R 来介绍多元统计分析的主要理论和方法, 并利用 R 的程序包和函数来实现具体的数据计算和分析, 下面先对多元统计分析和 R 软件作一个简要介绍.

1.1 多元统计分析简介

1.1.1 多元统计分析的含义

多元统计分析是研究多个 (随机) 变量之间相互关系和规律的统计学分支. 通俗地讲, 多元统计分析就是多变量统计分析. 我们知道, 一元正态分布是一元统计分析的基础, 类似地, 多元正态分布是多元统计分析的基础, 相应的参数估计、均值的检验和协方差矩阵的检验等分析都是在多元正态分布基础上建立起来的. 受篇幅限制, 本书不讨论多元正态分布的参数估计、均值的假设检验和协方差矩阵的假设检验问题[①], 我们主要讨论多元回归分析、聚类分析、判别分析、主成分分析、因子分析、对应分析、典型相关分析和多维标度分析, 这些多元分析方法应用非常广泛, 而且, 可以利用 R 软件轻松实现对具体的数据计算和分析.

---

① 多元正态分布的有关理论介绍 (即多元正态分布的定义、参数估计和假设检验等), 可以参阅《多元统计分析引论》(张尧庭, 方开泰. 科学出版社, 1982) 和《多元统计分析》(王静龙. 科学出版社, 2008).

1.1.2 多元统计分析的用途

多元统计分析是 20 世纪初发展起来的统计分析方法. 它是通过对多个随机变量观测数据的分析, 来研究多个随机变量之间的相互关系并揭示变量内在规律的分析方法, 可以用于经济、管理、生物、医学、教育学、心理学、工业、农业等很多领域, 是一种常用的多变量数据分析方法.

在实际的多变量数据分析中, 应用多元统计分析方法通常解决以下四个方面的问题:

1. 相关性分析

分析多个变量之间的相关性, 简单相关分析、偏相关分析和复相关分析是分析多个变量相关性的常用方法; 而典型相关分析可以分析两组变量的相依关系.

2. 推断和预测分析

通过已知变量的数值来推断和预测未知变量的数值, 这种分析方法通常通过建立多元统计模型进行多元回归分析来完成.

3. 分类和组合分析

根据研究对象 (个体) 的多个指标, 将个体按照相似程度进行分类和组合, 或者, 根据考察的个体的多个指标测量值, 将该个体合理地划分到已知的某个类别, 这样的分类和组合问题可以通过聚类分析和判别分析来完成.

4. 降维和数据简化

将多个变量的主要信息用很少的几个变量来表示, 从而达到降低变量的维度, 简化数据的目的. 主成分分析和因子分析就是两种常用的降维和数据简化方法.

多元统计分析的理论和方法不难理解和掌握, 而且现在统计软件功能越来越强, 操作也很方便, 比如使用 R 软件进行多元统计分析非常方便.

本书将介绍多元回归分析、聚类分析、判别分析、主成分分析、因子分析、对应分析、典型相关分析和多维标度法等 8 种经典的多元统计分析方法, 我们主要从应用角度结合实例和 R 软件应用来进行讲解, 相关的理论推导和数学证明可以参阅《多元统计分析引论》(张尧庭, 方开泰. 科学出版社, 1982) 和《多元统计分析》(王静龙. 科学出版社, 2008).

1.1.3　多元统计分析的内容

多元统计分析的主要内容包括多元回归分析、聚类分析、判别分析、主成分分析、因子分析、对应分析、典型相关分析和多维标度分析等.

1. 多元回归分析

多元回归分析是研究一个因变量 (随机变量) 随多个自变量 (通常假定为非随机变量) 的变化而变化的情况, 通过建立多元回归模型 (线性模型、广义线性模型或非线性模型等) 来分析二者之间的依赖关系. 普通线性模型适用于因变量是连续型变量的情况, 如果因变量是离散型变量, 则要采用广义线性模型来处理. 第 2 章将介绍多元线性回归模型, 第 3 章将讨论广义线性回归模型.

2. 聚类分析

聚类分析是根据聚类对象 (若干个体的集合) 的多个变量 (指标) 的测量值, 按照某个标准把这些个体分成若干类. 它是研究如何做到 "物以类聚" 的一种统计分析方法. 聚类方法分为系统聚类法和分解聚类法两种, 系统聚类法是将类由多变少的聚类方法, 而分解聚类法是将类由少变多的聚类方法, 第 4 章将介绍三种常用的聚类方法: 系统聚类法、k 均值聚类法和 EM 聚类法.

3. 判别分析

判别分析是在已知分类的前提下, 将给定的新个体 (样品) 按照某种分类规则判入某个类中, 它是研究如何将个体 "归类" 的一种统计分析方法. 判别分析方法分为 Fisher 判别法和 Bayes 判别法两种, Fisher 判别法属于确定性判别法, 常用的有四种: 距离判别、线性判别、非线性判别和典型判别. Bayes 判别法属于概率判别法, 判别以个体归属某类的概率最大或错判总平均损失最小为标准. 第 5 章将介绍常用的四种判别方法, 即距离判别、Fisher 判别、二次判别和 Bayes 判别.

4. 主成分分析

主成分分析是一种变量降维和数据简化分析方法, 即将 n 个存在相关关系的变量化为少数 p $(p < n)$ 个互不相关的综合变量 (即主成分) 的统计分析方法. 每个主成分都是原始 n 个变量的线性组合, 这些互不相关的主成分保留了原始变量的大部分信息, 从而可以简化数据, 揭示变量之间的内在联系. 第 6 章将介绍主成分分析方法.

5. 因子分析

因子分析最早起源于 Karl Pearson 和 Charles Spearman 等人关于智力的定义和

测量工作. 因子分析是用少数 m 个随机变量 (称为因子) 去描述 $n\,(m<n)$ 个随机变量之间的协方差关系, 因此因子分析也是一种降维分析方法, 它与主成分分析有相似之处, 但因子分析中的因子是不可观测的, 也不必是相互正交的变量. 因子分析可以视为主成分分析的一种推广, 它的基本思想是: 根据相关性大小把变量分组, 使得组内的变量相关性较强, 但不同组的变量相关性较弱, 则每组变量可以代表一个基本结构, 称为因子, 它反映已经观测到的相关性. 第 7 章将讨论因子分析方法.

6. 对应分析

对应分析是在因子分析的基础上发展起来的, 因子分析分为针对变量的 R 型因子分析和针对样品的 Q 型因子分析, 对应分析把 R 型因子分析和 Q 型因子分析有机结合起来, 同时把变量和样品反映到有相同坐标轴 (因子轴) 的一张图上来说明变量与样品之间的对应关系. 第 8 章将介绍对应分析方法.

7. 典型相关分析

典型相关分析是一般相关分析的推广, 是用于研究两组随机变量之间的相互依赖关系的一种统计分析方法. 它利用主成分分析的思想来讨论两组变量的相关性问题, 把两组变量的相关性研究转化为少数几对变量之间的相关性研究, 而这少数几对变量之间是不相关的, 这样能比较清楚地反映两组变量之间的相互关系. 第 9 章将讨论典型相关分析.

8. 多维标度分析

多维标度分析是以空间分布的形式表现对象之间相似性或亲疏关系的一种多元分析方法. 给定 n 个个体, 它们是由多个变量反映的个体, 我们知道这 n 个个体之间的某种距离 (比如欧氏距离) 或某种相似性, 我们从这种距离或相似性出发, 在低维的欧氏空间中把 n 个个体的图形绘制出来, 反映这些个体之间的结构关系, 这就是多维标度分析. 第 10 章将讨论多维标度分析.

本书介绍的多元分析方法都是经典的多元统计分析方法. 事实上, 现在流行的机器学习方法 (比如决策树、随机森林、支持向量机和人工神经网络等方法) 也可以用来处理多变量问题, 感兴趣的读者可以参阅《复杂数据统计方法》(第 3 版) (吴喜之编著, 中国人民大学出版社, 2015).

需要注意的是, 在进行多元分析时, 机器学习方法和经典多元统计分析方法各有优势, 实际分析中建议采用两种方法处理, 并比较分析的结果, 再做出合理的解释.

1.2　R 简介

1.2.1　为什么用 R?

　　R 是一个数据处理和统计分析软件系统, 它是美国贝尔实验室开发的 S 语言的一种实现或形式, 它与商业统计软件 S-PLUS 有很多相似之处, 二者都是基于 S 语言的软件系统, 但 R 是一款免费的开源软件, 同时也是一种编程语言, 最先由新西兰奥克兰大学的 Robert Gentleman 和 Ross Ihaka 共同创立, 现在由 R 开发核心小组 (R Develop Core Team) 维护. R 是许多聪明、勤奋工作的人集体工作的成果, 截至本书写作之时, CRAN(Comprehensive R Archive Network) 社区 (www.r-project.org) 上有 6 000 多个程序包供下载, 涉及统计、经济、生物、医学、心理学、社会学等各个领域, 每天都有成千上万的人用它进行日常的统计分析; 很多大公司都使用它进行数据分析, 比如谷歌、辉瑞、默克、美国银行和壳牌公司, 国内外越来越多的大学把 R 作为标准的数据分析软件使用. 所以, R 是一款在学术界和企业界都广泛应用的统计分析软件, 是目前最流行的数据分析软件之一.

　　作为一款优秀的统计分析软件系统, R 有如下特点:

　　(1) **免费和开放**. R 是一款由自愿者维护的完全免费的统计分析软件, 它的安装文件和程序包都可以从 CRAN 社区 (www.r-project.org) 下载, 也很容易从用户社区获得帮助, R 作为统计教学软件使用非常方便; 而且 R 的源代码是公开的, 方便使用者了解 R 程序的计算方法, 也可以对程序进行修改和扩展处理.

　　(2) **统计分析功能完善**. R 是统计学家开发的软件, 内嵌了许多统计分析函数, 可以直接调用. R 的部分统计功能整合在 R 语言的底层, 但大多数功能是以各种程序包的形式提供的. 大约有 25 个 "标准" 程序包和 R 同时发布, 但更多的程序包可以从 CRAN 社区 (www.r-project.org) 下载安装, 用户 (其中很多都是优秀的统计学家) 贡献了大量的新包和新函数, 而且程序包的更新比商业软件及时, 使用非常方便.

　　(3) **作图功能强大**. R 内嵌的作图函数能在图形窗口输出漂亮美观的图形, 这些图形可以保存为各种形式的文件 (比如 jpg, bmp, ps, pdf, emf, png, pictex, xfig 等), 方便使用.

　　(4) **可移植性强**. R 是一门通用编程语言, 你可以用它做自动分析、创建新的函数来拓展语言的现有功能, R 程序可以很容易地移植到商业统计软件 S-PLUS 中. 反之, S-PLUS 的程序也可以方便地移植到 R 中使用. R 可以读入很多分析软件 (比如 SAS, SPSS, Excel, Stata 等) 的数据文件, 而 R 的数据文件可以保存为文本格式供其他统计软件使用, 这样 R 与其他统计软件就建立了良好的联系机制.

　　(5) **使用灵活**. R 可以运行于 UNIX, Linux, Windows 和 Macinton 等操作系统上, R 的分析结果都存放在一个对象里, 用户可以有选择地显示感兴趣的结果, 而且这些结果可以直接用于进一步的分析.

1.2.2 R 的安装与运行

1. R 的安装

Windows 用户可以从 CRAN 社区下载 R 软件, 具体操作如下[①] :

(1) 打开网址 http://www.r-project.org/.

(2) 点击 "CRAN" 获得一系列按照国家名称排序的镜像网站.

(3) 选择与你所在地相近的网站.

(4) 点击 "Download and Install R" 下的 "Download R for Windows".

(5) 点击 "base".

(6) 点击链接下载最新版本的 R 软件 (比如点击 "Download R 3.3.2 for Windows").

下载完成后, 双击程序文件 (.exe 文件) 可以进行安装, 通常默认的安装目录为 "C:\Program Files\R\R-x.x.x".

2. R 的运行

安装完成后点击桌面上的 R-x.x.x 图标就可以启动 R 软件了, 在 RGui 的命令窗口 (R Console) 的命令提示符 ">" 后输入命令就可以完成相应的操作. 如果要退出 R 系统, 可以在命令行输入 q(), 也可以点击 RGui 右上角的 "×". 退出时可以保存工作空间, 比如将工作空间保存在 "C:\Work\" 目录下, 名称为 "W.RData", 保存后可以通过命令 load("C:\\Work\\W.RData") 来加载这个空间, 或者通过菜单 "文件" 下的 "载入工作空间" 加载.

3. R 的程序包的安装

R 的 CRAN 社区 (www.r-project.org) 上有 6 000 多个程序包供下载, 一些统计分析需要下载安装相应的程序包才能完成, 比如必须下载安装 MASS 程序包才能做判别分析.

R 软件程序包的安装有三种方式:

(1) 菜单方式: 在联网情况下, 按照 "程序包 → 安装程序包 → 选择 CRAN Mirror 服务器 → 选择要安装的程序包" 的步骤进行在线安装.

(2) 命令方式: 比如要安装程序包 MASS, 在联网情况下, 在命令提示符后输入命令

```
> install.packages("MASS") ②
```

即可.

---

① OS X, Linux 和 UNIX 用户的 R 安装操作与 Windows 用户的类似, 这里不作具体介绍.

② 如果不加参数执行命令 install.packages(), 将显示一个 CRAN 的镜像列表, 选择一个镜像站点之后, 将看到所有可用包的列表, 选择其中一个包 (比如 "MASS") 即可进行下载和安装.

(3) 本地安装: 要安装本机上的程序包, 可以按照 "程序包 → 从本地 zip 文件安装程序包" 的步骤选择本机上的程序包进行安装.

4. R 的程序包的载入

新安装的程序包 (除了 R 的标准程序包, 比如 base) 必须先载入才能使用, 可以采取如下方式载入:

(1) 菜单方式: 按照 "程序包 → 加载程序包 → 选择要加载的程序包" 的步骤进行加载.

(2) 命令方式: 比如要载入程序包 MASS, 在命令提示符后输入命令

```
> library(MASS)
```

即可.

此外, 我们还可以通过 "程序包 → 更新程序包 · · ·" 的步骤对程序包进行实时更新. [1]

作为一个免费的统计分析软件系统, R 语言不但在国外发展很快, 在中国的发展也非常迅速. 2008 年 12 月中国人民大学应用统计科学研究中心和中国人民大学统计学院共同发起主办了 "第一届中国 R 语言会议", 迄今为止, 已经成功举办了 12 届, 在全国范围内产生了很大影响. 会议具体情况可以访问统计之都的网站 (http://cos.name/) 查看, 也可以扫描下面统计之都的微信二维码查看.

微信号 **CapStat**

1.2.3　如何获取 R 的帮助?

R 是一种编程语言, 它的语法简单直观, 统计分析和绘制图形主要是通过 R 中的各种函数来实现. R 中的程序包由大量的统计分析函数组成, 要编写程序进行统计计算和分析, 就必须理解各种统计分析函数的含义, 熟悉它们的使用方法, 初学者可以通过 R 的帮助系统获得相应的帮助.

比如, 要获得 R 的基本知识, 可以启动 R 软件, 在 RGui 的窗口中选择 "帮助" 菜单中的 "R FAQ" (R 的常见问题) 获得 R 的特点、安装、使用、界面和编程规则等基本知识. 也可以选择 "帮助" 菜单中的 "手册 (PDF 文件)" 提供的 8 本帮助手册 —— *An*

---

[1] 命令 update.packages() 可以更新已经安装的包; 而 installed.packages() 命令可以列出已经安装的包, 以及它们的版本号等信息.

Introduction to R, R Reference Manual, R Data Import/Export, R Language Definition, Writing R Extensions, R Internals, R Installation and Administration, Sweave User, 其中第一本 *An Introduction to R* 是最基本的手册. 通过命令 "> help.start()" 也可以获得类似的帮助.

下面简单列举一些常用的帮助函数, 说明如何获取帮助.

1. help 函数

```
> help.start()        # 打开帮助文档首页
> help("seq")         # 获得 seq() 函数的信息
> help(seq)           # seq 可以不加引号, 此命令与上面的命令效果一样
> ?seq                # ?是 help 的快捷方式, 此命令与上面的命令效果一样
> ?"seq"              # 此命令与上面的命令效果一样
```

需要注意的是, 在使用 help 函数时, 特殊字符和一些保留字必须用引号括起来, 比如, 要获取 "<" 运算符的帮助信息, 必须键入下面的命令:

```
> ?"<"          # 获得"<"运算符的帮助信息
```

又比如, 想要查看 for 循环的帮助信息, 可以键入:

```
> ?"for"        # 获得 for 循环的帮助信息
```

help 函数还可以用来查询已安装程序包的相关信息, 比如查询包 MASS 的相关信息的命令如下:

```
> help(package="MASS")        # MASS 可以不加引号
```

2. example 函数

每个帮助条目都有一个例子, example() 函数会为你运行例子代码.

```
> example(mean)        # 运行 mean() 函数的例子代码
```

以下是运行结果

```
mean> x <- c(0:10,50)
mean> xm <- mean(x)
mean> c(xm, mean(x, trim = 0.10))
[1] 8.75  5.50
```

注意: R 语言的标准赋值运算符号是 "<-", 也可以用等号 "=", 但我们并不建议使用 "=", 因为在有些特殊情况下它会失灵.

3. help.search 函数

如果不太清楚要查找什么, 可以使用 help.search() 函数进行搜索. 比如, 你需要一

个生成多元正态分布随机变量的函数, 你可以使用下面的命令:

```
> help.search("multivariate normal")
```

或者使用如下等价命令:

```
> ??"multivariate normal"    # ?? 是 help.search 的快捷方式
```

可以得到一个包含下面摘要的信息:

```
MASS::mvrnorm    Simulate from a Multivariate Normal Distribution
```

此信息告诉你包 MASS 中的 mvrnorm() 函数可以完成这个任务.

此外, 互联网上也有很多 R 的资源可供查询使用, 以下是一些重要资源:

(1) R 的主页 (www.r-project.org) 上提供了 R 项目手册, 点击 Manuals 即可浏览.

(2) R 的主页上的选项 Search 可以按类别来搜索 R 的相关资源.

(3) R 的主页上的选项 Getting Help 可以帮助获得 R 的相关帮助信息.

1.2.4　R 的基本原理

R 是一种解释性语言, 它的语法非常简单, 比如求变量 x 的均值的命令为 mean(x), 求变量 x 的方差的命令为 var(x); 而命令 lm($y \sim x$) 表示以 y 为因变量, 以 x 为自变量拟合一个线性回归模型.

需要注意的是, 首先必须给变量赋值才能进行相应的计算, 最常见的变量是向量和矩阵, 而统计分析中一个完整的数据集是由若干个变量的若干个观测值组成的, 在 R 中称为数据框 (data frame). 下面介绍数值型向量、矩阵和数据框的建立方法, 最后以回归分析的一个实例来说明 R 的工作原理. 为了方便读者理解每个命令的含义, 每一行命令 (代码) 都给出一个注释语句, 并号 (#) 表示注释的开始, 即 # 后面的是注释语句.

1. 数值型向量的建立

```
> x1<-seq(2,6,by=1)      # 生成序列 x1=(2,3,4,5,6), "<-" 是赋值符号
> x2<-c(1,3,5,8,10)      # 生成一个 5 维向量 x2=(1,3,5,8,10)
> x3<-rep(2:4,2)         # 生成序列 x3=(2,3,4,2,3,4)
> x4<-c(x1,x2)           # 生成 10 维向量 x4=(2,3,4,5,6,1,3,5,8,10)
> cbind(x1,x2)           # 将 x1 和 x2 按列合并得到如下数据:
      x1   x2
 [1,]  2    1
 [2,]  3    3
 [3,]  4    5
 [4,]  5    8
 [5,]  6   10
```

```
> rbind(x1,x2)    # 将 x1 和 x2 按行合并得到如下数据:
      [,1]   [,2]   [,3]   [,4]   [,5]
 x1    2      3      4      5      6
 x2    1      3      5      8     10
```

2. 矩阵的建立

```
> A<-matrix(1,nr=2,nc=2)    # 建立一个所有元素都为 1 的 2 阶方阵
> B<-diag(3)     # 生成一个 3 阶单位阵
> D<-diag(c(2,3,4))    # 生成一个对角元素是 (2,3,4) 的 3 阶方阵
> X<-matrix(0,nr=2,nc=3)     # 建立一个所有元素都为 0 的 2 × 3 阶矩阵
> x1<-c(2,3,4)
> x2<-c(1,2,5)
> X<-rbind(x1,x2)    # 生成一个第 1 行为 x1, 第 2 行为 x2 的矩阵 X
> X     # 显示矩阵 X
      [,1]   [,2]   [,3]
 x1    2      3      4
 x2    1      2      5
```

3. 数据框的建立

数据框 (data frame) 是一个二维的对象, 这一点与矩阵是类似的, 但数据框的行与列的意义是不同的: 列表示变量, 行表示观测值. 我们可以通过直接和间接两种方式建立数据框.

(1) 直接方式.

```
> x1<-seq(2,6,by=1)    # 生成序列 x1=(2,3,4,5,6)
> x2<-c(1,3,5,8,10)    # 生成 5 维向量 x2=(1,3,5,8,10)
> z.df<-data.frame(x1,x2)     # 生成数据框
> z.df    # 显示数据框 z.df
     x1   x2
 1    2    1
 2    3    3
 3    4    5
 4    5    8
 5    6   10
```

(2) 间接方式.

可以通过读取数据文件 (文本文件、Excel 文件或其他格式的文件) 建立数据框, 比如读取数据文件 "c:\data\eg1.1.txt" 中的观测值 (即表 1–1 中 x 和 y 的值).

```
> setwd("c:/data")     # 设定工作路径,R 中路径的斜线符号为"/", 与 Windows 中的相
应符号"\" 不一样
> dat<-read.table("eg1.1.txt",header=T)     # 从 eg1.1.txt 中读入数据,header=T
表示将 eg1.1.txt 文件的第 1 行作为表头行, 也可以写为 header=TRUE, header=F 或
FALSE 则表示文件的第 1 行不作为表头行
```

4. 一个回归分析的例子

建立了数据框, 就可以进行数据分析了, 下面以一个简单的例子来说明 R 的工作原理.

例 1.1　(数据文件为 eg1.1.txt) 表 1-1 给出了我国 2015 年 31 个地区 (不含港澳台) 城镇居民年人均可支配收入和年人均消费性支出数据. 该数据文件是 txt 格式的文件, 请将数据读入 R 生成相应的 R 数据框, 并建立年人均消费性支出 y 关于年人均可支配收入 x 的线性回归模型.

表 1-1　城镇居民年人均可支配收入和年人均消费性支出数据　　单位: 元

地区	人均可支配收入 x	人均消费性支出 y	地区	人均可支配收入 x	人均消费性支出 y
北京	52 859.17	36 642.00	湖北	27 051.47	18 192.28
天津	34 101.35	26 229.52	湖南	28 838.07	19 501.37
河北	26 152.16	17 586.62	广东	34 757.16	25 673.08
山西	25 827.72	15 818.61	广西	26 415.87	16 321.16
内蒙古	30 594.10	21 876.47	海南	26 356.42	18 448.35
辽宁	31 125.73	21 556.72	重庆	27 238.84	19 742.29
吉林	24 900.86	17 972.62	四川	26 205.25	19 276.85
黑龙江	24 202.62	17 152.07	贵州	24 579.64	16 914.20
上海	52 961.86	36 946.12	云南	26 373.23	17 674.99
江苏	37 173.48	24 966.04	西藏	25 456.63	17 022.01
浙江	43 714.48	28 661.27	陕西	26 420.21	18 463.87
安徽	26 935.76	17 233.53	甘肃	23 767.08	17 450.86
福建	33 275.34	23 520.19	青海	24 542.35	19 200.65
江西	26 500.12	16 731.81	宁夏	25 186.01	18 983.88
山东	31 545.27	19 853.77	新疆	26 274.66	19 414.74
河南	25 575.61	17 154.30			

解: 假定数据文件 eg1.1.txt 保存在 "c:\data" 子目录下, 我们先读入数据, 然后计算 x 与 y 的相关系数并绘制散点图, 具体程序及运行结果如下:

```
> setwd("c:/data")     # 设定工作路径
> dat<-read.table("eg1.1.txt",header=T)     # 读入数据
> cor(dat)     # 计算 x 和 y 的相关系数
```

```
            x            y
  x   1.0000000    0.9736406
  y   0.9736406    1.0000000
> plot(y~x,data=dat)      # 绘制 x 和 y 的散点图
```

在图形窗口可以得到 x 和 y 的散点图如图 1-1 所示.

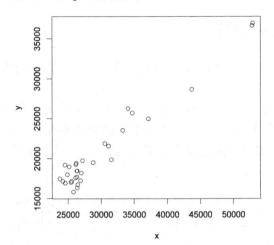

图 1-1   年人均可支配收入 x 和年人均消费性支出 y 的散点图

从图 1-1 可以看出, 年人均消费性支出 y 与年人均可支配收入 x 之间的线性关系非常明显, 二者的相关系数为 0.973 6, 因此, 可以建立年人均消费性支出 y 关于年人均可支配收入 x 的线性回归模型, 具体程序如下[①]:

```
lm.reg<-lm(y~x,data=dat)      # 建立 y 关于 x 的线性回归
summary(lm.reg)               # 显示 lm.reg 的内容, 即输出回归分析的结果
```

运行结果为:

```
Call:
lm(formula = y~x, data = dat)

Residuals:
    Min      1Q   Median      3Q      Max
-2099.8   -629.8   138.5   772.7   2628.6
Coefficients:
              Estimate   Std. Error   t value   Pr(>|t|)
 (Intercept)  179.43046   920.59493     0.195     0.847
         x      0.68682     0.02988    22.988    <2e-16   ***
---
Signif.  codes:  0 '***' 0.001 '**' 0.01 '*' 0.05 '.'  0.1 ' ' 1
```

---

①   通常我们先建立一个脚本文件, 把程序 (代码) 写在脚本文件里, 这样方便修改和运行. 当然, 下载 R-Studio(www.rstudio.com) 管理 R 文件也是一个不错的选择, 读者可以自己试一试.

```
Residual standard error: 1238 on 29 degrees of freedom
Multiple R-squared: 0.948,    Adjusted R-squared: 0.9462
F-statistic: 528.4 on 1 and 29 DF, p-value: < 2.2e-16
```

1.2.5　本书相关的 R 程序包和函数

下面结合各章节内容简要介绍本书要用到的主要程序包和函数.

1. 多元回归分析

第 2 章多元线性回归模型主要用到以下几个函数:

(1) 函数 lm(): 求解线性回归方程.

```
lm.reg<-lm(y~x,data=dat)    # 用 dat 中数据建立 y 关于 x 的线性回归
```

(2) 函数 summary(): 给出模型的计算结果.

```
summary(lm.reg)    # 显示 lm.reg 的内容, 即输出回归分析的结果
```

(3) 函数 confint(): 求参数的置信区间.

```
confint(lm.reg,level=0.95)    # 求 lm.reg 回归参数的 95% 置信区间
```

(4) 函数 predict(): 求预测值和预测区间.

```
x0<-data.frame(x=30000)    # 给定 x0=x=30000
predict(lm.reg,x0,interval="prediction",level=0.95)    # 求 x=30000 时 y 的置信
度为 95% 的预测区间
```

(5) 函数 step(): 完成逐步回归.

```
lm.sal<-lm(y~x1+x2+x3+x4,data=d2.1)    # 建立全变量回归方程
lm.step<-step(lm.sal,direction="both")    # 用"一切子集回归法" 来进行逐步回归
```

注意: 多元回归分析中用到的 lm(), glm(), step(), confint() 和 predict() 等函数都是程序包 stats 中的函数; 而函数 summary() 是程序包 base 中的函数, 因为程序包 stats 和 base 是安装时的基本程序包, 所以可以直接使用, 不必进行加载.

第 3 章广义线性回归模型主要用到函数 glm():

```
g.logit<-glm(y~x,family=binomial,data=d3.1)    # 建立 y 关于 x 的 logistic 回归
模型, 数据为 d3.1
g.ln<-glm(y~x1+x2+x3,family=poisson(link=log),data=d3.2)    # 建立 y 关于 x1,
x2, x3 的泊松对数线性模型, 数据为 d3.2
```

第 3 章还会用到 multinorm(), zeroinfl() 和 loglm() 3 个函数分别建立多项 Logit 模型、零膨胀泊松对数模型和多项分布对数模型.

2. 聚类分析

第 4 章聚类分析介绍两种常用的聚类方法 —— 系统聚类法和 k 均值聚类法. 系统聚类法可以用函数 dist() 计算距离, 然后用函数 hclust() 实现.

```
d<-dist(d4.1,method="euclidean",diag=T,upper=F,p=2)      # 采用欧氏距离计算相似矩
阵 d
HC<-hclust(d,method="single")     # 采用最小距离法 (single) 聚类
plot(HC)      # 绘制聚类树状图
```

k 均值聚类法可以用函数 kmeans() 实现.

```
KM<-kmeans(d4.2,4,nstart=20,algorithm="Hartigan-Wong")      # 聚类的个数为 4, 随机
集合的个数为 20, 算法为"Hartigan-Wong"
```

注意: 聚类分析中用到的 dist() 和 hclust() 函数都是程序包 stats 中的函数, 可以直接使用, 但判别分析中用到的 lda() 函数是程序包 MASS 中的函数, 程序包 MASS 不是安装时的基本程序包, 需要先从 R 镜像网站中下载并加载该程序包.

3. 判别分析

第 5 章判别分析介绍 Fisher 判别法和 Bayes 判别法, 将用程序包 MASS 中的函数 lda() 进行判别分析, 具体见第 5 章.

4. 主成分分析

第 6 章主成分分析将用程序包 stats 中的函数 princomp() 进行分析, 具体见第 6 章.

5. 因子分析

第 7 章因子分析将用程序包 mvstats 中的函数 factpc() 进行分析, 具体见第 7 章.

6. 对应分析

第 8 章对应分析将用程序包 MASS 中的函数 corresp() 进行分析, 具体见第 8 章.

7. 典型相关分析

第 9 章典型相关分析将用程序包 CCA 中的函数 cc() 进行分析, 具体见第 9 章.

8. 多维标度分析

第 10 章多维标度分析将用程序包 stats 中的函数 cmdscale() 和程序包 MASS 中的函数 isoMDS() 进行分析, 具体见第 10 章.

习题

1.1　R 与一般统计软件有何区别? R 的主要特点是什么?

1.2　到 R 的主页 (www.r-project.org) 上下载并安装最新版的 R 软件, 并运行 1.2.4 节有关数值型向量、矩阵和数据框的建立语句以及例 1.1 的程序.

1.3　登录 CRAN 社区 (cran.r-project.org), 并进入左侧 Software 下的 Package, 浏览并感受 R 所提供的程序包, 选择其中感兴趣的程序包进行安装与试用.

1.4　多元统计分析的主要用途有哪些?

1.5　常用的多元统计分析方法有哪些?

1.6　举两个多元分析的实际例子, 并说明可能采用哪种多元分析方法进行分析.

参考文献

[1]　张尧庭, 方开泰. 多元统计分析引论. 北京: 科学出版社, 1982.

[2]　王静龙. 多元统计分析. 北京: 科学出版社, 2008.

[3]　薛毅, 陈立萍. 统计建模与 R 软件. 北京: 清华大学出版社, 2007.

C 第 2 章
Chapter 2 多元线性模型

多元回归模型 (multivariate regression model) 通常用来研究一个因变量依赖多个自变量的变化关系, 如果二者的依赖关系可以用线性形式来刻画, 则可以建立**多元线性模型** (multiple linear model) 来进行分析. 本章介绍多元线性模型的定义、参数估计与检验、变量选择、回归诊断和回归预测.

2.1 多元正态分布

一元正态分布 (normal distribution) $N(\mu, \sigma^2)$ 是一元统计中最重要的分布, 类似地, **多元正态分布** (multivariate normal distribution) 在多元分析中占有非常重要的地位, 本节简要给出多元正态分布的定义和基本性质, 但没有给出相应的数学推导和证明, 对数学推导和证明感兴趣的读者可以参考王静龙编著的《多元统计分析》(科学出版社, 2008).

2.1.1 多元正态分布的定义

定义 2.1 (构造性定义) 如果 $\boldsymbol{y} = \boldsymbol{\mu} + \boldsymbol{Ax}$, 其中 $\boldsymbol{x} = (x_1, x_2, \cdots, x_n)^{\mathrm{T}}$, $x_1, x_2, \cdots, x_n$ 是独立同分布的标准正态分布变量, $\boldsymbol{\mu}$ 是 p 维常数向量, $\boldsymbol{A}$ 为 $p \times n$ 常数矩阵, 则称 $\boldsymbol{y}$ 服从 p 元正态分布, 记为 $\boldsymbol{y} \sim N_p(\boldsymbol{\mu}, \boldsymbol{\Sigma})$, 其中 $\boldsymbol{\Sigma} = \boldsymbol{AA}^{\mathrm{T}}$.

定义 2.2 (特征函数定义法) 如果 $\boldsymbol{y} \in \mathrm{R}^p$, $\boldsymbol{y}$ 的特征函数为 $\exp\{\mathrm{i}\boldsymbol{t}^{\mathrm{T}}\boldsymbol{\mu} - \boldsymbol{t}^{\mathrm{T}}\boldsymbol{\Sigma}\boldsymbol{t}/2\}$, 则称 $\boldsymbol{y}$ 服从 p 元正态分布 $N_p(\boldsymbol{\mu}, \boldsymbol{\Sigma})$.

定义 2.3 (等价定义) 设 $\boldsymbol{y} \in \mathrm{R}^p$, $E(\boldsymbol{y}) = \boldsymbol{\mu}$, $Cov(\boldsymbol{y}) = \boldsymbol{\Sigma}$, 如果 $\boldsymbol{y}$ 的任意一个线性函数 $\boldsymbol{c}^{\mathrm{T}}\boldsymbol{y}$ 都服从一元正态分布, 则称 $\boldsymbol{y}$ 服从 p 元正态分布 $N_p(\boldsymbol{\mu}, \boldsymbol{\Sigma})$.

2.1.2 多元正态分布的性质

性质 2.1 (密度函数) 设 $\boldsymbol{y} \sim N_p(\boldsymbol{\mu}, \boldsymbol{\Sigma})(\boldsymbol{\Sigma} > 0)$, 则 $\boldsymbol{y}$ 的密度函数为:

$$f(y) = \frac{1}{(2\pi)^{p/2} |\boldsymbol{\Sigma}|^{1/2}} \exp\left\{-\frac{1}{2}(\boldsymbol{y} - \boldsymbol{\mu})^{\mathrm{T}} \boldsymbol{\Sigma}^{-1}(\boldsymbol{y} - \boldsymbol{\mu})\right\}$$

性质 2.2 (特征函数) 设 $\boldsymbol{y} \sim N_p(\boldsymbol{\mu}, \boldsymbol{\Sigma})$, 则 $\boldsymbol{y}$ 的特征函数为:

$$\phi(t) = \exp\{it^T\mu - t^T\Sigma t/2\}$$

性质 2.3 (均值和协方差矩阵) 设 $y \sim N_p(\mu, \Sigma)$, 则 $E(y) = \mu, Cov(y) = \Sigma$.

性质 2.4 (线性变换) 设 $y \sim N_p(\mu, \Sigma), z = \eta + Ay$, η 为 n 维常数向量, A 为 $n \times p$ 常数矩阵, 则 $z \sim N_n(\eta + A\mu, A\Sigma A^T)$.

性质 2.5 (可加性) 设 $y_i \sim N_p(\mu_i, \Sigma_i)(i = 1, 2, \cdots, k)$, $y_1, y_2, \cdots, y_k$ 相互独立, 则 $\sum_{i=1}^{k} y_i \sim N_p\left(\sum_{i=1}^{k}\mu_i, \sum_{i=1}^{k}\Sigma_i\right)$.

2.2 多元线性模型

2.2.1 模型定义

多元线性模型通常用来描述变量 y 与多个 x 变量之间的随机线性关系, 即

$$y = \beta_0 + \beta_1 x_1 + \cdots + \beta_p x_p + \varepsilon = x^T\beta + \varepsilon \tag{2.1}$$

式中, $x_1, x_2, \cdots, x_p$ 是非随机的自变量, 记 $x = (1, x_1, \cdots, x_p)^T$; y 是随机的因变量; β_0 是常数项; $\beta_1, \beta_2, \cdots, \beta_p$ 是回归系数且记 $\beta = (\beta_0, \beta_1, \cdots, \beta_p)^T$; ε 是随机误差项.

如果对 y 和 x 进行了 n 次观测, 得到 n 组观测值 $y_i, x_{i1}, x_{i2}, \cdots, x_{ip}(i = 1, 2, \cdots, n)$, 它们满足以下关系式

$$y_i = \beta_0 + \beta_1 x_{i1} + \cdots + \beta_p x_{ip} + \varepsilon_i \tag{2.2}$$

引入矩阵记号, 记

$$y = \begin{bmatrix} y_1 \\ y_2 \\ \vdots \\ y_n \end{bmatrix}, \quad X = \begin{bmatrix} 1 & x_{11} & \cdots & x_{1p} \\ 1 & x_{21} & \cdots & x_{2p} \\ \vdots & \vdots & & \vdots \\ 1 & x_{n1} & \cdots & x_{np} \end{bmatrix}, \quad \beta = \begin{bmatrix} \beta_0 \\ \beta_1 \\ \vdots \\ \beta_p \end{bmatrix}, \quad \varepsilon = \begin{bmatrix} \varepsilon_1 \\ \varepsilon_2 \\ \vdots \\ \varepsilon_n \end{bmatrix}$$

则模型 (2.1) 可以写成如下形式

$$y = X\beta + \varepsilon \tag{2.3}$$

式中, y 是 $n \times 1$ 观测向量; X 是 $n \times (p+1)$ 已知设计矩阵; β 是 $(p+1) \times 1$ 未知参数向量; ε 是 $n \times 1$ 随机误差向量.

如果模型 (2.3) 满足条件:

(1) $E(\varepsilon) = 0$;

(2) $Var(\varepsilon) = \sigma^2 I$;

(3) $\varepsilon_1, \varepsilon_2, \cdots, \varepsilon_p$ 互不相关,

则称模型 (2.3) 为普通线性回归模型.

进一步, 如果模型的随机误差项服从正态分布, 即 $\varepsilon \sim N(0, \sigma^2 I)$, 则称模型 (2.3) 为普通正态线性回归模型. ①

例 2.1 (数据文件为 eg2.1) 计量经济学涉及数学、统计学和经济学的知识, 还要借助软件完成计算分析, 因此, 对于很多大学生来说, 计量经济学是一门容易挂科的课程. 大学教师李教授想研究大学生计量经济学考试成绩与其影响因素之间的关系, 根据初步分析, 他认为学生的计量经济学考试成绩 y 与学生的微积分成绩 x_1、线性代数成绩 x_2、统计学成绩 x_3、大学计算机基础成绩 x_4 和西方经济学成绩 x_5 有相关关系, 他随机抽样调查了 36 个学生, 收集到如表 2-1 所示的数据, 请将李教授的分析用线性模型表示出来.

表 2-1 抽样调查得到的 36 个学生的相关成绩

y	x_1	x_2	x_3	x_4	x_5	y	x_1	x_2	x_3	x_4	x_5
85	83	86	90	90	76	45	60	65	60	86	78
90	92	88	87	92	80	76	80	81	75	80	75
78	70	76	73	85	90	88	85	82	86	85	80
80	72	81	82	90	88	82	80	81	86	87	90
86	80	90	88	73	78	83	76	79	80	80	92
92	82	93	90	88	80	75	80	74	82	89	87
77	83	84	80	90	86	90	85	90	88	88	91
69	68	75	66	85	80	65	75	73	68	82	80
75	80	78	78	86	83	74	80	72	78	80	83
50	62	76	55	85	78	80	82	71	83	76	76
60	78	83	63	80	75	84	80	78	87	80	82
95	90	87	92	90	85	65	72	68	70	82	77
83	85	86	85	91	80	72	82	77	75	76	75
82	88	85	87	87	84	70	86	85	78	84	89
66	70	74	65	88	85	79	75	67	85	75	82
81	85	81	80	86	73	86	83	80	88	80	85
92	83	85	90	85	80	62	78	65	60	85	88
78	84	82	73	90	83	87	80	83	85	78	83

解: 考虑 y 与 x_1, x_2, x_3, x_4 和 x_5 之间的关系, 可以简单地表示为:

$$y_i = f(x_{i1}, x_{i2}, \cdots, x_{i5}) + \varepsilon_i, i = 1, 2, \cdots, n \tag{2.4}$$

如果函数 f 是线性函数, 即 $f(x_{i1}, x_{i2}, \cdots, x_{i5}) = \beta_0 + \beta_1 x_{i1} + \cdots + \beta_5 x_{i5}$, 则模型 (2.4) 就是一个五元线性模型, 如果模型的随机误差项服从正态分布且相互独立, 即 $\varepsilon_i \sim N(0, \sigma^2)$, 则模型 (2.4) 是一个普通正态线性回归模型.

---

① 这里对于随机误差向量方差的假定是经典假定, 即 $Var(\varepsilon) = \sigma^2 I$, 一般的假定为 $Var(\varepsilon) = \Sigma > 0$.

2.2.2　模型的参数估计和检验

在正态假定下, 如果 X 是列满秩的, 则普通线性回归模型 (2.3) 的参数 β 的最小二乘估计为:

$$\widehat{\beta} = (X^{\mathrm{T}}X)^{-1}X^{\mathrm{T}}y \tag{2.5}$$

于是 y 的估计值为:

$$\widehat{y} = X\widehat{\beta} \tag{2.6}$$

记残差向量为 $e = y - \widehat{y} = y - X\widehat{\beta}$, 则随机误差方差 σ^2 的最小二乘估计为:

$$\widehat{\sigma}^2 = \frac{e^{\mathrm{T}}e}{n-p-1} \tag{2.7}$$

得到回归模型参数的估计值后, 需要对回归方程和回归系数进行显著性检验.

1. 回归方程的显著性检验

原假设 $H_0 : \beta_1 = \beta_2 = \cdots = \beta_p = 0$, 备择假设 $H_1 : \beta_1, \beta_2, \cdots, \beta_p$ 不全为 0, 当原假设成立时, 检验统计量

$$F = \frac{SSR/p}{SSE/(n-p-1)} \sim F(p, n-p-1) \tag{2.8}$$

式中, $SSR = \sum_{i=1}^{n}(\widehat{y}_i - \overline{y})^2$ 是回归平方和, 而 $SSE = \sum_{i=1}^{n}(y_i - \widehat{y}_i)^2$ 是残差平方和. 对于给定的显著性水平 α, 检验的拒绝域为 $F > F_{\alpha}(p, n-p-1)$.

2. 回归系数的显著性检验

原假设 $H_0 : \beta_j = 0$, 备择假设 $H_1 : \beta_j \neq 0 (j = 0, 1, \cdots, p)$, 当原假设成立时, 检验统计量

$$t_j = \frac{\widehat{\beta}_j}{\widehat{\sigma}\sqrt{c_{jj}}} \sim t(n-p-1) \tag{2.9}$$

式中, c_{jj} 是 $C = (X^{\mathrm{T}}X)^{-1}$ 的对角线上第 $j+1(j = 0, 1, \cdots, p)$ 个元素. 对于给定的显著性水平 α, 检验的拒绝域为 $|t_j| > t_{\alpha/2}(n-p-1)$.

例 2.1 (续 1)　根据表 2-1 的数据, 建立 y 关于 x_1, x_2, x_3, x_4 和 x_5 的线性回归方程, 并对方程和回归系数进行显著性检验.

解: 采用 R 软件中的回归分析过程 lm() 可以完成回归系数的估计, 以及方程和回归系数的显著性检验.

```
#例 2.1 回归分析: 全变量回归
setwd("C:/data")     #设定工作路径
```

```
d2.1<-read.csv("eg2.1.csv",header=T)    #将 eg2.1.csv 数据读入到 d2.1 中
lm.exam<-lm(y~x1+x2+x3+x4+x5,data=d2.1)    #建立 y 关于 x1,x2,x3,x4 和 x5 的线性
回归方程, 数据为 d2.1
summary(lm.exam)    #给出回归系数的估计和显著性检验等
```

运行以上代码可以得到以下结果:

```
Call:
lm(formula = y ~ x1 + x2 + x3 + x4 + x5, data = d2.1)


Residuals:
      Min       1Q    Median        3Q       Max
 -10.0696   -1.7983   -0.1535    2.9361    6.8726

Coefficients:
             Estimate   Std. Error   t value    Pr(>|t|)
 (Intercept)  -32.73534    15.35701    -2.132      0.0413   *
 x1            0.16271     0.15031      1.082      0.2877
 x2            0.22784     0.13835      1.647      0.1100
 x3            0.88116     0.11108      7.933    7.46e-09   ***
 x4           -0.05136     0.15476     -0.332      0.7423
 x5            0.16887     0.14376      1.175      0.2494
 ---
Signif. codes: 0 '***' 0.001 '**' 0.01 '*' 0.05 '.' 0.1 ' ' 1


Residual standard error: 4.021 on 30 degrees of freedom
Multiple R-squared: 0.8945, Adjusted R-squared: 0.877
F-statistic: 50.89 on 5 and 30 DF, p-value: 9.359e-14
```

从以上输出结果可以看出, 回归方程的 F 值为 50.89, 相应的 p 值为 9.359e−14, 说明回归方程是显著的, 但 t 检验对应的 p 值则显示: 常数项和变量 x_3 是显著的, 而变量 x_1, x_2, x_4 和 x_5 不显著.

对于不显著的变量该如何处理? 如何选择变量, 建立一个 "最优" 回归方程? 这就是下一节要讨论的变量选择问题.

2.3 变量选择

最优模型一般要满足两个条件: (1) 模型反映了变量间的真实关系; (2) 模型包含的变量尽量少.

条件 (1) 的验证很难, 因为谁都不知道真实的模型是什么, 我们建立的模型与真实的模型相差多少. 因此我们退一步, 认为好的模型应该对历史数据拟合得好, 即对历史数据拟合得好的模型才可能是最优模型 —— 这就是模型拟合问题.

条件 (2) 要求用尽量少而精的变量建立模型, 对于回归模型来说, 就是适当选择

自变量建立最优回归方程.

"最优" 回归方程的建立有很多不同的准则, 在不同的准则下, "最优" 回归方程可能不同. 本书所讲的 "最优" 是指从可供选择的所有自变量中选出对因变量有显著影响的变量来建立回归方程, 对因变量没有显著影响的变量不进入方程. 在这个意义下, 有很多方法来获得 "最优" 回归方程. R 软件提供了获得 "最优" 回归方程的方法, 逐步回归法的计算函数 step() 是以 Akaike 信息统计量 (AIC) 为模型选择准则来选择变量, AIC 值越小, 认为模型越好.

例 2.1 (续 2) 根据表 2–1 的数据, 采用逐步回归方法建立 y 关于 x_1, x_2, x_3, x_4 和 x_5 的线性回归方程, 并对方程和回归系数进行显著性检验.

解: 采用 R 软件中的 step( ) 过程可以完成逐步回归过程.

```
> #例 2.1 回归分析: 逐步回归
> #假设 eg2.1.xls 中的数据已经读入到 d2.1 中
> lm.exam<-lm(y~x1+x2+x3+x4+x5,data=d2.1)    #建立全变量回归方程
> lm.step<-step(lm.exam,direction="both")    #进行逐步回归
Start:  AIC=105.63
y ~ x1 + x2 + x3 + x4 + x5

         Df   Sum of Sq      RSS      AIC
 -x4      1        1.78   486.83   103.76
 -x1      1       18.95   503.99   105.01
 -x5      1       22.31   507.36   105.25
 <none>                   485.05   105.63
 -x2      1       43.85   528.90   106.74
 -x3      1     1017.44  1502.49   144.33

Step:  AIC=103.76
y ~ x1 + x2 + x3 + x5
         Df   Sum of Sq      RSS      AIC
 -x1      1       17.91   504.73   103.06
 -x5      1       20.57   507.40   103.25
 <none>                   486.83   103.76
 -x2      1       42.99   529.81   104.80
 +x4      1        1.78   485.05   105.63
 -x3      1     1112.96  1599.79   144.59

Step:  AIC=103.06
y ~ x2 + x3 + x5
         Df   Sum of Sq      RSS      AIC
 -x5      1       17.40   522.14   102.28
 <none>                   504.73   103.06
 + x1     1       17.91   486.83   103.76
 + x4     1        0.74   503.99   105.01
 - x2     1       70.76   575.50   105.78
```

```
 - x3    1    1848.49   2353.23   156.48

Step:   AIC=102.28
y ~ x2 + x3

          Df   Sum of Sq       RSS       AIC
 <none>                      522.14    102.28
 +x5       1       17.40     504.73    103.06
 +x1       1       14.74     507.40    103.25
 +x4       1        0.25     521.89    104.26
 -x2       1       66.64     588.78    104.60
 -x3       1     1953.30    2475.43    156.30
```

输出结果解读: (1) 采用全部自变量作回归时, AIC=105.63; 如果去掉变量 x_4, AIC 值减小为 103.76; 如果去掉变量 x_1, AIC 值减小为 105.01; 如果去掉变量 x_5, AIC 值减小为 105.25; 如果去掉变量 x_2, AIC 值增大为 106.74; 如果去掉变量 x_3, AIC 值增大为 144.33. 由于去掉 x_4, AIC 值达到最小, 所以 R 软件去掉 x_4 进入第二轮计算. (2) 此时 AIC=103.76. 如果去掉变量 x_1, AIC 值减小为 103.06; 如果去掉变量 x_5, AIC 值减小为 103.25; 如果去掉其他变量 (x_2 或 x_3) 或增加变量 (x_4), 都会使 AIC 值增大, 因此 R 软件去掉 x_1 进入第三轮计算. (3) 此时 AIC=103.06. 如果去掉变量 x_5, AIC 值减小为 102.28; 如果去掉其他变量 (x_2 或 x_3) 或增加变量 (x_1 或 x_4) 都会使 AIC 值增大, 因此 R 软件去掉 x_5 进入第四轮计算. (4) 此时 AIC=102.28, 无论去掉哪个变量或者增加哪个变量, AIC 值都会增大, 所以计算停止, 得到最优回归模型, 即 y 关于 x_2 和 x_3 的线性回归模型.

现在用命令 summary(lm.step) 来得到回归模型的如下汇总信息.

```
> summary(lm.step)      #给出回归系数的估计和显著性检验等

Call:
lm(formula = y ~ x2 + x3, data = d2.1)
Residuals:
      Min       1Q    Median        3Q       Max
 -10.4395   -2.5508   -0.4459    2.7367    7.2345

Coefficients:
              Estimate   Std. Error   t value    Pr(>|t|)
 (Intercept)  -18.84290     7.58902    -2.483      0.0183    *
 x2             0.24923     0.12144     2.052      0.0481    *
 x3             0.96804     0.08713    11.111    1.09e-12    ***
 ---
Signif.  codes:  0 '***' 0.001 '**' 0.01 '*' 0.05 '.'  0.1 ' ' 1

Residual standard error:  3.978 on 33 degrees of freedom
```

```
Multiple R-squared:   0.8865, Adjusted R-squared:   0.8796
F-statistic:  128.8 on 2 and 33 DF, p-value:  2.566e-16
```

结论: 注意到常数项、x_2 和 x_3 都是显著的, 模型也是显著的, 所以我们得到如下 "最优" 回归方程:

$$\widehat{y} = -18.843 + 0.249x_2 + 0.968x_3$$

2.4 回归诊断

前面介绍了多元回归模型的建立和变量的选择问题, 但没有考虑模型的诊断问题: 模型的基本假定 (比如随机误差独立性和正态性假定) 是否成立? 模型中是否存在异常点?[①] 如何探测模型中的异常点? 模型中是否存在强影响点?[②] 如何探测模型中的强影响点? 回答这些问题非常重要, 因为模型参数推断的合理性依赖于它在多大程度上满足模型的基本假定, 而模型中的异常点和强影响点分析对建立 "最优" 模型有重要价值.

2.4.1 残差分析和异常点探测

残差向量 $e = y - \widehat{y} = y - X\widehat{\beta}$ 是模型中随机误差项 ε 的估计, 残差分析可以诊断模型的基本假定是否成立.

在 R 中, 分别采用 residuals(), rstandard() 和 rstudent() 来计算普通残差、标准化残差和学生化残差.

如果回归模型能够很好地描述拟合的数据, 那么残差对预测值的散点图应该像一些随机散布的点, 如果某个点的残差 "很大", 则说明这个点偏离数据主体比较远, 一般把标准化残差的绝对值大于等于 2 的观测值认为是可疑点, 而把标准化残差的绝对值大于等于 3 的观测值认为是异常点.

例 2.2 计算例 2.1 得到的逐步回归模型 lm.step 的普通残差和标准化残差, 判断可能存在的异常点, 画出相应的残差散点图, 并直观判断模型的基本假定是否成立.

解: 分别采用 residuals(), rstandard() 和 rstudent() 来计算普通残差、标准化残差和学生化残差.

```
#例 2.2
#假设由例 2.1 已经得到逐步回归模型 lm.step
y.res<-residuals (lm.exam)    #计算模型 lm.exam 的普通残差
y.rst<-rstandard(lm.step)     #计算回归模型 lm.step 的标准化残差
print(y.rst)    #输出回归模型 lm.step 的标准化残差 y.rst
y.fit<-predict(lm.step)       #计算回归模型 lm.step 的预测值
```

---

① 异常点一般指偏离数据主体较大的点.
② 强影响点是指对模型有较大影响的点, 比如对模型参数估计有较大影响的点.

```
plot(y.res~ y.fit)      #绘制以普通残差为纵坐标, 预测值为横坐标的散点图
plot(y.rst~ y.fit)      #绘制以标准化残差为纵坐标, 预测值为横坐标的散点图
```

运行后得到的回归模型 lm.step 的标准化残差 y.rst 如下:

1	2	3	4	5	6
-1.22647949	0.70123348	1.85465439	-0.18487397	-0.73157547	0.14591132
7	8	9	10	11	12
-0.65165378	1.37662024	-0.28171298	-0.96473838	-0.79862247	0.81284419
13	14	15	16	17	18
-0.48393343	-1.17668588	0.91337716	0.56438902	0.65876689	1.49006874
19	20	21	22	23	24
-2.87121739	0.52710268	0.81076269	-0.66801351	1.20184149	-1.04020189
25	26	27	28	29	30
0.32282704	-0.04616114	-0.15912001	0.21602487	-0.21306706	-0.23026109
31	32	33	34	35	36
-0.24302334	-2.03567204	-0.33183300	-0.07354893	1.80438009	0.73702932

从标准化残差可以看出, 第 19 号点的标准化残差的绝对值 (2.871) 接近 3, 因此我们认为第 19 号观测值可能是异常点.

回归模型 lm.step 的残差散点图如图 2-1 所示. 从图 2-1 可以看出, 残差的分布有随预测值增大而减小的趋势, 所以同方差性的基本假定可能不成立.

如果同方差性的假定不成立, 有时可以通过对因变量作适当的变换来解决方差非齐问题. 常见的方差稳定变换有:

(1) 对数变换: $z = \ln y$.

(2) 开方变换: $z = \sqrt{y}$.

(3) 倒数变换: $z = 1/y$.

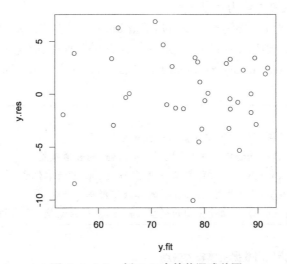

图 2-1 (a)   例 2.2 中的普通残差图

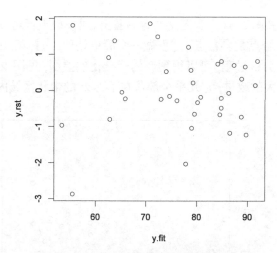

图 2-1 (b)　例 2.2 中的标准化残差图

(4) Box-Cox 变换: $z = \begin{cases} \dfrac{y^{\lambda}-1}{\lambda}, & \lambda \neq 0 \\ \ln y, & \lambda = 0 \end{cases}$.

例 2.3　通过方差稳定变换来更新例 2.1 得到的逐步回归模型 lm.step, 并计算更新后模型的标准化残差, 画出相应的残差散点图, 并直观判断模型的基本假定是否成立.

解: 尝试采用对数变换来解决方差非齐问题.

```
#例 2.3
#假设由例 2.1 已经得到逐步回归模型 lm.step
lm.step_new<-update(lm.step,log(.)~.)   #对模型进行对数变换
y.rst<-rstandard(lm.step_new)   #计算 lm.step_new 的标准化残差
y.fit<-predict(lm.step_new)   #计算 lm.step_new 的预测值
plot(y.rst~ y.fit)   #绘制以标准化残差为纵坐标, 预测值为横坐标的散点图 (见图 2-2)
```

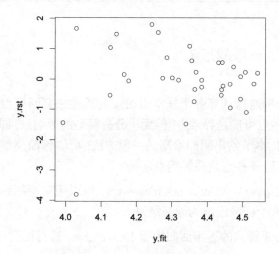

图 2-2　例 2.3 中的标准化残差图

比较标准化残差图 2–1(b) 和图 2–2 容易看出, 对模型进行对数变换后残差散点图有所改善, 但第 19 号点是异常点. 这里做一个简单处理, 去掉第 19 号观测值, 重复上述回归分析和残差分析过程, 可以得到新的标准化残差图, 见图 2–3. 与图 2–2 相比, 残差的分布有了很大的改进, 它几乎全部落在 [−2, 2] 的带状区域内.

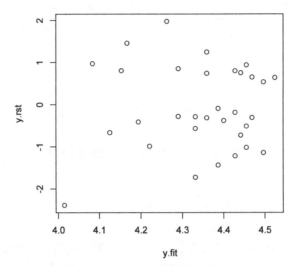

图 2-3 例 2.3 中的标准化残差图: 去掉第 19 号观测值

上述分析过程的 R 程序如下:

```
lm.exam<-lm(log(y)~x1+x2+x3+x4,data= d2.1[-c(19),])   #去掉第 19 号观测值再建立
全变量回归方程
lm.step<-step(lm.exam,direction="both")    #用一切子集回归法来进行逐步回归
y.rst<-rstandard(lm.step)    #计算回归模型 lm.step 的标准化残差
y.fit<-predict(lm.step)    #计算回归模型 lm.step 的预测值
plot(y.rst~ y.fit)    #绘制以标准化残差为纵坐标, 预测值为横坐标的散点图
```

2.4.2 回归诊断: 一般的方法

上一节残差分析通过计算各个样本点对应的残差来判断模型的基本假定是否成立, 以及模型中哪些点可能是异常点, 但无法分析模型的影响点, 即探测哪些点对模型的推断有重要影响. 本节给出回归诊断的一般方法, 可以诊断模型的基本假定是否成立, 哪些点是异常点, 哪些点是强影响点.

在 R 中, 函数 plot() 和 influence.measures() 可以用来绘制诊断图和计算诊断统计量, 下面介绍这两个函数输出的诊断结果.

例 2.4 对例 2.3 得到的逐步回归模型 lm.step_new 进行回归诊断分析.

解: 回归诊断的 R 程序如下:

```
#例 2.4
#假定由例 2.3 已经获得模型 lm.step_new
par(mfrow=c(2,2))   #在一个 2×2 网格中创建 4 个绘图区
plot(lm.step_new)   #绘制模型诊断图
influence.measures(lm.step_new)   #计算各个观测值的诊断统计量
```

运行上述程序可得回归诊断图 (见图 2-4) 和如下 36 个观测值对应的诊断统计量的值.

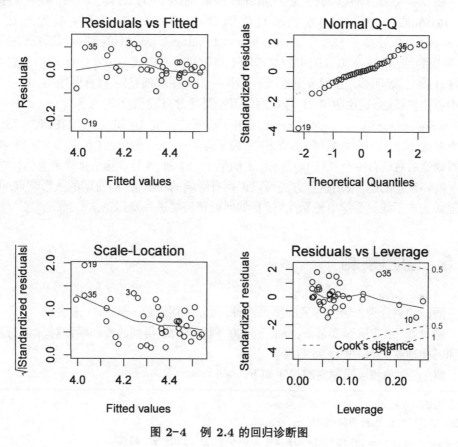

图 2-4   例 2.4 的回归诊断图

```
Influence measures of
        lm(formula = log(y) ~ x2 + x3, data = d2.1):
       dfb.1_     dfb.x2     dfb.x3      dffit    cov.r    cook.d    hat inf
1    0.172353   -0.052013   -1.36e-01   -0.29171   1.052   2.82e-02   0.0662
2   -0.078941    0.062234    6.53e-03    0.11045   1.160   4.17e-03   0.0691
3    0.196029   -0.049262   -1.17e-01    0.37308   0.836   4.31e-02   0.0383
......
11   0.014319   -0.193460    2.46e-01   -0.27029   1.346   2.49e-02   0.2065*
12  -0.037878    0.010399    3.07e-02    0.06036   1.188   1.25e-03   0.0806
......
19  -2.023566    1.001611    7.40e-01   -2.21899   0.232   9.50e-01   0.1645*
```

20	-0.006664	0.071366	-8.14e-02	0.14712	1.093	7.33e-03	0.0419
......							
33	-0.080807	0.140284	-1.13e-01	-0.15234	1.464	7.96e-03	0.2556*
34	0.003073	0.018428	-3.20e-02	-0.04254	1.169	6.22e-04	0.0643
35	0.694033	-0.343528	-2.54e-01	0.76106	1.008	1.82e-01	0.1645
36	-0.041692	0.012644	3.72e-02	0.10921	1.111	4.06e-03	0.0394

图 2-4 给出了逐步回归模型 lm.step_new 的四个回归诊断图: (1) 残差—拟合图 (Residuals vs Fitted); (2) 正态 Q-Q 图 (Normal Q-Q);(3) 大小—位置图 (Scale-Location); (4) 残差—杠杆图 (Residuals vs Leverage). 从这四个图可以看出: 除了第 19 号观测值, 残差—拟合图中的点基本上呈随机分布模式; 正态 Q-Q 图中的点基本落在直线上, 表明残差服从正态分布; 大小—位置图和残差—杠杆图中第 19 号点偏离中心位置最远, 这说明第 19 号观测值可能是异常点或强影响点.

influence.measures(lm.step_new) 给出了诊断统计量 DFBETAS、DFFITS (dffit)、协方差比 (cov.r)、库克距离 (cook.d) 和帽子阵 (hat inf) 的值. 注意到第 11, 19 和 33 号观测值的右端有一个星号 (*) 标示, 说明第 11, 19 和 33 号观测值被诊断为强影响点.

需要注意的是, 采用这种方法可以识别有影响的观测值, 即所谓的强影响点, 但对于强影响点不能只是简单地删除它们, 如何处理需要进一步讨论.

2.5　回归预测

回归预测分为点预测和区间预测两种, 可以采用函数 predict() 来实现.

例 2.5　给定解释变量 $x_2=80$, $x_3=90$, 利用例 2.1 得到的回归模型对 y 进行点预测和区间预测 (置信度为 95%).

解: 点预测和区间预测的程序如下:

```
#例 2.5
#假定由例 2.1 已经获得模型 lm.step
preds<-data.frame(x2=80,x3=90) #给定解释变量 x2 和 x3 的值
predict(lm.step,newdata=preds,interval="prediction", level=0.95)   #进行点预测
和区间预测
```

运行上述程序可得 y 的点预测和区间预测的结果如下:

	fit	lwr	upr
1	88.21907	79.79748	96.64067

程序中选项 interval="prediction" 表示要给出区间预测, 选项 level=0.95 表示置信水平是 95%. 计算结果 y 的点预测为 88.22, 区间预测为 [79.80, 96.64].

习题

2.1 (数据文件为 ex2.1) 表 2–2 给出了 27 名糖尿病人的血清总胆固醇 (x_1)、甘油 (x_2)、空腹胰岛素 (x_3)、糖化血红蛋白 (x_4)、空腹血糖 (y) 的测量值, 建立血糖与其他指标的多元线性回归方程并进行分析.

表 2-2 27 名糖尿病人的数据

病人编号 No	x_1	x_2	x_3	x_4	y
1	5.68	1.90	4.53	8.2	11.2
2	3.79	1.64	7.32	6.9	8.8
3	6.02	3.56	6.95	10.8	12.3
4	4.85	1.07	5.88	8.3	11.6
5	4.60	2.32	4.05	7.5	13.4
6	6.05	0.64	1.42	13.6	18.3
7	4.90	8.50	12.60	8.5	11.1
8	7.08	3.00	6.75	11.5	12.1
9	3.85	2.11	16.28	7.9	9.6
10	4.65	0.63	6.59	7.1	8.4
11	4.59	1.97	3.61	8.7	9.3
12	4.29	1.97	6.61	7.8	10.6
13	7.97	1.93	7.57	9.9	8.4
14	6.19	1.18	1.42	6.9	9.6
15	6.13	2.06	10.35	10.5	10.9
16	5.71	1.78	8.53	8.0	10.1
17	6.40	2.40	4.53	10.3	14.8
18	6.06	3.67	12.79	7.1	9.1
19	5.09	1.03	2.53	8.9	10.8
20	6.13	1.71	5.28	9.9	10.2
21	5.78	3.36	2.96	8.0	13.6
22	5.43	1.13	4.31	11.3	14.9
23	6.50	6.21	3.47	12.3	16.0
24	7.98	7.92	3.37	9.8	13.2
25	11.54	10.89	1.20	10.5	20.0
26	5.84	0.92	8.61	6.4	13.3
27	3.84	1.20	6.45	9.6	10.4

资料来源: 汤银才. R 语言与统计分析. 北京: 高等教育出版社, 2008.

2.2 (数据文件为 ex2.2) 表 2–3 给出了 1988—2017 年我国财政收入 y (亿元)、国内生产总值 x_1 (亿元)、税收收入 x_2 (亿元)、进出口总额 x_3 (亿元)、经济活动人口 x_4 (万人) 数据. 建立财政收入与其他指标的多元线性回归方程并进行分析.

表 2-3　财政收入多因素分析数据

年份	y	x_1	x_2	x_3	x_4
1988	2 357.24	15 180.4	2 390.47	3 821.79	54 630
1989	2 664.90	17 179.7	2 727.40	4 155.92	55 707
1990	2 937.10	18 872.9	2 821.86	5 560.12	65 323
1991	3 149.48	22 005.6	2 990.17	7 225.75	66 091
1992	3 483.37	27 194.5	3 296.91	9 119.62	66 782
1993	4 348.95	35 673.2	4 255.30	11 271.02	67 468
1994	5 218.10	48 637.5	5 126.88	20 381.90	68 135
1995	6 242.20	61 339.9	6 038.04	23 499.94	68 855
1996	7 407.99	71 813.6	6 909.82	24 133.86	69 765
1997	8 651.14	79 715.0	8 234.04	26 967.24	70 800
1998	9 875.95	85 195.5	9 262.80	26 849.68	72 087
1999	11 444.08	90 564.4	10 682.58	29 896.23	72 791
2000	13 395.23	100 280.1	12 581.51	39 273.25	73 992
2001	16 386.04	110 863.1	15 301.38	42 183.62	73 884
2002	18 903.64	121 717.4	17 636.45	51 378.15	74 492
2003	21 715.25	137 422.0	20 017.31	70 483.45	74 911
2004	26 396.47	161 840.2	24 165.68	95 539.09	75 290
2005	31 649.29	187 318.9	28 778.54	116 921.77	76 120
2006	38 760.20	219 438.5	34 804.35	140 974.74	76 315
2007	51 321.78	270 092.3	45 621.97	166 924.07	76 531
2008	61 330.35	319 244.6	54 223.79	179 921.47	77 046
2009	68 518.30	348 517.7	59 521.59	150 648.06	77 510
2010	83 101.51	412 119.3	73 210.79	201 722.34	78 388
2011	103 874.43	487 940.2	89 738.39	236 401.95	78 579
2012	117 253.52	538 580.0	100 614.28	244 160.21	78 894
2013	129 209.64	592 963.2	110 530.70	258 108.89	79 300
2014	140 370.03	641 280.6	119 175.31	264 241.77	79 690
2015	152 269.23	685 992.9	124 922.20	245 502.93	80 091
2016	159 604.97	740 060.8	130 360.73	243 386.46	80 694
2017	172 592.77	820 754.3	144 369.87	278 099.24	80 686

资料来源: 中华人民共和国国家统计局年度数据, http://www.stats.gov.cn/tjsj/.

2.3　(数据文件为 ex2.3) 为研究我国民航客运量的变化趋势及其成因, 以民航客运量为因变量 y (万人)、旅客运输量 x_1 (万人)、入境游客 x_2 (万人)、外国人入境游客 x_3 (万人)、国内居民出境人数 x_4 (万人) 和国内游客 x_5 (万人) 为主要解释变量 (数据见表 2–4), 建立多元线性回归模型并进行分析.

表 2-4　民航客运量多因素分析数据

年份	y	x_1	x_2	x_3	x_4	x_5
1999	6 094.00	1 394 413.00	7 279.56	843.23	923.24	71 900
2000	6 722.00	1 478 573.00	8 344.39	1 016.04	1 047.26	74 400
2001	7 524.00	1 534 122.00	8 901.30	1 122.64	1 213.44	78 400
2002	8 594.00	1 608 150.00	9 790.80	1 343.95	1 660.23	87 800
2003	8 759.00	1 587 497.00	9 166.21	1 140.29	2 022.19	87 000
2004	12 123.00	1 767 453.00	10 903.82	1 693.25	2 885.00	110 200
2005	13 827.00	1 847 018.00	12 029.23	2 025.51	3 102.63	121 200
2006	15 968.00	2 024 158.00	12 494.21	2 221.03	3 452.36	139 400
2007	18 576.21	2 227 761.00	13 187.33	2 610.97	4 095.40	161 000
2008	19 251.16	2 867 892.14	13 002.74	2 432.53	4 584.44	171 200
2009	23 051.64	2 976 897.83	12 647.59	2 193.75	4 765.62	190 200
2010	26 769.14	3 269 508.17	13 376.22	2 612.69	5 738.65	210 300
2011	29 316.66	3 526 318.73	13 542.35	2 711.20	7 025.00	264 100
2012	31 936.05	3 804 034.90	13 240.53	2 719.16	8 318.17	295 700
2013	35 396.63	2 122 991.55	12 907.78	2 629.03	9 818.52	326 200
2014	39 194.88	2 032 218.00	12 849.83	2 636.08	11 659.32	361 100
2015	43 618.00	1 943 271.00	13 382.04	2 598.54	12 786.00	400 000
2016	48 796.05	1 900 194.34	13 844.38	2 815.12	13 513.00	444 000
2017	55 156.11	1 848 620.12	13 948.00	2 917.00	14 272.74	500 000
2018	61 173.77	1 793 820.32	14 119.83	3 054.29	16 199.00	553 900

资料来源: 中华人民共和国国家统计局年度数据, http://www.stats.gov.cn/tjsj/.

　　2.4　(数据文件为 ex2.4) 为了研究美国公司的高管薪酬问题, 收集了美国 50 家公共贸易大公司的首席执行官 (CEO) 的年薪数据和其他可能与年薪有关的变量数据, 如表 2-5 所示. 根据表 2-5 的数据, 用适当的方法建立多元线性回归模型, 分析 CEO 年薪与相关因素 (在目前职位年数、前一年股票价格的变化、前一年公司销售额的变化和是否有 MBA 学位) 的关系.

表 2-5　美国 50 家公司 CEO 的年薪数据和其他相关信息

公司编号	总年薪 y (千美元)	在目前职位年数 x_1	前一年股票价格的变化 x_2 (%)	前一年公司销售额的变化 x_3 (%)	是否有 MBA 学位 x_4
1	1 530	7	48	89	1
2	1 117	6	35	19	1
3	602	3	9	24	0
4	1 170	6	37	8	1
5	1 086	6	34	28	0
6	2 536	9	81	−16	1
7	300	2	−17	−17	0
8	670	2	−15	−67	1
9	250	0	−52	49	0
10	2 413	10	109	−27	1

续表

公司编号	总年薪 y (千美元)	在目前职位年数 x_1	前一年股票价格的变化 x_2 (%)	前一年公司销售额的变化 x_3 (%)	是否有 MBA 学位 x_4
11	2 707	7	44	26	1
12	341	1	28	−7	0
13	734	4	10	−7	0
14	2 368	8	16	−4	0
15	743	4	11	50	1
16	898	7	−21	−20	1
17	498	4	16	−24	0
18	250	2	−10	64	0
19	1 388	4	8	−58	1
20	898	5	28	−73	1
21	408	4	13	31	1
22	1 091	6	34	66	0
23	1 550	7	49	−4	1
24	832	5	26	55	0
25	1 462	7	46	10	1
26	1 456	7	46	−5	1
27	1 984	8	63	28	1
28	1 493	10	12	−36	0
29	2 021	7	48	72	1
30	2 871	8	7	5	1
31	245	0	−58	−16	1
32	3 217	11	102	51	1
33	1 315	7	42	−7	0
34	1 730	9	55	122	1
35	260	0	−54	−41	1
36	250	2	−17	−35	0
37	718	5	23	19	1
38	1 593	8	66	76	1
39	1 905	8	67	−48	1
40	2 283	5	21	64	1
41	2 253	7	46	104	1
42	254	0	−41	99	0
43	1 883	8	60	−12	1
44	1 501	5	10	20	1
45	386	0	−17	−18	0
46	2 181	11	37	27	1
47	1 766	6	40	41	1
48	1 897	8	−24	−41	1
49	1 157	5	21	87	1
50	246	3	1	−34	0

注: 表格最后一列是 CEO 是否有 MBA 学位的信息, "1" 表示有, "0" 表示没有.

资料来源: 伯特西马斯, 弗罗因德. 数据、模型与决策. 北京: 中信出版社, 2004.

2.5　(数据文件为 ex2.5) 表 2-6 给出了我国 1999—2018 年财政收入 y (亿元)、第一产业增加值 x_1 (亿元)、工业增加值 x_2 (亿元)、建筑业增加值 x_3 (亿元)、年末总人口 x_4 (万人)、社会消费品零售总额 x_5 (亿元)、受灾面积 x_6 (万公顷) 数据, 根据这些数据建立财政收入 y 关于其他变量的多元线性回归模型.

表 2-6　我国财政收入及相关数据

年份	y	x_1	x_2	x_3	x_4	x_5	x_6
1999	11 444.1	14 549.0	36 015.4	5 180.9	125 786	35 647.9	4 998.1
2000	13 395.2	14 717.4	40 259.7	5 534.0	126 743	39 105.7	5 468.8
2001	16 386.0	15 502.5	43 855.6	5 945.5	127 627	43 055.4	5 221.5
2002	18 903.6	16 190.2	47 776.3	6 482.1	128 453	48 135.9	4 694.6
2003	21 715.3	16 970.2	55 363.8	7 510.8	129 227	52 516.3	5 450.6
2004	26 396.5	20 904.3	65 776.8	8 720.5	129 988	59 501.0	3 710.6
2005	31 649.3	21 806.7	77 960.5	10 400.5	130 756	68 352.6	3 881.8
2006	38 760.2	23 317.0	92 238.4	12 450.1	131 448	79 145.2	4 109.1
2007	51 321.8	27 674.1	111 693.9	15 348.0	132 129	93 571.6	4 899.2
2008	61 330.4	32 464.1	131 727.6	18 807.6	132 802	114 830.1	3 999.0
2009	68 518.3	33 583.8	138 095.5	22 681.5	133 450	133 048.2	4 721.4
2010	83 101.5	38 430.8	165 126.4	27 259.3	134 091	158 008.0	3 742.6
2011	103 874.4	44 781.4	195 142.8	32 926.5	134 735	187 205.8	3 247.1
2012	117 253.5	49 084.5	208 905.6	36 896.1	135 404	214 432.7	2 496.2
2013	129 209.6	53 028.1	222 337.6	40 896.8	136 072	242 842.8	3 135.0
2014	140 370.0	55 626.3	233 856.4	44 880.5	136 782	271 896.1	2 489.1
2015	152 269.2	57 774.6	236 506.3	46 626.7	137 462	300 930.8	2 177.0
2016	159 605.0	60 139.2	247 877.7	49 702.9	138 271	332 316.3	2 622.1
2017	172 592.8	62 099.5	278 328.2	55 313.8	139 008	366 261.6	1 847.8
2018	183 351.8	64 734.0	305 160.2	61 808.0	139 538	380 986.9	2 081.4

资料来源: 中华人民共和国国家统计局年度数据, http://www.stats.gov.cn/tjsj/.

2.6　(数据文件为 ex2.6) 表 2-7 给出了我国 1991—2018 年货物运输量 y (万吨)、第一产业增加值 x_1 (亿元)、第二产业增加值 x_2 (亿元)、第三产业增加值 x_3 (亿元)、国内生产总值指数 x_4 (1978 年 =100)、工业增加值 x_5 (亿元) 数据, 建立货物运输量与其他指标的多元线性回归方程并进行分析.

表 2-7　我国货物运输量及相关数据

年份	y	x_1	x_2	x_3	x_4	x_5
1991	985 793	5 288.8	9 129.8	7 587.0	308.1	8 138.2
1992	1 045 899	5 800.3	11 725.3	9 668.9	351.9	10 340.5
1993	1 115 902	6 887.6	16 473.1	12 312.6	400.7	14 248.8
1994	1 180 396	9 471.8	22 453.1	16 712.5	453.0	19 546.9
1995	1 234 938	12 020.5	28 677.5	20 641.9	502.6	25 023.9
1996	1 298 421	13 878.3	33 828.1	24 107.2	552.5	29 529.8

续表

年份	y	x_1	x_2	x_3	x_4	x_5
1997	1 278 218	14 265.2	37 546.0	27 903.8	603.5	33 023.5
1998	1 267 427	14 618.7	39 018.5	31 558.3	650.8	34 134.9
1999	1 293 008	14 549.0	41 080.9	34 934.5	700.7	36 015.4
2000	1 358 682	14 717.4	45 664.8	39 897.9	760.2	40 259.7
2001	1 401 786	15 502.5	49 660.7	45 700.0	823.6	43 855.6
2002	1 483 447	16 190.2	54 105.5	51 421.7	898.8	47 776.3
2003	1 564 492	16 970.2	62 697.4	57 754.4	989.0	55 363.8
2004	1 706 412	20 904.3	74 286.9	66 648.9	1 089.0	65 776.8
2005	1 862 066	21 806.7	88 084.4	77 427.8	1 213.1	77 960.5
2006	2 037 060	23 317.0	104 361.8	91 759.7	1 367.4	92 238.4
2007	2 275 822	27 674.1	126 633.6	115 784.6	1 562.0	111 693.9
2008	2 585 937	32 464.1	149 956.6	136 823.9	1 712.8	131 727.6
2009	2 825 222	33 583.8	160 171.7	154 762.2	1 873.8	138 095.5
2010	3 241 807	38 430.8	191 629.8	182 058.6	2 073.1	165 126.4
2011	3 696 961	44 781.4	227 038.8	216 120.0	2 271.1	195 142.8
2012	4 100 436	49 084.5	244 643.3	244 852.2	2 449.6	208 905.6
2013	4 098 900	53 028.1	261 956.1	277 979.1	2 639.9	222 337.6
2014	4 167 296	55 626.3	277 571.8	308 082.5	2 832.6	233 856.4
2015	4 175 886	57 774.6	282 040.3	346 178.0	3 028.2	236 506.3
2016	4 386 763	60 139.2	296 547.7	383 373.9	3 232.2	247 877.7
2017	4 804 850	62 099.5	332 742.7	425 912.1	3 450.6	278 328.2
2018	5 152 674	64 734.0	366 000.9	469 574.6	3 677.2	305 160.2

资料来源: 中华人民共和国国家统计局年度数据, http://www.stats.gov.cn/tjsj/.

2.7 (数据文件为 ex2.7) 某公司经理想研究公司员工的年薪问题. 根据初步分析, 他认为员工的当前年薪 y (元) 与员工的开始年薪 x_1 (元)、在公司工作的时间 x_2 (月)、先前的工作经验 x_3 (月) 和受教育年限 x_4 (年) 有关系, 可能与性别 x_5 (男或女) 也有关系. 他随机抽样调查了 36 个员工, 收集到如表 2-8 所示的数据. 请将公司经理的分析用线性模型表示出来.

表 2-8　抽样调查得到的 36 个人的数据资料

y	x_1	x_2	x_3	x_4	x_5	y	x_1	x_2	x_3	x_4	x_5
79 220	14 010	98	115	15	0	71 120	11 460	83	75	8	0
79 670	13 260	98	26	8	1	91 520	22 260	81	3	16	1
186 320	81 240	96	199	19	1	76 220	12 510	81	0	12	0
161 945	46 260	96	120	19	1	74 420	12 510	81	13	12	0
74 570	15 510	95	46	12	1	85 220	17 760	79	94	12	1
86 120	15 810	93	8	16	0	98 570	22 500	74	45	16	1
91 520	20 760	92	168	17	1	77 420	12 810	74	2	12	0
82 820	20 010	90	205	12	0	110 720	35 010	74	272	12	1
75 620	16 260	90	191	15	1	69 020	11 460	72	184	8	0

续表

y	x_1	x_2	x_3	x_4	x_5	y	x_1	x_2	x_3	x_4	x_5
82 220	16 260	88	252	12	1	87 920	19 260	71	12	16	0
78 020	14 760	88	38	12	1	75 770	13 710	69	12	12	0
76 370	14 010	87	123	16	0	76 520	20 010	68	344	8	0
78 020	14 760	86	367	12	1	81 620	17 010	68	155	8	1
120 570	43 740	85	134	20	1	86 570	14 760	67	6	15	1
83 270	16 260	85	438	8	1	72 170	14 760	67	181	12	0
77 570	16 860	85	171	8	1	137 570	46 260	66	50	18	1
68 420	11 460	85	72	12	0	121 320	23 010	65	19	16	1
75 320	14 010	85	59	15	0	77 570	17 010	64	69	12	1

注: 表格最后一列是性别信息, "1" 表示男, "0" 表示女.

参考文献

[1]　汤银才. R 语言与统计分析. 北京: 高等教育出版社, 2008.

[2]　王斌会. 多元统计分析及 R 语言建模. 2 版. 广州: 暨南大学出版社, 2010.

[3]　贾俊平, 何晓群, 金勇进. 统计学. 北京: 中国人民大学出版社, 2000.

[4]　伯特西马斯, 弗罗因德. 数据、模型与决策. 北京: 中信出版社, 2004.

C 第 3 章

Chapter 3 广义线性模型

第 2 章讨论的多元线性模型是一般的线性模型, 可以用来处理因变量是连续型变量的情况, 如果因变量是类型变量或计数变量, 则要采用**广义线性模型** (generalized linear model) 来分析. 广义线性模型是一般线性模型的推广: 首先因变量的分布由正态分布推广到指数族分布; 其次, 模型关于因变量的均值建模推广到关于因变量的均值的函数建模. 本章介绍广义线性模型的定义和六种常见的广义线性模型: Logistic 模型、Probit 模型、多项 Logit 模型、泊松对数线性模型、零膨胀计数模型和多项分布对数线性模型.

3.1 广义线性模型的定义

第 2 章我们研究了多元线性模型, 该模型的一个重要假定是因变量是连续型的变量 (通常假定服从正态分布), 但在许多情况下, 这种假定并不合理, 例如下面这几种情况.

(1) 结果变量可能是类型变量. 二值分类变量 (比如: 是/否, 成功/失败, 活着/死亡等) 和多分类变量 (比如: 差/一般/良好/优秀, 非常不幸福/不幸福/一般/幸福/非常幸福, 非常不满意/不满意/一般/满意/非常满意等) 显然都不是连续型变量.

(2) 结果变量可能是计数型变量 (比如: 一周交通事故的数目, 每天光临的顾客人数等). 这类变量都是非负的有限值, 而且它们的均值和方差通常是相关的 (一般线性模型假定因变量是正态变量, 而且相互独立).

回顾第 2 章, 普通线性回归模型 (2.1) 假定因变量 y 服从正态分布, 其均值 μ 满足关系式 $\mu = x^{\mathrm{T}}\beta$, 这个等式表明因变量的条件均值是自变量的线性组合 (准确地说, 所谓线性性是关于回归系数而言的).

本章讨论广义线性模型, 它是普通线性模型的推广, 其定义由以下两个部分组成:

(1) 随机成分: 设 $y_1, y_2, \cdots, y_n$ 是来自于指数分布族的随机样本, 即 y_i 的密度函数为:

$$f(y_i, \alpha_i, \phi) = \exp\left\{\frac{\alpha_i y_i - b(\alpha)}{a_i(\phi)} + c_i(y_i, \phi)\right\} \tag{3.1}$$

式中, $a_i(\cdot), b(\cdot)$ 和 $c_i(\cdot)$ 是已知函数; 参数 α_i 是典则参数; ϕ 是散度参数.

(2) 连接函数: 设 y_i 的均值为 μ_i, 而函数 $g(\cdot)$ 是单调可微的连接函数, 使得

$$g(\mu_i) = \boldsymbol{x}_i^{\mathrm{T}}\boldsymbol{\beta}, \quad i = 1, 2, \cdots, n \tag{3.2}$$

式中, $\boldsymbol{x}_i^{\mathrm{T}} = (1, x_{i1}, \cdots, x_{ip})$ 是协变量; $\boldsymbol{\beta} = (\beta_0, \beta_1, \cdots, \beta_p)^{\mathrm{T}}$ 是未知参数向量.

如果连接函数取为 $\theta = g(\mu_i) = \mu_i = \boldsymbol{x}_i^{\mathrm{T}}\boldsymbol{\beta}$, 则称为典则连接函数.

广义线性模型是一类常见的模型, 第 2 章讨论的正态线性回归模型是广义线性模型的特例, 因为正态分布也属于指数分布族, 其密度函数为:

$$
\begin{aligned}
f(y_i, \mu, \sigma^2) &= \frac{1}{\sqrt{2\pi\sigma^2}} \exp\left\{ -\frac{1}{2\sigma^2}(y_i - \mu)^2 \right\} \\
&= \exp\left\{ \frac{\mu y_i - \mu^2/2}{\sigma^2} - \frac{1}{2}\left[\frac{y_i^2}{\sigma^2} + \ln(2\pi\sigma^2) \right] \right\}
\end{aligned} \tag{3.3}
$$

与式 (3.1) 对照可知 $\alpha_i = \mu, \phi = \sigma^2, a(\phi) = \sigma^2, b(\alpha) = \dfrac{\mu^2}{2}, c_i(y_i, \phi) = -\dfrac{1}{2}\left[\dfrac{y_i^2}{\sigma^2} + \ln(2\pi\sigma^2)\right]$. 只要取连接函数为 $g(\mu_i) = \mu_i = \boldsymbol{x}_i^{\mathrm{T}}\boldsymbol{\beta}(i = 1, 2, \cdots, n)$, 则正态线性回归模型满足广义线性模型的定义.

类似地, 容易验证, 二项分布和泊松分布都属于指数分布族.

下面介绍实际中应用广泛的六种广义线性模型: Logistic 模型、Probit 模型、多项 Logit 模型、泊松对数线性模型、零膨胀计数模型和多项分布对数线性模型.

3.2 Logistic 模型

设 y 服从参数为 p 的二项分布, 则 $\mu = E(y) = p$, 采用逻辑连接函数, 即 $g(\mu) = \mathrm{logit}(p) = \ln\dfrac{p}{1-p} = \boldsymbol{x}^{\mathrm{T}}\boldsymbol{\beta}$, 这个广义线性模型称为 Logistic 模型.

例 3.1 (数据文件为 eg3.1) 表 3–1 给出了某城市 48 个家庭的调查数据, 其中 y 是分类变量 (是否有购买住房, 1 表示有, 0 表示没有), x_1 是家庭年收入, x_2 是家中是否有孩子 (1 表示有, 0 表示没有). 根据这个数据建立 Logistic 回归模型并估计年收入为 20 万元、家里有孩子的家庭有购买住房的可能性.

表 3-1　某城市 48 个家庭的调查数据

x_1	x_2	y	x_1	x_2	y	x_1	x_2	y
20	1	1	25	0	1	12	1	0
30	1	1	12	0	0	35	0	1
10	0	0	30	1	1	9	1	0
22	0	1	15	0	0	38	1	1
8	0	0	47	1	1	10	1	0
30	1	1	22	0	1	22	0	1
16	0	0	9	0	0	24	0	1
26	0	1	26	0	1	9	0	0
42	1	1	28	1	1	15	1	0
36	0	1	31	0	1	28	1	1

续表

x_1	x_2	y	x_1	x_2	y	x_1	x_2	y
7	0	0	8	0	0	30	0	1
54	1	1	19	1	0	6	0	0
60	0	1	66	1	1	23	0	0
21	1	1	25	0	1	26	1	1
18	0	1	16	1	1	10	0	0
50	1	1	33	1	1	36	1	1

解: 采用 R 软件中的广义线性模型过程 glm() 可以完成回归系数的估计, 以及模型回归系数的显著性检验.

```
#例 3.1 广义线性模型: Logistic 模型
setwd("C:/data")   #设定工作路径
d3.1<-read.csv("eg3.1.csv",header=T)   #将 eg3.1.csv 数据读入到 d3.1 中
glm.logit<-glm(y~x1+x2,family=binomial(link=logit),data=d3.1)   #建立 y 关于 x1,
x2 的 logistic 回归模型①, 数据为 d3.1
summary(glm.logit)   # 模型汇总
```

运行以上程序可得如下结果:

```
Call:
glm(formula = y ~ x1 + x2, family = binomial(link =logit), data = d3.1)
Deviance Residuals:
      Min       1Q    Median        3Q       Max
 -2.30297  -0.19832   0.02283   0.20251   1.59258
Coefficients:
            Estimate   Std. Error   z value   Pr(>|z|)
 (Intercept)  -7.53115    2.56352    -2.938    0.00331**
 x1            0.43956    0.13864     3.170    0.00152**
 x2           -0.08103    1.24747    -0.065    0.94821
 ---
Signif.  codes:  0 '***' 0.001 '**' 0.01 '*' 0.05 '.' 0.1 ' ' 1
(Dispersion parameter for binomial family taken to be 1)
    Null deviance:  61.105 on 47 degrees of freedom
Residual deviance:  17.643 on 45 degrees of freedom
AIC: 23.643
Number of Fisher Scoring iterations:  8
```

注意到 x_2 对应的 p 值 (0.948) 比较大, 即 x_2 不显著, 所以考虑采用逐步回归.

```
glm.step<-step(glm.logit)   #逐步回归
summary(glm.step)   #给出模型回归系数的估计和显著性检验等
```

---

① 注意逻辑连接函数是二项分布的典则连接函数, 是默认的连接函数, 因此代码中的 (link=logit) 可以省略.

运行以上程序可得如下结果:

```
Start:   AIC=23.64
y ~ x1 + x2

          Df   Deviance      AIC
 -x2      1     17.647     21.647
 <none>         17.643     23.643
 -x1      1     59.008     63.008
Step:   AIC=21.65
y ~ x1

          Df   Deviance      AIC
 <none>         17.647     21.647
 -x1      1     61.105     63.105
> summary(glm.step)     #给出模型回归系数的估计和显著性检验等

Call:
glm(formula = y ~ x1, family = binomial(link = logit), data = d3.1)

Deviance Residuals:
      Min        1Q     Median        3Q        Max
 -2.28859   -0.19703    0.02276    0.20400    1.60887

Coefficients:
               Estimate   Std. Error   z value   Pr(>|z|)
 (Intercept)    -7.5682      2.5101     -3.015    0.00257**
 x1              0.4396      0.1387      3.169    0.00153**
 ---
Signif.  codes:  0 '***' 0.001 '**' 0.01 '*' 0.05 '.'  0.1 ' ' 1

(Dispersion parameter for binomial family taken to be 1)

    Null deviance:  61.105   on 47   degrees of freedom
 Residual deviance:  17.647   on 46   degrees of freedom
AIC: 21.647

Number of Fisher Scoring iterations:  8
```

注意: 回归系数对应的 p 值越小越显著, $*$ 表示在 5%水平上显著, $**$ 表示在 1%水平上显著, $***$ 表示在 0.1%水平上显著.

容易看出, 回归模型的回归系数在 1% 水平上显著, 于是得回归模型为: $\ln \dfrac{\widehat{p}}{1-\widehat{p}} = -7.57 + 0.44x_1$.

如果要预测年收入为 20 万元 ($x_1 = 20$)、家里有孩子 ($x_2 = 1$) 的家庭有购买住房

的可能性, 可以采用以下命令:

```
yp<-predict(glm.step,data.frame(x1=20))
p.fit<-exp(yp)/(1+exp(yp));p.fit    #估计 x1=20 时 y=1 的概率①
```

运行以上命令可得如下结果:

```
        1
0.7728122
```

容易看出, 当 $x_1 = 20, x_2 = 1$ 时, 估计 $y = 1$ 的概率约为 0.77, 即年收入为 20 万元、家里有孩子的家庭有购买住房的可能性约为 77%.

3.3 Probit 模型

设 y 服从参数为 p 的二项分布, 则 $\mu = E(y) = p$, 采用 Probit 连接函数, 即 $g(\mu) = \text{probit}(p) = \Phi^{-1}(p) = \boldsymbol{x}^{\mathrm{T}}\beta$, 或者 $p = \Phi(\boldsymbol{x}^{\mathrm{T}}\beta)$, 其中 Φ 是标准正态分布函数, 这个广义线性模型称为 Probit 模型.

例 3.1 (续) (数据文件为 eg3.1) 利用表 3–1 给出的数据, 建立 Probit 回归模型, 并估计年收入为 20 万元、家里有孩子的家庭有购买住房的可能性.

解: 采用 R 软件中的广义线性模型过程 glm() 可以完成回归系数的估计, 以及模型回归系数的显著性检验.

```
#例 3.1 (续) 广义线性模型: Porbit 模型
setwd("C:/data")   #设定工作路径
d3.1<-read.csv("eg3.1.csv",header=T)   #将 eg3.1.csv 数据读入到 d3.1 中
glm.probit<-glm(y~x1+x2,family=binomial(link=probit),data=d3.1)   #建 立 y 关于
x1,x2 的 Probit 回归模型, 数据为 d3.1
summary(glm.probit) #模型汇总
```

运行以上程序可得如下结果:

```
Call:
glm(formula = y ~ x1 + x2, family = binomial(link = probit),
    data = d3.1)
Deviance Residuals:
     Min        1Q    Median        3Q       Max
 -2.24700  -0.15143   0.00179   0.17737   1.60504

Coefficients:
```

---

① 也可以使用以下命令获得 $x_1 = 20$ 时 $y = 1$ 的概率:
`predict(glm.step,data.frame(x1=20),type="response")`

```
                Estimate    Std. Error    z value    Pr(>|z|)
  (Intercept)   -4.344942    1.326518     -3.275     0.00105**
  x1             0.249972    0.069616      3.591     0.00033***
  x2             0.008167    0.691290      0.012     0.99057
  ---
Signif.  codes:  0 '***' 0.001 '**' 0.01 '*' 0.05 '.'  0.1 ' ' 1


(Dispersion parameter for binomial family taken to be 1)

      Null deviance:  61.105   on 47   degrees of freedom
  Residual deviance:  17.349   on 45   degrees of freedom
AIC: 23.349

Number of Fisher Scoring iterations:  9
```

注意到 x_2 对应的 p 值 (0.99) 比较大, 即 x_2 不显著, 所以考虑采用逐步回归.

```
glm.step<-step(glm.probit)    #逐步回归
summary(glm.step)    #给出模型回归系数的估计和显著性检验等
```

运行以上程序可得如下结果:

```
Call:
glm(formula = y ~ x1, family = binomial(link = probit), data = d3.1)


Deviance Residuals:
      Min        1Q    Median        3Q       Max
  -2.2493   -0.1522    0.0018    0.1768    1.6024

Coefficients:
                Estimate    Std. Error    z value    Pr(>|z|)
  (Intercept)   -4.34028    1.27539      -3.403     0.000666***
  x1             0.24989    0.06944       3.599     0.000320***
  ---
Signif.  codes:  0 '***' 0.001 '**' 0.01 '*' 0.05 '.'  0.1 ' ' 1


(Dispersion parameter for binomial family taken to be 1)

      Null deviance:  61.105   on 47   degrees of freedom
  Residual deviance:  17.349   on 46   degrees of freedom
AIC: 21.349

Number of Fisher Scoring iterations:  9
```

容易看出, 回归模型的回归系数在 0.1% 水平上显著, 于是得回归模型为 $\widehat{p} = \Phi(-4.34 + 0.25x_1)$.

如果要预测年收入为 20 万元 ($x_1 = 20$)、家里有孩子 ($x_2 = 1$) 的家庭有购买住房

的可能性, 可以采用以下命令:

```
> predict(glm.step,data.frame(x1=20,x2=1),type="response")    #估    计 x1=20,x2=1
时 y=1 的概率
```

结果为:

```
         1
 0.7445906
```

容易看出, 当 $x_1 = 20$, $x_2 = 1$ 时, 估计 $y = 1$ 的概率约为 0.74, 即年收入为 20 万元、家里有孩子的家庭有购买住房的可能性约为 74%.

从模型拟合情况来看, Probit 模型的 AIC 值是 21.349, 而 Logistic 模型的 AIC 值是 21.647, 从这个意义上说, Probit 模型拟合效果较好.

3.4 多项 Logit 模型

前面介绍的模型因变量为二水平分类变量, 当分类变量有两个以上的水平且这些水平为仅有的可能水平时, 可以采用多项 Logit 模型.

假定因变量 y 有 M 个可能值 $1, 2, \cdots, M$, 对于因变量 y 的不同取值 k, 对应自变量记为 $\boldsymbol{x} = (1, x_1, \cdots, x_p)^{\mathrm{T}}$, 相应参数向量为 $\boldsymbol{\beta}_k = (\beta_{k0}, \beta_{k1}, \cdots, \beta_{kp})^{\mathrm{T}}$, $k = 2, 3, \cdots, M$. 则多项 Logit 回归模型为:

$$P(y = k) = \frac{\exp(\boldsymbol{x}^{\mathrm{T}}\boldsymbol{\beta}_k)}{1 + \sum_{j=2}^{M} \exp(\boldsymbol{x}^{\mathrm{T}}\boldsymbol{\beta}_j)}, k = 2, 3, \cdots, M.$$

而

$$P(y = 1) = 1 - \sum_{j=2}^{M} P(y = j) = \frac{1}{1 + \sum_{j=2}^{M} \exp(\boldsymbol{x}^{\mathrm{T}}\boldsymbol{\beta}_j)}.$$

多项 Logit 模型是 Logistic 模型的自然推广, 当分类只有两个水平时, 多项 Logit 模型退化为 Logistic 模型. 下面用一个例子来介绍模型的计算过程, 这里假定 y 的分类有且只有三种, 如果 y 的分类不止这三种, 就不宜采用多项 Logit 模型.

例 3.2 (数据文件为 eg3.2) 表 3-2 给出了某城市 48 个家庭的调查数据, 其中 y 是分类变量 (1 表示没有房目前也不买房, 2 表示贷款买房但还在还贷款, 3 表示已经买房且无房贷), x_1 是家庭年收入 (万元), x_2 是家中是否有孩子 (1 表示有, 0 表示没有). 根据这个数据建立多项分布回归模型并估计年收入为 20 万元、家里有孩子的家庭有购买住房但还在还贷款的可能性.

表 3-2　某城市 48 个家庭的调查数据

x_1	x_2	y	x_1	x_2	y	x_1	x_2	y
20	1	2	25	0	3	12	1	1
30	1	3	12	0	1	35	0	3
10	0	1	30	1	2	9	1	1
22	0	2	15	0	2	38	1	3
8	0	1	47	1	3	10	1	1
30	1	2	22	0	2	22	0	2
16	0	1	9	0	1	24	0	2
26	0	2	26	0	2	9	0	1
42	1	3	28	1	2	15	1	1
36	0	2	31	0	2	28	1	2
7	0	1	8	0	1	30	0	3
54	1	3	19	1	1	6	0	1
60	0	3	66	1	3	23	0	1
21	1	2	25	0	2	26	1	2
18	0	2	16	0	2	10	0	1
50	1	3	33	1	2	36	1	3

解: 采用 nnet 程序包中的 multinom() 可以完成多项 Logit 模型的拟合.

```
#例 3.2 广义线性模型： 多项分布回归模型
library(nnet)
setwd("C:/data")
d3.2<-read.csv("eg3.2.csv",header=T)
d3.2$x2<-as.factor(d3.2$x2)      #将 x2 这一列因子化
mlog<- multinom(y ~ x1+x2, data = d3.2)     #建立模型
summary(mlog)  #查看所拟合的模型
```

运行以上程序可得如下结果:

```
Call:
multinom(formula = y ~ x1 + x2, data = d3.2)
Coefficients:
     (Intercept)          x1          x2
 2    -7.443892    0.4329375   -0.06789653
 3   -17.378522    0.7438569   -0.57429520
Std.  Errors:
     (Intercept)          x1          x2
 2     2.570338    0.1396282    1.246013
 3     4.447730    0.1861238    1.704516
Residual Deviance:   37.79579
AIC: 49.79579
```

注意到 x_2 对应标准误相对于 x_2 的系数比较大, 所以估计 x_2 可能不显著, 采用 step() 函数对模型进行逐步回归.

```
mlog.s<-step(mlog)     #对 mlog 进行逐步回归
summary(mlog.s)        #查看所拟合的模型
```

运行以上程序可得如下结果:

```
Call:
multinom(formula = y ~ x1, data = d3.2)


Coefficients:
     (Intercept)             x1
  2    -7.479408      0.4332443
  3   -17.293371      0.7313709

Std.  Errors:
     (Intercept)             x1
  2     2.518090      0.1397530
  3     4.424114      0.1834096

Residual Deviance:   37.98674
AIC: 45.98674
```

从 AIC 值容易看出, 逐步回归得到的模型更好. 下面采用逐步回归模型进行预测, 命令和结果如下:

```
> predict(mlog.s, data.frame(x1=20),type="p")     #估计 x1=20 时 y=1,2,3 的概率
          1              2              3
 0.23032009    0.75366504    0.01601487
```

显然, 年收入为 20 万元 ($x_1 = 20$)、家里有孩子 ($x_2 = 1$) 的家庭, 没有房目前也不买房 ($y = 1$) 的可能性为 0.230, 贷款买房但还在还贷款 ($y = 2$) 的可能性为 0.754, 已经买房且无房贷 ($y = 3$) 的可能性为 0.016: 因此这样的家庭贷款买房但还在还贷款 (即 $y = 2$) 的可能性最大.

如果要查看模型拟合值, 可以使用以下命令:

```
> mlog.s$fitted.value     # 查看拟合值 (概率)
```

得到如下结果 (为了节省篇幅, 拟合值只给出了前 5 个和最后 5 个):

	1	2	3
1	2.303201e-01	0.7536650424	1.601487e-02
2	2.821135e-03	0.7027915221	2.943873e-01
3	9.587464e-01	0.0412092007	4.442134e-05
4	1.100907e-01	0.8568569327	3.305239e-02
5	9.822395e-01	0.0177499299	1.054010e-05

...	...	...	...
44	9.924574e-01	0.0075401482	2.466484e-06
45	7.338100e-02	0.8808399928	4.577900e-02
46	1.975097e-02	0.8696981682	1.105509e-01
47	9.587464e-01	0.0412092007	4.442134e-05
48	8.508311e-05	0.2852197923	7.146951e-01

根据拟合模型我们还可以估计 48 个家庭最可能属于 3 类家庭中的哪一类, 具体命令和结果如下:

```
> max.col(mlog.s$fitted.value)   # 显示概率值最大的那一类
[1] 2 2 1 2 1 2 1 2 3 3 1 3 3 2 2 3 2 1 2 1 3 2 1 2 2 2 1 2 3 2 1 3 1 3 1 3
[37] 1 2 2 1 1 2 2 1 2 2 1 3
```

容易看出, 第一个家庭最可能属于第 2 类家庭, 即贷款买房但还在还贷款 ($y=2$) 的家庭.

3.5 泊松对数线性模型

设 y 服从参数为 λ 的泊松分布, 则 $\mu = E(y) = \lambda$, 采用对数连接函数, 即 $g(\mu) = \ln(\lambda) = \beta_0 + \beta_1 x_1 + \cdots + \beta_p x_p$, 这个广义线性模型称为泊松对数线性模型.

例 3.3　(数据文件为 eg3.3) 这个数据是 robust 包中的 Breslow 癫痫数据 (Breslow, 1993). 我们讨论在治疗初期的八周内, 癫痫药物对癫痫发病数的影响, 数据列在表 3-3 中, 响应变量为八周内癫痫发病数 (y), 预测变量为前八周内的基础发病次数 (x_1)、年龄 (x_2) 和治疗条件 (x_3), 其中治疗条件是二值变量, $x_3 = 0$ 表示服用安慰剂, $x_3 = 1$ 表示服用药物. 根据这个数据建立泊松对数线性模型并对模型的系数进行显著性检验.

表 3-3　Breslow 癫痫数据

No	x_1	x_2	x_3	y	No	x_1	x_2	x_3	y
1	11	31	0	14	14	42	36	0	42
2	11	30	0	14	15	87	26	0	59
3	6	25	0	11	16	50	26	0	16
4	8	36	0	13	17	18	28	0	6
5	66	22	0	55	18	111	31	0	123
6	27	29	0	22	19	18	32	0	15
7	12	31	0	12	20	20	21	0	16
8	52	42	0	95	21	12	29	0	14
9	23	37	0	22	22	9	21	0	14
10	10	28	0	33	23	17	32	0	13
11	52	36	0	66	24	28	25	0	30
12	33	24	0	30	25	55	30	0	143
13	18	23	0	16	26	9	40	0	6

续表

No	x_1	x_2	x_3	y	No	x_1	x_2	x_3	y
27	10	19	0	10	44	36	21	1	26
28	47	22	0	53	45	38	35	1	39
29	76	18	1	42	46	7	25	1	7
30	38	32	1	28	47	36	26	1	32
31	19	20	1	7	48	11	25	1	3
32	10	30	1	13	49	151	22	1	302
33	19	18	1	19	50	22	32	1	13
34	24	24	1	11	51	41	25	1	26
35	31	30	1	74	52	32	35	1	10
36	14	35	1	20	53	56	21	1	70
37	11	27	1	10	54	24	41	1	13
38	67	20	1	24	55	16	32	1	15
39	41	22	1	29	56	22	26	1	51
40	7	28	1	4	57	25	21	1	6
41	22	23	1	6	58	13	36	1	0
42	13	40	1	12	59	12	37	1	10
43	46	33	1	65					

解: 采用 R 软件中的广义线性模型过程 glm( ) 来建立泊松对数线性模型并对模型的系数进行显著性检验.

```
# 例 3.3 广义线性模型: 泊松对数线性模型
setwd("C:/data")
d3.3<-read.csv("eg3.3.csv",header=T)    # 将 eg3.3.csv 数据读入到 d3.3 中
glm.ln<-glm(y~x1+x2+x3,family=poisson(link=log),data=d3.3)   # 建立y关于x1,x2,
x3 的泊松对数线性模型①
summary(glm.ln)   # 模型汇总, 给出模型回归系数的估计和显著性检验等
```

运行以上程序可得如下结果:

```
Call:
glm(formula = y ~ x1 + x2 + x3, family = poisson(link = log),
    data = d3.3)

Deviance Residuals:
    Min       1Q     Median       3Q       Max
 -6.0569   -2.0433   -0.9397    0.7929    11.0061
```

---

① 泊松分布的默认连接函数是对数连接函数, 因此代码中的 (link =log) 可以省略.

```
Coefficients:
              Estimate   Std. Error   z value   Pr(>|z|)
 (Intercept)  1.9488259  0.1356191    14.370    < 2e-16***
 x1           0.0226517  0.0005093    44.476    < 2e-16***
 x2           0.0227401  0.0040240     5.651    1.59e-08***
 x3          -0.1527009  0.0478051    -3.194      0.0014**
 ---
Signif.  codes:  0 '***' 0.001 '**' 0.01 '*' 0.05 '.'  0.1 ' ' 1


(Dispersion parameter for poisson family taken to be 1)


    Null deviance:  2122.73   on 58   degrees of freedom
 Residual deviance:  559.44   on 55   degrees of freedom
AIC: 850.71


Number of Fisher Scoring iterations:  5
```

于是, 得回归模型:

$$\ln \widehat{y} = 1.948\,8 + 0.022\,7x_1 + 0.022\,7x_2 - 0.152\,7x_3$$

从检验结果可以看出: x_1, x_2 和 x_3 的系数都显著, 说明基础发病次数 (x_1)、年龄 (x_2) 和治疗条件 (x_3) 对八周内癫痫发病数 (y) 有重要影响. 年龄 (x_2) 的回归系数为 0.022 7, 表明保持其他预测变量不变, 年龄增加 1 岁, 癫痫发病数的对数均值 $\ln(\widehat{y})$ 将相应地增加 0.022 7, 即增加 2.27%. 于是相应癫痫发病数 $\widehat{y} = \exp(\ln(\widehat{y}))$ 将平均增加 $\exp(0.022\,7) = 1.023\,000\,7$.

在因变量的初始尺度 (癫痫发病数, 而不是癫痫发病数的对数) 上解释回归系数比较容易, 因此, 指数化系数:

```
> exp(coef(glm.ln))
 (Intercept)         x1           x2           x3
  7.0204403   1.0229102    1.0230007    0.8583864
```

可以看出: 保持其他预测变量不变, 年龄 (x_2) 增加 1 岁, 癫痫发病数将乘以 1.023; 治疗条件 (x_3) 变化一个单位 (即从安慰剂到药物), 癫痫发病数将乘以 0.86, 换言之, 保持基础癫痫发病数和年龄不变, 服药组 ($x_3 = 1$) 相对于安慰剂组 ($x_3 = 0$) 癫痫发病数降低了 14%.

3.6 零膨胀计数模型

设 y 服从参数为 λ 的泊松分布, 则 $\mu = E(y) = \lambda$, 但 y 取 0 的可能性很大, 这样分布的数据称为零膨胀数据. 零膨胀数据不能直接采用泊松对数线性模型来拟合, 但可以采用零膨胀计数模型来拟合. 零膨胀计数模型由两个部分组成: 一部分为集中在零点的点质量 (可以用 Logistic 或 Probit 回归拟合); 另一部分为某计数分布 (通常用泊松回归模型拟合). 如果用 $f(y)$ 表示分布密度, π 表示在零点的点密度, $1-\pi$ 表示在其他点的点密度, $f_c(y)$ 表示在其他点的计数分布, 则零膨胀密度为:

$$f(y) = \pi I_{\{0\}}(y) + (1-\pi)f_c(y)$$

式中, $I_{\{0\}}(y)$ 是在零点的示性函数. 关于零点的点质量可以选取与参数为 π 的二项分布相关的 logistic 回归 (也可以选 Probit 回归):

$$\ln\frac{\pi}{1-\pi} = \boldsymbol{x}^{\mathrm{T}}\boldsymbol{\beta}$$

而在非零的地方则可以选用泊松对数线性回归模型:

$$\ln(\lambda) = \boldsymbol{z}^{\mathrm{T}}\boldsymbol{\alpha}$$

而整个模型的均值 μ 为:

$$\mu = \pi \cdot 0 + (1-\pi)\lambda$$

所以这个模型估计出来的参数也是两部分, 即 $\widehat{\beta}$ 和 $\widehat{\alpha}$.

例 3.4 (数据文件为 eg3.4) 这个数据是美国国家癌症研究所资助的多中心血友病队列研究获得的. 该项研究从 1978 年 1 月 1 日至 1995 年 12 月 31 日在 16 个治疗中心跟踪了超过 1 600 个血友病人, 该数据一共有 2 144 个观测值和 6 个变量, 变量情况如表 3–4 所示.

表 3–4 血友病数据变量情况

变量名	描述	性质
hiv	患者的 HIV 状况 (1= 阴性, 2= 阳性)	分类变量
factor	使用凝血因子制剂的 5 种剂量	分类变量
year	日历年	整数变量
age	年龄 (按 5 岁递增的组)	整数/定序变量
py	人年: 该年该组参加该研究的时间总量	数量变量
deaths	该组死亡人数	整数变量

解: 先读入数据并查看变量 deaths 死亡人数的分布:

```
> # 例 3.4 血友病数据:  先读入数据并查看变量 deaths
> setwd("C:/data")
> d3.4<-read.csv("eg3.4.csv",header=T)    # 将 eg3.4.csv 数据读入到 d3.4 中
> table(d3.4$deaths)   # 查看变量 deaths

    0    1    2    3   4   5   6
 1833  212   62   28   6   2   1

> barplot(table(d3.4$deaths))    # 画条形图
```

利用代码 barplot(table(d3.4$deaths)) 可以得到如图 3–1 所示的条形图.

显然, 因变量死亡人数 (deaths) 取值为零的观测值有 1 833 个, 属于零膨胀数据, 如果不考虑零膨胀问题, 直接采用泊松对数线性模型来拟合数据, 程序如下:

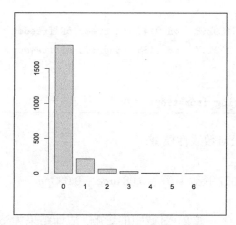

图 3-1 变量 deaths 的条形图

```
# 例 3.4 血友病数据： 直接采用泊松对数线性模型
setwd("C:/data")
d3.4<-read.csv("eg3.4.csv",header=T)    # 将 eg3.4.csv 数据读入到 d3.4 中
hiv<-factor(d3.4$hiv)   # 将变量 hiv 因子化
fac<-factor(d3.4$factor)    # 将变量 factor 因子化
a1<-glm(deaths~hiv+fac+age+py,family=poisson(link=log),data=d3.4)  # 建立deaths
关于 hiv, fac, age, py 的泊松对数线性模型
summary(a1)    # 模型汇总，给出模型回归系数的估计和显著性检验等
```

运行以上程序可得如下结果：

```
Call:
glm(formula = deaths ~ hiv + fac + age + py, family = poisson(link = log),
    data = d3.4)
Deviance Residuals:
    Min      1Q    Median      3Q      Max
 -1.9151  -0.7494  -0.2083  -0.1597   3.6360
Coefficients:
             Estimate   Std. Error   z value   Pr(>|z|)
 (Intercept)  -7.516867    0.447151    -16.811   <2e-16***
 hiv           3.044923    0.206088     14.775   <2e-16***
 fac2         -0.634661    0.151608     -4.186   2.84e-05***
 fac3         -0.388113    0.140312     -2.766   0.00567**
 fac4         -0.667857    0.141730     -4.712   2.45e-06***
 fac5         -0.399791    0.145520     -2.747   0.00601**
 age           0.083858    0.014790      5.670   1.43e-08***
 py            0.022879    0.002544      8.992   <2e-16***
 ---
Signif.  codes:  0 '***' 0.001 '**' 0.01 '*' 0.05 '.'  0.1 ' ' 1


(Dispersion parameter for poisson family taken to be 1)
```

```
    Null deviance:  1892.8  on 2143  degrees of freedom
 Residual deviance:  1291.7  on 2136  degrees of freedom
AIC: 2007.7

Number of Fisher Scoring iterations:  6
```

于是可得如下泊松对数线性模型:

$$\ln(\lambda_{ij}) = -7.517 + \widehat{\alpha}_i + \widehat{\beta}_j + 0.084 age + 0.023 py$$

式中, $\widehat{\alpha}_i$ 代表 hiv $= i(i = 1, 2)$ 对截距的影响, 估计结果为 $\widehat{\alpha}_1 = 0$ (软件默认值), $\widehat{\alpha}_2 = 3.045$; $\widehat{\beta}_j$ 代表 factor $= j(j = 1, 2, \cdots, 5)$ 对截距的影响, 估计结果为 $\widehat{\beta}_1 = 0$ (软件默认值), $\widehat{\beta}_2 = -0.635, \widehat{\beta}_3 = -0.388, \widehat{\beta}_4 = -0.668, \widehat{\beta}_5 = -0.400$.

如果考虑零膨胀问题, 则可以采用零膨胀模型来处理.

```
#例 3.4 血友病数据:  采用零膨胀泊松对数线性模型
library(pscl)   #需要事先加载程序包 pscl
a2<-zeroinfl(deaths~hiv+fac+age+py|hiv+age+py,data=d3.4)  #建立 deaths 关于 hiv,
fac, age, py 的零膨胀泊松对数线性模型
summary(a2)   #模型汇总, 给出模型回归系数的估计和显著性检验等
AIC(a2)    #获得模型 a2 的 AIC 值
```

运行以上程序可得如下结果:

```
Call:
zeroinfl(formula = deaths ~ hiv + fac + age + py | hiv + age + py, data = d3.4)


Pearson residuals:
      Min        1Q     Median        3Q        Max
 -1.14319   -0.42659   -0.18263   -0.03452   40.55810

Count model coefficients (poisson with log link):
              Estimate   Std. Error   z value   Pr(>|z|)
 (Intercept)  -4.564819     0.730531    -6.249   4.14e-10***
 hiv           2.143872     0.308924     6.940   3.93e-12***
 fac2         -0.639623     0.157413    -4.063   4.84e-05***
 fac3         -0.402608     0.146170    -2.754   0.00588**
 fac4         -0.577092     0.147251    -3.919   8.89e-05***
 fac5         -0.414417     0.151140    -2.742   0.00611**
 age          -0.035518     0.024899    -1.426   0.15373
 py            0.028751     0.003557     8.083   6.32e-16***

Zero-inflation model coefficients (binomial with logit link):
```

```
              Estimate  Std.  Error  z value  Pr(>|z|)
  (Intercept)  9.56098       1.80057   5.310   1.10e-07***
  hiv         -3.25042       0.83818  -3.878   0.000105***
  age         -0.86075       0.16164  -5.325   1.01e-07***
  py           0.02750       0.01138   2.416   0.015703*
  ---
  Signif.  codes:  0 '***' 0.001 '**' 0.01 '*' 0.05 '.'  0.1 ' ' 1


  Number of iterations in BFGS optimization:   41
  Log-likelihood:  -928.1 on 12 Df
  > AIC(a2)    # 获得模型 a2 的 AIC 值
  [1] 1880.295
```

从拟合的 AIC 值可以看出: 零膨胀模型的拟合结果显然比一般泊松对数线性模型
要好. 按照输出结果, 零膨胀模型的 Logistic 回归部分的拟合模型是:

$$\ln\left(\frac{\pi}{1-\pi}\right) = 9.561 - 3.250hiv - 0.861age + 0.028py$$

而泊松回归部分的拟合模型是:

$$\ln(\lambda_{ij}) = -4.565 + \widehat{\alpha}_i + \widehat{\beta}_j - 0.036age + 0.029py$$

式中, $\widehat{\alpha}_i$ 代表 hiv $= i(i = 1, 2)$ 对截距的影响, 估计结果为 $\widehat{\alpha}_1 = 0$ (软件默认值),
$\widehat{\alpha}_2 = 2.144$; $\widehat{\beta}_j$ 代表 factor $= j(j = 1, 2, \cdots, 5)$ 对截距的影响, 估计结果为 $\widehat{\beta}_1 = 0$ (软
件默认值), $\widehat{\beta}_2 = -0.640, \widehat{\beta}_3 = -0.403, \widehat{\beta}_4 = -0.577, \widehat{\beta}_5 = -0.414$. 这些结果和前面 (不
考虑零膨胀问题) 直接采用泊松对数线性模型拟合的结果很相似, 但拟合效果更好. 采
用交叉验证的方法也可以说明后一种方法更好 (交叉验证的方法可以参阅吴喜之. 复
杂数据统计方法. 3 版. 北京: 中国人民大学出版社, 2015).

3.7 多项分布对数线性模型

对于计数因变量, 前面采用了 Logistic 回归、Probit 回归、多项 Logit 回归、泊松对
数线性回归和零膨胀计数回归等方法进行拟合. 在列联表分析中, 每个格子中都是各种
变量组合的计数, 假定有 n 个格子, 如果落入每个格子都有一个概率 $p_i(i = 1, 2, \cdots, n)$,
那么可以用多项分布来描述这个问题. 如果每个格子计数的均值都随一些自变量的变
化而变化, 则可以考虑多项分布对数线性模型.

例 3.5 (数据文件为 eg3.5) 著名的泰坦尼克号的相关数据一共有 5 个变量 (Class,
Sex, Age, Survived, Freq)、2 201 个观测值, 具体情况见表 3–5, 变量 Survived 表示是
否生还, 根据给定的数据:

(1) 以生还概率为关心的变量建立合适的模型进行分析.

(2) 根据模型参数估计女乘客生还的概率比男乘客高多少.

(3) 根据模型参数估计一等舱乘客生还的概率比三等舱乘客高多少.

表 3-5　泰坦尼克号的相关数据

Class	Sex	Age	Survived	Freq	Class	Sex	Age	Survived	Freq
1st	Male	Child	No	0	1st	Male	Child	Yes	5
2nd	Male	Child	No	0	2nd	Male	Child	Yes	11
3rd	Male	Child	No	35	3rd	Male	Child	Yes	13
Crew	Male	Child	No	0	Crew	Male	Child	Yes	0
1st	Female	Child	No	0	1st	Female	Child	Yes	1
2nd	Female	Child	No	0	2nd	Female	Child	Yes	13
3rd	Female	Child	No	17	3rd	Female	Child	Yes	14
Crew	Female	Child	No	0	Crew	Female	Child	Yes	0
1st	Male	Adult	No	118	1st	Male	Adult	Yes	57
2nd	Male	Adult	No	154	2nd	Male	Adult	Yes	14
3rd	Male	Adult	No	387	3rd	Male	Adult	Yes	75
Crew	Male	Adult	No	670	Crew	Male	Adult	Yes	192
1st	Female	Adult	No	4	1st	Female	Adult	Yes	140
2nd	Female	Adult	No	13	2nd	Female	Adult	Yes	80
3rd	Female	Adult	No	89	3rd	Female	Adult	Yes	76
Crew	Female	Adult	No	3	Crew	Female	Adult	Yes	20

解: (1) 显然, 这个列联表是 $4 \times 2 \times 2 \times 2$ 维的, 一共有 32 个格子, 由于都是分类变量, 所以相应的多项分布对数线性模型为:

$$\ln \mu_{ijk} = \ln n_{ijk} + \mu + Class_i + Sex_j + Age_k, \quad i = 1, 2, 3, 4; j = 1, 2; k = 1, 2$$

式中, μ_{ijk} 是格子 (i, j, k) 里生还的平均人数, 而 n_{ijk} 是格子 (i, j, k) 里的总人数. 因此, 若以生还概率为关心的变量, 等价地可以建立以下多项分布对数线性模型:

$$\ln \frac{\mu_{ijk}}{n_{ijk}} = \mu + Class_i + Sex_j + Age_k, \quad i = 1, 2, 3, 4; j = 1, 2; k = 1, 2$$

即生还概率为: $\dfrac{\mu_{ijk}}{n_{ijk}} = \exp\{\mu + Class_i + Sex_j + Age_k\}$.

多项分布对数线性模型可以采用程序包 MASS 中的 glm() 函数完成拟合, 具体代码如下:

```
# 例 3.5 泰坦尼克号数据: 多项分布对数线性模型
library(MASS)
setwd("C:/data")
D<-read.csv("eg3.5.csv",header=T)    # 将 eg3.5.csv 数据读入到 D 中
w<-D[D$Survived=="Yes",]    # 统计生还人数
w$n<-D[1:16,5]+D[17:32,5]    # 构建包含生还人数 n 的数据 w
w<-w[w$n!=0,]    # 去掉 n=0 的数据
w.fit<-glm(Freq~Class+Sex+Age,family=poisson,data=w,offset=log(n))
summary(w.fit)    # 查看所拟合的模型
```

运行以上代码可得如下结果:

```
Call:
glm(formula = Freq ~ Class + Sex + Age, family = poisson, data = w,
    offset = log(n))

Deviance Residuals:
     Min       1Q    Median       3Q       Max
 -4.0906  -0.4338    0.1433   0.9919    3.0362

Coefficients:
               Estimate   Std. Error   z value   Pr(>|z|)
 (Intercept)   0.008821     0.074509     0.118   0.905757
 Class2nd     -0.376492     0.117564    -3.202   0.001363**
 Class3rd     -0.764527     0.106891    -7.152   8.53e-13***
 ClassCrew    -0.303959     0.113666    -2.674   0.007492**
 SexMale      -1.191743     0.089211   -13.359   <2e-16***
 AgeChild      0.480281     0.145603     3.299   0.000972***
 ---
Signif.  codes:  0 '***' 0.001 '**' 0.01 '*' 0.05 '.'  0.1 ' ' 1

(Dispersion parameter for poisson family taken to be 1)

    Null deviance:  348.387   on 13   degrees of freedom
 Residual deviance:  38.881   on 8    degrees of freedom
AIC: 121.57

   Number of Fisher Scoring iterations: 4
```

以上结果给出了 6 个参数 $\mu, Class_i, Sex_j$ 和 Age_k 的估计值, 比如 $\hat{\mu} = 0.008\,8$, $\widehat{Class}_2 = -0.376\,5$, $\widehat{Sex}_2 = -1.191\,7$, $\widehat{Age}_2 = 0.480\,3$.

为了查看模型拟合效果, 我们把实际观测的生还人数和模型拟合的生还人数进行对比, 具体程序代码如下:

```
# 例 3.5 泰坦尼克号数据:  多项分布对数线性模型
plot(w$Freq,w.fit$fitted.values,xlab="实际生还人数",ylab="模型拟合生还人数")
lines(c(0,200),c(0,200))
```

输出图形如图 3-2 所示.

图 3-2 说明模型拟合效果很好.

(2) 根据模型意义和参数估计结果可以计算, 在其他条件相同时:

$$\frac{女乘客生还的概率}{男乘客生还的概率} = \frac{\exp\{0\}}{\exp\{-1.191\,7\}} = 3.292\,7$$

即在其他条件相同时女乘客生还的概率约为男乘客的 3.3 倍.

(3) 类似地, 根据模型意义和参数估计结果可计算, 在其他条件相同时:

$$\frac{一等舱乘客生还的概率}{三等舱乘客生还的概率} = \frac{\exp\{0\}}{\exp\{-0.764\,5\}} = 2.147\,9$$

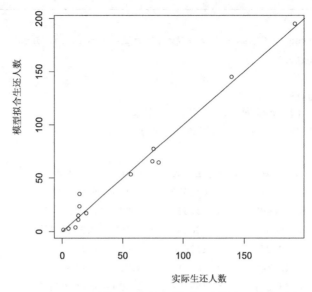

图 3-2   实际观测的生还人数和模型拟合的生还人数对比图

即在其他条件相同时一等舱乘客生还的概率约为三等舱乘客的 2.15 倍.

习题

3.1   (数据文件为 ex3.1) 某调查机构询问 180 个不同年龄的人对某部有争议的影片的观点 (肯定和否定分别用 1 和 0 表示), 得到的数据如表 3-6 所示. 以对该影片的观点为因变量 y, 年龄为自变量 x, 建立回归方程, 并估计年龄为 30 岁的人对该影片持肯定观点的可能性.

表 3-6   调查得到的 180 个不同年龄的人对某部影片的看法

编号	年龄	观点	编号	年龄	观点	编号	年龄	观点	编号	年龄	观点	编号	年龄	观点	编号	年龄	观点
1	16	1	14	21	1	27	35	1	40	47	0	53	19	1	66	20	1
2	17	1	15	21	1	28	35	0	41	48	1	54	19	1	67	21	1
3	18	1	16	22	1	29	36	0	42	50	0	55	19	0	68	21	0
4	18	1	17	23	1	30	36	0	43	51	0	56	20	1	69	22	1
5	18	1	18	23	1	31	38	0	44	54	0	57	20	1	70	22	0
6	18	0	19	23	0	32	39	1	45	55	0	58	20	0	71	22	1
7	19	1	20	24	1	33	40	1	46	60	0	59	21	1	72	23	0
8	19	1	21	24	1	34	40	0	47	63	0	60	21	0	73	24	0
9	19	1	22	25	0	35	42	0	48	18	1	61	20	1	74	24	1
10	19	0	23	25	0	36	43	0	49	18	1	62	20	1	75	25	1
11	20	1	24	26	0	37	44	0	50	18	1	62	20	1	76	25	1
12	20	1	25	32	0	38	45	0	51	18	1	64	20	1	77	36	0
13	20	0	26	33	0	39	46	0	52	18	0	65	20	0	78	38	0

续表

编号	年龄	观点	编号	年龄	观点	编号	年龄	观点	编号	年龄	观点	编号	年龄	观点	编号	年龄	观点
79	39	1	97	18	0	114	30	1	131	52	0	148	21	1	165	25	1
80	40	1	98	19	1	115	32	0	132	56	0	149	21	1	166	36	0
81	40	0	99	19	1	116	33	0	133	57	0	150	20	1	167	38	0
82	43	0	100	19	0	117	35	1	134	61	0	151	28	1	168	40	1
83	44	0	101	20	1	118	35	0	135	66	0	152	20	1	169	40	0
84	45	0	102	20	0	119	36	0	136	18	1	153	20	1	170	42	0
85	47	0	103	21	1	120	36	0	137	16	1	154	26	0	171	43	0
86	48	1	104	21	1	121	38	0	138	18	1	155	27	1	172	44	0
87	50	0	105	22	1	122	40	0	139	16	1	156	21	1	173	46	0
88	51	0	106	22	1	123	41	0	140	18	1	157	21	0	174	47	0
89	53	0	107	23	1	124	43	0	141	18	1	158	22	1	175	48	1
90	54	0	108	23	1	125	44	0	142	19	1	159	22	0	176	50	0
91	55	0	109	24	1	126	45	0	143	19	1	160	22	1	177	55	0
92	49	0	110	24	1	127	46	0	144	19	1	161	23	0	178	54	0
93	58	0	111	25	0	128	48	1	145	19	0	162	24	0	179	60	0
94	16	1	112	25	1	129	50	0	146	20	1	163	24	1	180	59	0
96	17	1	113	26	0	130	51	0	147	20	1	164	25	1			

资料来源: 费宇, 石磊. 统计学. 2 版. 北京: 高等教育出版社, 2017.

3.2 (数据文件为 ex3.2) 表 3–7 是关于 200 个不同年龄 (age, 定量变量) 和性别 (sex, 定性变量, 用 0 和 1 代表女和男) 的人对某项服务产品的观点 (opinion, 二水平定性变量, 用 1 和 0 代表认可和不认可) 的数据. 这里观点是因变量, 它只有两个值, 试用 Logistic 回归模型加以分析, 并预测一个年龄是 30 岁的女人对该项服务产品认可的可能性.

表 3-7   200 个不同年龄和性别的人对某项服务产品的观点

age	sex	opinion	age	sex	opinion	age	sex	opinion	age	sex	opinion
51	1	0	26	1	1	23	0	1	30	0	0
57	1	0	43	1	0	42	0	1	20	0	1
46	1	0	63	1	0	35	1	0	67	1	0
20	1	1	58	1	0	27	1	0	60	1	0
50	0	0	60	0	0	64	1	0	21	1	0
22	1	0	53	1	1	54	0	1	55	1	0
40	1	0	58	1	0	21	0	1	55	0	0
29	0	1	66	1	0	52	0	1	47	1	0
68	1	0	19	1	0	54	1	0	58	1	0
66	0	0	40	1	0	60	1	0	64	1	0
28	1	1	30	0	0	60	1	0	64	1	0
43	0	1	45	1	1	22	1	0	60	0	0
43	0	0	31	1	1	67	1	0	59	1	0

续表

age	sex	opinion	age	sex	opinion	age	sex	opinion	age	sex	opinion
53	0	1	43	1	0	35	1	0	41	0	1
69	1	0	38	0	1	56	0	1	24	1	1
63	0	1	30	1	0	25	0	1	66	1	0
47	0	1	68	1	0	24	1	1	40	0	1
67	0	0	34	1	0	45	0	0	67	1	0
65	0	0	33	1	1	21	1	0	51	0	0
66	1	0	35	1	1	67	1	0	49	1	0
24	0	0	52	1	0	27	0	1	50	1	0
38	0	1	70	1	0	63	1	0	29	1	0
24	1	0	63	1	0	45	0	0	33	1	0
40	1	1	23	0	1	48	1	1	66	1	0
33	1	1	63	1	0	21	0	1	29	1	0
36	1	1	51	1	1	56	1	0	20	1	1
68	1	0	34	1	0	57	1	0	40	0	0
28	0	1	62	1	0	51	1	0	25	1	1
43	0	1	42	1	1	28	0	1	19	0	1
58	1	1	68	1	0	58	1	0	52	1	0
28	0	1	37	0	0	69	1	0	30	0	1
27	0	1	41	1	0	42	0	0	64	1	0
38	0	1	33	0	0	66	0	1	33	1	0
40	1	0	68	1	0	23	0	1	38	1	0
64	0	1	63	1	0	45	1	0	58	0	1
63	1	0	33	1	1	47	1	0	66	1	0
26	0	1	36	1	1	20	1	1	20	0	1
43	0	0	41	0	1	40	1	0	38	0	1
42	1	1	49	1	0	60	1	0	51	0	1
56	1	0	51	0	1	60	1	0	51	1	0
51	1	0	20	1	0	43	0	1	34	0	1
22	0	1	30	1	0	34	1	1	32	1	0
29	0	1	37	0	1	53	1	0	33	1	0
69	1	0	35	0	1	65	1	0	55	0	0
64	0	0	51	1	0	39	1	0	39	0	0
21	1	0	51	1	0	64	0	0	61	1	0
61	0	0	25	1	0	39	0	1	42	1	0
45	1	0	18	1	1	68	1	0	25	0	1
51	0	0	66	0	0	58	1	0	46	1	0
36	1	1	33	1	0	56	1	1	55	0	0

资料来源: 吴喜之. 统计学: 从数据到结论. 北京: 中国统计出版社, 2004.

3.3 (数据文件为 ex3.3) 表 3–8 给出了 400 名研究生录取数据, 因变量为 admit (是否录取, 1 表示录取, 0 表示不录取), 3 个自变量分别为 gre (GRE 成绩), gpa (GPA 成绩) 和 rank (本科学校排名, 有 1, 2, 3, 4 四个取值). 根据这些数据建立 Logistic 回归模型, 并对模型的系数进行显著性检验.

表 3-8　400 名研究生录取的数据 (部分)

观察值	admit	gre	gpa	rank
1	0	380	3.61	3
2	1	660	3.67	3
3	1	800	4.00	1
4	1	640	3.19	4
5	0	520	2.93	4
6	1	760	3.00	2
7	1	560	2.98	1
8	0	400	3.08	2
9	1	540	3.39	3
10	0	700	3.92	2
⋮	⋮	⋮	⋮	⋮
396	0	620	4.00	2
397	0	560	3.04	2
398	0	460	2.63	2
399	0	700	3.65	2
400	0	600	3.89	3

3.4　(数据文件为 ex3.4) 某机构想了解家庭一年外出旅游次数 (y) 与家庭年收入 (x_1) 和是否有私家车 (x_2) 的关系, 随机调查了 60 个家庭, 得到如表 3-9 所示的数据. 根据这个数据建立泊松对数线性模型并对模型的系数进行显著性检验.

表 3-9　家庭旅游数据

No	x_1	x_2	y	No	x_1	x_2	y	No	x_1	x_2	y
1	10	0	2	21	11	0	3	41	20	1	7
2	11	0	2	22	10	0	1	42	11	1	4
3	9	0	1	23	10	0	2	43	18	1	6
4	11	0	1	24	11	0	3	44	10	1	5
5	12	0	3	25	12	0	2	45	11	1	6
6	8	0	1	26	10	0	2	46	15	1	6
7	10	0	2	27	9	0	1	47	27	1	8
8	11	0	3	28	12	0	3	48	20	1	6
9	12	0	3	29	11	0	4	49	11	1	5
10	10	0	1	30	13	0	4	50	28	1	4
11	9	0	1	31	15	1	3	51	23	1	6
12	12	0	3	32	20	1	5	52	10	1	4
13	13	0	4	33	13	1	3	53	13	1	5
14	13	0	4	34	21	1	6	54	21	1	6
15	14	0	3	35	18	1	5	55	26	1	9
16	10	0	3	36	16	1	7	56	9	1	4
17	11	0	2	37	15	1	6	57	12	1	6
18	8	0	1	38	21	1	5	58	25	1	5
19	9	0	3	39	22	1	6	59	22	1	6
20	11	0	2	40	24	1	7	60	12	1	4

说明: 家庭年收入 x_1 的单位是万元, 是否有私家车 $x_2=0$ 表示没有, $x_2=1$ 表示有.

3.5 (数据文件为 ex3.5) 高速公路交通事故的发生次数与天气和车流量有密切关系, 表 3–10 给出了某高速公路一年 365 天天气情况、车流量和交通事故发生次数的统计数据. 根据表 3–10 的数据判断该数据是否属于零膨胀数据:

(1) 建立普通泊松对数线性模型;

(2) 建立零膨胀泊松线性模型, 并与模型 (1) 进行比较.

表 3-10 某高速公路一年 365 天的相关数据 (部分)

日期	天气 x_1	车流量 x_2	事故次数 y
1 月 1 日	1	1.2	0
1 月 2 日	1	2.2	0
1 月 3 日	1	6.2	2
1 月 4 日	1	2.2	0
1 月 5 日	0	2.1	1
1 月 6 日	1	3.7	1
1 月 7 日	1	3.2	0
1 月 8 日	1	4.6	0
1 月 9 日	1	2.9	0
1 月 10 日	1	4.1	0
⋮	⋮	⋮	⋮
12 月 27 日	0	2.9	0
12 月 28 日	1	1.1	0
12 月 29 日	1	4.3	3
12 月 30 日	1	3.7	0
12 月 31 日	1	6.5	6

说明: 天气 $x_1=0$ 表示非雨天, $x_1=0$ 表示雨天; 车流量 x_2 的单位是万辆/天; 事故次数 y 的单位是次.

3.6 (数据文件为 ex3.6) 某企业想了解顾客对其产品的满意程度, 进行了一次问卷调查. 顾客按年龄分为三组: 青年 (30 岁及以下), 中年 (31 ~ 50 岁), 老年 (51 岁及以上); 顾客按居住地分为两组: 城市和农村. 每组分别调查了 50 个女顾客和 50 个男顾客, 一共调查了 600 个顾客, 表 3–11 给出调查的结果. 根据这个数据建立泊松对数线性模型.

表 3-11 顾客对产品的满意程度数据

年龄 x_1	性别 x_2	居住地 x_3	满意人数 y
1	0	1	20
2	0	1	40
3	0	1	35
1	1	1	10
2	1	1	15
3	1	1	36
1	0	2	26
2	0	2	44
3	0	2	23
1	1	2	22
2	1	2	30
3	1	2	25

说明: 年龄 $x_1=1$ 表示青年组, $x_1=2$ 表示中年组, $x_1=3$ 表示老年组; 性别 $x_2=0$ 表示女顾客, $x_2=1$ 表示男顾客; 居住地 $x_3=1$ 表示城市, $x_3=2$ 表示农村.

参考文献

[1] 费宇, 石磊. 统计学. 2 版. 北京: 高等教育出版社, 2017.

[2] 汤银才. R 语言与统计分析. 北京: 高等教育出版社, 2008.

[3] 薛毅, 陈立萍. 统计建模与 R 软件. 北京: 清华大学出版社, 2007.

[4] 吴喜之. 统计学: 从数据到结论. 北京: 中国统计出版社, 2004.

[5] 吴喜之. 复杂数据统计方法: 基于 R 的应用. 3 版. 北京: 中国人民大学出版社, 2015.

C 第 4 章
Chapter 4 聚类分析

常言说物以类聚, 所谓**聚类分析** (cluster analysis), 就是研究如何将研究对象 (样品或变量) 按照各自特性进行合理分类的一种多元统计方法. 传统的分类问题中, 人们主要依据经验和专业知识, 采用定性方法进行分类. 随着科学技术的发展, 分类越来越细, 分类的要求越来越高, 需要引入数学工具, 采用定性与定量相结合的方法对研究对象进行更为科学的分类, 聚类分析方法应运而生. 目前聚类分析已广泛应用于经济、管理、医学、心理学、气象预报、地质勘探、生物分类等诸多领域.

在作聚类分析时, 一个令人困惑的问题是聚类之前并不明确分类的个数和各类别的成员结构, 没有固定的模式和先验知识可供参考, 需要依据具体情况来分析决定. 聚类的个数与各类的结构和给定的对象之间的相似性大小有关. 这种相似性通常可用样品点之间的 "距离" 或变量之间的 "相似系数" 来描述. 设 $\boldsymbol{X} = (x_{ij})$ 是对研究对象的 n 次观测得到的 $n \times p$ 数据矩阵, 进行聚类时, 可以按照变量对 n 次观测值 (即 n 个样品) 进行聚类, 这称为 **Q 型聚类**, 即对样品的聚类; 也可以按照观测值对 p 个变量进行聚类, 这称为 **R 型聚类**, 即对变量的聚类. 虽然两类聚类分析关心的问题不同, 但从数学处理上说, 二者并没有实质性差别.

如何将研究对象分门别类呢? 第一种是将类由多变少的**分层聚类法**, 也称为**系统聚类法** (hierarchical cluster); 第二种是将类由少变多的**分解聚类法**. 聚类的基础是个体与个体之间、变量与变量之间的相似性. 本章内容如下: 4.1 节简单讨论相似性的度量; 4.2 节以系统聚类法为例阐述聚类分析的思想; 4.3 节介绍一种快速聚类方法 —— **k 均值聚类法** (k-means cluster) ; 4.4 节介绍 EM 聚类法.

4.1 相似性度量

Q 型聚类是对样品进行聚类, 即根据样品之间的靠近程度来进行聚类, 样品间的靠近程度通常用距离来衡量. 每个样品可以看成空间 R^p 中的一个点, n 个样品就是 R^p 中的 n 个点, 需要定义这 n 个点之间的各种距离来度量它们之间的靠近程度. 设 $\boldsymbol{x} = (x_1, x_2, \cdots, x_p)^{\mathrm{T}}$ 与 $\boldsymbol{y} = (y_1, y_2, \cdots, y_p)^{\mathrm{T}}$ 是 p 维向量, 度量点 $\boldsymbol{x}$ 与 $\boldsymbol{y}$ 之间的靠近程度常用的距离有以下六种.

1. 欧氏 (Euclid) 距离

$$d(\boldsymbol{x}, \boldsymbol{y}) = \sqrt{\sum_{i=1}^{p} (x_i - y_i)^2}$$

2. 绝对距离

$$d(\boldsymbol{x}, \boldsymbol{y}) = \sum_{i=1}^{p} |x_i - y_i|$$

3. 切氏 (Chebyshev) 距离

$$d(\boldsymbol{x}, \boldsymbol{y}) = \max_i |x_i - y_i|$$

4. 明氏 (Minkowski) 距离

$$d(\boldsymbol{x}, \boldsymbol{y}) = \sqrt[k]{\sum_{i=1}^{p} |x_i - y_i|^k}$$

易见, 当 $k = 1, 2$ 和 ∞ 时就可分别得到上面的绝对距离、欧氏距离和切氏距离.

5. 马氏 (Mahalanobis) 距离

$$d(\boldsymbol{x}, \boldsymbol{y}) = \sqrt{(\boldsymbol{x} - \boldsymbol{y})^{\mathrm{T}} \boldsymbol{S}^{-1} (\boldsymbol{x} - \boldsymbol{y})}$$

式中, $\boldsymbol{S}$ 是样本协方差矩阵, 采用马氏距离的好处就是考虑了各个变量之间的相关性, 而且消除了变量单位不一致的影响, 不便之处是样本协方差矩阵 $\boldsymbol{S}$ 要事先确定. 如果各个变量之间互不相关, 方差都是 1, 则 $\boldsymbol{S}$ 为单位矩阵, 马氏距离就退化为欧氏距离.

6. 兰氏 (Lance) 距离

$$d(\boldsymbol{x}, \boldsymbol{y}) = \sum_{i=1}^{p} \frac{|x_i - y_i|}{x_i + y_i}$$

式中, $x_i > 0, y_i > 0 (i = 1, 2, \cdots, p)$. 如果不要求 $x_i > 0, y_i > 0 (i = 1, 2, \cdots, p)$, 则可得扩展的兰氏距离

$$d(\boldsymbol{x}, \boldsymbol{y}) = \sum_{i=1}^{p} \frac{|x_i - y_i|}{|x_i + y_i|}$$

在 R 软件中可用 dist() 函数来计算各样品点之间的距离, 使用格式见例 4.1.

R 型聚类通常用于对变量进行聚类, 即根据变量之间的相似程度来进行聚类, 这时常用变量 x_i 与 x_j 间的相似系数 c_{ij} 来度量变量之间的相似程度. 两个变量之间的

相似系数的绝对值越接近于 1, 表明两个变量的关系越密切; 两个变量之间的相似系数的绝对值越接近于 0, 表明两个变量的关系越疏远. 最常用的相似系数有两种:

1. 相关系数

设 $X = (x_{ij})$ 是对研究对象的 n 次观测得到的 $n \times p$ 数据矩阵, n 个行看成 n 个样品, 每个样品有 p 个变量, 则第 i 个变量 x_i 与第 j 个变量 x_j 的相关系数为:

$$r_{ij} = \frac{\sum\limits_{k=1}^{n}(x_{ki} - \bar{x}_i)(x_{kj} - \bar{x}_j)}{\sqrt{\sum\limits_{k=1}^{n}(x_{ki} - \bar{x}_i)^2 \sum\limits_{k=1}^{n}(x_{kj} - \bar{x}_j)^2}}, \quad i, j = 1, 2, \cdots, p$$

式中, $\bar{x}_i = \dfrac{1}{n}\sum\limits_{k=1}^{n} x_{ki}$, $\bar{x}_j = \dfrac{1}{n}\sum\limits_{k=1}^{n} x_{kj}$ 分别表示第 i 个变量与第 j 个变量的样本均值. 相关系数的绝对值越大表示两个变量的相似程度越高.

2. 夹角余弦

p 个变量可视为 n 维空间 R^n 中的 p 个 n 维向量, 向量之间的夹角余弦可以度量变量间的相似程度, 变量 x_i 与 x_j 的夹角余弦为:

$$\cos \theta_{ij} = \frac{\sum\limits_{k=1}^{n} x_{ki} x_{kj}}{\sqrt{\sum\limits_{k=1}^{n} x_{ki}^2 \sum\limits_{k=1}^{n} x_{kj}^2}}, \quad i, j = 1, 2, \cdots, p$$

变量的夹角余弦的绝对值越大, 表示两个变量的相似程度越高.

对上述 $n \times p$ 数据矩阵 X, 在 R 软件中可用 scale() 函数来对数据进行中心化 ($x_{ki}^* = x_{ki} - \bar{x}_i$) 或标准化 ($x_{ki}^* = \dfrac{x_{ki} - \bar{x}_i}{s_i}$), 其中 $s_i^2 = \dfrac{1}{n-1}\sum\limits_{i=1}^{n}(x_{ki} - \bar{x}_i)^2$, 进而计算 X 的列向量间的夹角余弦; 还可用 cor() 函数来计算 X 的列向量间的相关系数. 计算这两个相似性指标的 R 程序如下:

```
> Y<-scale(X, center=F, scale=T)/sqrt(nrow(X)-1)    #对 X 的列向量作不减样本均值
的标准化
> C<-t(Y)%*%Y    #可计算出 X 的列向量间的夹角余弦
> R<-cor(X)    #计算 X 的列向量间的相关系数矩阵
```

程序中选项 center 是逻辑变量, 等于 T (或 F) 表示对数据作 (或不作) 中心化变换; 选项 scale 也是逻辑变量, 等于 T (或 F) 表示对数据作 (或不作) 标准化变换: 两个逻辑变量的默认值均为 T.

不同的变量之间也可以定义距离, 变量 x_i 与 x_j 间的距离 d_{ij} 常借助于相似系数 c_{ij} 来定义, 如定义 $d_{ij} = 1 - c_{ij}$. 普通距离定义 (如上述六种) 通常用于 Q 型聚类分析中, 而形如 $d_{ij} = 1 - c_{ij}$ 这种变量间的距离通常用于 R 型聚类分析中.

4.2 系统聚类法

系统聚类法是一种常用的聚类方法, 本节以系统聚类法为例说明聚类分析的思想. 设有 n 个样品, 每个样品有 p 个变量. 系统聚类的基本步骤为: 先将每个个体 (样品或变量) 各自看成一类, 总共有 r 类 (如果是 Q 型聚类, 则 $r = n$; 如果是 R 型聚类, 则 $r = p$). 根据个体间的相似程度 (距离、相关系数等) 将 r 类个体中最相似的两类合并成一个新类, 得 $r - 1$ 类, 再在这 $r - 1$ 类中找出最相似的两类合并, 得到 $r - 2$ 类, 如此下去, 直到将所有的 r 个个体合并成一个大类为止. 因此, 系统聚类法是从多到少的聚类方法. 每一步合并类的关键是: 相似程度最高的两类优先合并为一类. 最后将上述并类过程画成一张树形图, 按一定的原则决定分成几类.

但问题是: 如何度量两个类之间的相似程度?

对于 Q 型聚类情形: 设 G_s 与 G_t 为两个类, 用 d_{ij} 表示 G_s 中第 i 样品与 G_t 中第 j 个样品之间的距离, 规定不同的类与类之间的距离, 产生不同的系统聚类方法. 常用的度量 G_s 与 G_t 之间的距离 D_{st} 的方法有以下几种.

(1) 最小距离法: G_s 与 G_t 之间的距离 D_{st} 定义为两类最近样品之间的距离, 即

$$D_{st} = \min_{i \in G_s, j \in G_t} d_{ij}$$

(2) 最大距离法: G_s 与 G_t 之间的距离 D_{st} 定义为两类最远样品之间的距离, 即

$$D_{st} = \max_{i \in G_s, j \in G_t} d_{ij}$$

(3) 中间距离法: G_s 与 G_t 之间的距离 D_{st} 既不取两类最近样品间的距离, 也不取两类最远样品间的距离, 而是取介于两者中间的距离. 该方法是最小距离法和最大距离法的一个折中. 设 $G_t = \{G_p, G_q\}$, 则 G_s 与 G_t 之间的距离 D_{st} 的递推公式为:

$$D_{st} = \frac{1}{2}D_{sp} + \frac{1}{2}D_{sq} - \frac{1}{4}D_{pq}$$

(4) 重心距离法: G_s 与 G_t 之间的距离 D_{st} 定义为两类重心之间的距离, 即

$$D_{st} = d(\bar{x}_s, \bar{x}_t)$$

式中, $\bar{x}_s$ 和 $\bar{x}_t$ 分别表示 G_s 和 G_t 的重心.

(5) 类平均距离法: G_s 与 G_t 之间的距离 D_{st} 定义为两类元素两两之间的距离的平均, 即

$$D_{st} = \frac{1}{n_s n_t} \sum_{i \in G_s} \sum_{j \in G_t} d_{ij}$$

(6) 离差平方和法 (Ward 法): 基于方差分析思想构建的分类方法, 如果分类正确,

同类样品的离差平方和应该较小, 类与类的离差平方和应该较大. 设 $G_t=\{G_p,G_q\}$, 则 G_s 与 G_t 之间的距离 D_{st} 的递推公式为:

$$D_{st} = \frac{n_s + n_p}{n_s + n_t}D_{sp} + \frac{n_s + n_q}{n_s + n_t}D_{sq} - \frac{n_s}{n_s + n_t}D_{pq}$$

对于 R 型聚类情形: 设 G_s 和 G_t 为两个类, 用 r_{ij} 表示 G_s 中第 i 个样品与 G_t 中第 j 个样品之间的相似系数, 通常用系数

$$R_{st} = \max_{i \in G_s, j \in G_t} |r_{ij}|$$

作为 G_s 和 G_t 之间的相似系数.

注意: 对于 R 型聚类, 也可以将变量间的相似系数 c_{ij} 转化成变量间的距离 d_{ij} (例如 $d_{ij} = 1 - c_{ij}$ 或者 $d_{ij}^2 = 1 - c_{ij}^2$ 等), 再利用 d_{ij} 来构造类与类之间的各种距离, 如最小距离、最大距离、重心距离等, 仿照 Q 型聚类的方法步骤进行聚类.

例 4.1 (数据文件为 eg4.1) 为比较 10 种红葡萄酒的质量, 由 5 位品酒师对每种酒的颜色、香味、酸度、甜度、纯度和果味 6 项指标进行打分, 最低分为 1 分, 最高分为 10 分, 得到每种酒的每项指标的平均得分如表 4-1 所示. 试用系统聚类的最小距离法和最大距离法对 10 种酒进行聚类.

表 4-1　10 种红葡萄酒的得分数据表

酒	颜色 x_1	香味 x_2	酸度 x_3	甜度 x_4	纯度 x_5	果味 x_6
1	4.65	4.22	5.01	4.50	4.15	4.12
2	6.32	6.11	6.21	6.85	6.52	6.33
3	4.87	4.60	4.95	4.15	4.02	4.11
4	4.88	4.68	4.43	4.12	4.03	4.14
5	6.73	6.65	6.72	6.13	6.51	6.36
6	7.45	7.56	7.60	7.80	7.20	7.18
7	8.10	8.23	8.01	7.95	8.31	6.26
8	8.42	8.54	8.12	7.88	8.26	7.98
9	6.45	6.81	6.52	6.31	6.27	6.00
10	7.50	7.32	7.42	7.52	7.10	6.95

解: 首先采用系统聚类的最小距离法进行聚类, 样品与样品之间的距离采用欧氏距离来度量, 将 10 种红葡萄酒看成 10 类, 分别记为 $\pi_1, \pi_2, \cdots, \pi_{10}$, 分别计算各类之间的距离. 容易求得 π_6 和 π_{10} 之间的距离最小, 因此把它们合并为一个新类, 记为 $G_1 = \{\pi_6, \pi_{10}\} = \{6, 10\}$; 然后采用欧氏距离计算余下 9 类之间的距离, 发现 π_3 和 π_4 之间的距离最小, 于是把它们合并为一个新类, 记为 $G_2 = \{\pi_3, \pi_4\} = \{3, 4\}$; 如此一直下去, 直到把所有 10 种酒合并为一类, 聚类合并的顺序如表 4-2 所示.

表 4-2　10 种红葡萄酒最小距离法和最大距离法的合并顺序

合并次序	合并的类	合并后的新类	最小距离法合并距离 (欧氏距离)	最大距离法合并距离 (欧氏距离)
1	π_6, π_{10}	$G_1 = \{6, 10\}$	0.484	0.484
2	π_3, π_4	$G_2 = \{3, 4\}$	0.528	0.528
3	π_7, π_8	$G_3 = \{7, 8\}$	0.544	0.544
4	π_5, π_9	$G_4 = \{5, 9\}$	0.569	0.569
5	π_1, G_2	$G_5 = \{1, 3, 4\}$	0.580	0.872
6	π_2, G_4	$G_6 = \{2, 5, 9\}$	1.015	1.113
7	G_1, G_3	$G_7 = \{6, 10, 7, 8\}$	1.860	2.315
8	G_6, G_7	$G_8 = \{2, 5, 9, 6, 10, 7, 8\}$	2.040	4.558
9	G_5, G_8	$G_9 = \{1, 3, 4, 2, 5, 9, 6, 10, 7, 8\}$	4.835	9.371

以上聚类过程的 R 程序为:

```
#eg4.1 系统聚类
> setwd("C:/data")    # 设定工作路径
> d4.1<-read.csv("eg4.1.csv",header=T)    # 将 eg4.1.csv 数据读入到 d4.1 中
> d<-dist(d4.1,method="euclidean",diag=T,upper=F,p=2)
# 采用欧氏距离计算距离矩阵 d, diag 设定是否输出对角线上值
#upper 设定是否输出 d 的上三角部分值, p 为明氏距离参数 k
> HC<-hclust(d,method="single")    # 采用最小距离法聚类
> plot(HC,hang=-1)    # 绘制最小距离法聚类树状图
# 当 hang 取负值时, 从底部对齐开始绘制聚类树状图
```

说明: 函数 dist() 中的 method 为距离计算方法, 包括 "euclidean" (欧氏距离)、"manhattan" (绝对距离)、"minkowski" (明氏距离)、"binary" (定性变量距离) 等, 读者可参看 R 帮助文件. 函数 hclust() 中的 method 为系统聚类方法, 包括"single" (最小距离法)、"complete" (最大距离法)、"average" (类平均法)、"median" (中间距离法)、"centroid" (重心法)、"ward" (Ward 法) 等.

这个过程绘制的聚类树状图如图 4-1 所示.

从图 4-1 可以看出, 如果取合并距离为 4, 则 10 种酒可以分为两类, 第一类为 $\{6, 10, 7, 8, 2, 5, 9\}$, 第二类为 $\{1, 3, 4\}$; 如果取合并距离为 1.95, 则 10 种酒可以分为三类, 第一类为 $\{6, 10, 7, 8\}$, 第二类为 $\{2, 5, 9\}$, 第三类为 $\{1, 3, 4\}$.

事实上, 可以通过画纵坐标 (即合并距离) 分别为 4 和 1.95 的两条水平线帮助准确分类, 它们与树状图的垂线分别有 2 个和 3 个交点, 各个交点之下的 "枝束" 就是对应的分类.

```
> abline(h=4); abline(h=1.95)    # 在图 4-1 中分别画合并距离为 4 和 1.95 的水平线
```

其次, 采用系统聚类的最大距离法进行聚类, 样品与样品之间采用欧氏距离来度量, 聚类的结果和最小距离法的结果一样, 只是合并距离有所不同, 具体过程省略, 只将合并距离列在表 4-2 的最后一列. 这个聚类过程的 R 程序为:

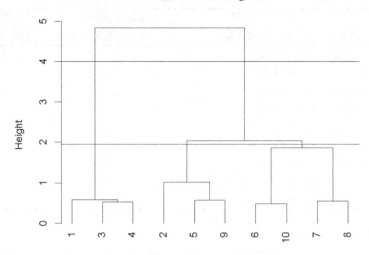

图 4-1　10 种红葡萄酒最小距离法系统聚类树状图

```
> HC1<-hclust(d,method="complete")     # 采用最大距离法聚类
> plot(HC1,hang=-1)     # 绘制最大距离法聚类树状图
> rect.hclust(HC1,k=3,border="red")     # 用红色①矩形框出聚类数为 3 的分类结果
```

这个过程绘制的聚类树状图如图 4-2 所示. 从图 4-2 容易看出, 如果取合并距离

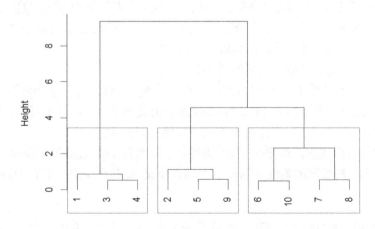

图 4-2　10 种红葡萄酒最大距离法系统聚类树状图

---

① 全书黑白印刷, 颜色不显示.

为 8, 则 10 种酒可以分为两类, 第一类为 $\{6,10,7,8,2,5,9\}$, 第二类为 $\{1,3,4\}$; 如果取合并距离为 3, 则 10 种酒可以分为三类, 第一类为 $\{6,10,7,8\}$, 第二类为 $\{2,5,9\}$, 第三类为 $\{1,3,4\}$.

在 R 软件中, 函数 rect.hclust() 根据树状图 (也称谱系图) 来确定最终的分类, 它可用不同颜色的矩形框出指定个数的分类结果. 图 4-2 中, 它用红色矩形框出了 3 个 (k=3) 分类的结果; 若 k=2, 则可框出 2 个分类的结果, 读者可自己尝试一下.

在 R 中和它类似的一个函数是 cutree(), 它可以对 hclust() 函数聚类的结果进行剪枝, 即选择输出指定分类个数的聚类结果. 例如, 对本例可使用如下 R 命令:

```
> cutree(HC1, k=3)    # 这里 HC1 是 hclust() 函数生成的对象, 指定分类个数 k=3
[1] 1 2 1 1 2 3 3 3 2 3
```

输出结果表明 10 种酒可以分为三类, 它们对应于 1, 2 和 3 所在的位置, 分别为 $\{1,3,4\}$, $\{2,5,9\}$ 和 $\{6,7,8,10\}$, 与上面分类结果一致.

4.3 k 均值聚类法

系统聚类法的每一步都要计算类间距离, 计算量比较大, 特别是当样本量比较大的时候, 系统聚类需要占很大的内存空间, 计算也比较费时间. 为了改进这个不足, Mac Queen(1967) 提出了一种动态快速聚类方法 —— k 均值聚类法. 其基本思想是: 根据给定的参数 k, 先把 n 个对象粗略地分为 k 类, 然后按照某种最优原则 (通常表示为一个准则函数) 修改不合理的分类, 直到准则函数收敛为止, 就得到了一个最终的分类结果.

例 4.2 (数据文件为 eg4.2) 表 4-3 给出了 2015 年全国 31 个省、市、自治区 (不含港澳台) 居民人均消费支出的 8 项主要指标数据. 这 8 项指标分别是食品、衣着、居住、生活用品、交通通信、文教娱乐、医疗保健、其他. 根据这些数据, 采用 k 均值聚类法进行聚类分析, k 分别取 4 和 5.

表 4-3 2015 年全国 31 个省、市、自治区居民人均消费支出数据　　单位: 元

地区	食品 x_1	衣着 x_2	居住 x_3	生活用品 x_4	交通通信 x_5	文教娱乐 x_6	医疗保健 x_7	其他 x_8
北京	7 584.2	2 425.7	10 350.2	2 098.3	4 489.6	3 634.6	2 228.6	991.4
天津	7 709.9	1 949.4	5 237.5	1 514.0	3 185.9	2 096.0	1 757.1	712.6
河北	3 515.5	1 055.3	2 995.8	832.2	1 807.6	1 338.6	1 192.0	293.6
山西	3 089.4	1 146.7	2 297.4	672.5	1 501.4	1 628.0	1102.0	291.5
内蒙古	4 919.8	1 759.7	2 918.9	1 030.9	2 569.0	2 067.1	1 384.3	528.9
辽宁	4 858.0	1 561.6	3 471.6	1 028.7	2 282.0	1 973.3	1 522.4	502.2
吉林	3 683.5	1 254.9	2 692.3	718.4	1 810.0	1 683.6	1 527.5	393.7
黑龙江	3 704.1	1 288.3	2 619.6	672.4	1 675.1	1 526.2	1 577.0	339.8
上海	9 271.5	1 622.7	11 307.5	1 484.6	4 206.5	3 718.1	2 268.3	904.3

续表

地区	食品 x_1	衣着 x_2	居住 x_3	生活用品 x_4	交通通信 x_5	文教娱乐 x_6	医疗保健 x_7	其他 x_8
江苏	5 936.0	1 415.1	4 551.6	1 238.2	2 984.7	2 423.8	1 409.6	596.5
浙江	6 975.8	1 646.5	5 964.2	1 159.3	3 961.3	2 428.3	1 433.0	548.4
安徽	4 424.2	924.6	2 630.0	698.8	1 622.3	1 339.3	932.3	268.8
福建	6 440.0	1 134.6	4 638.2	1 047.5	2 305.3	1 784.7	1 028.6	471.3
江西	4 181.7	929.1	2 783.4	736.6	1 444.4	1 354.0	698.8	275.5
山东	4 166.2	1 276.6	2 903.3	1 038.1	2 104.2	1 557.3	1 180.1	352.7
河南	3 373.7	1 141.9	2 387.9	910.6	1 355.4	1 337.2	1 023.1	305.4
湖北	4 499.9	1 073.1	3 007.0	868.6	1 722.5	1 577.6	1 252.5	315.3
湖南	4 535.5	1 028.0	2 810.8	883.6	1 624.6	2 049.7	998.3	336.8
广东	7 236.7	1 103.4	4 677.1	1 245.3	3 020.2	2 117.3	976.1	599.8
广西	3 960.8	503.1	2 559.9	672.5	1 445.7	1 280.1	778.1	200.7
海南	5 364.1	568.3	2 628.0	697.9	1 783.1	1 278.0	987.0	268.7
重庆	5 325.5	1 334.7	2 743.4	1 064.3	1 746.4	1 513.4	1 117.9	294.0
四川	5 001.4	1 071.3	2 400.9	918.4	1 629.2	1 207.9	1 071.2	331.8
贵州	3 375.8	719.2	2 185.7	636.2	1 321.6	1 401.2	604.6	169.5
云南	3 587.7	625.7	2 146.4	644.3	1 632.6	1 281.5	875.7	211.5
西藏	3 919.8	764.3	1 374.6	394.9	1 025.9	314.1	229.2	223.1
陕西	3 646.4	989.4	2 786.1	887.3	1 537.1	1 608.4	1 363.5	269.1
甘肃	3 447.6	967.7	2 120.8	708.8	1 214.7	1 315.9	949.5	225.7
青海	3 958.2	1 232.0	2 352.8	793.4	2 263.3	1 383.4	1 318.2	310.0
宁夏	3 694.8	1 237.9	2 607.3	885.4	1 806.1	1 707.9	1 482.9	393.4
新疆	4 092.8	1 274.5	2 227.9	788.8	1 842.4	1 282.1	1 078.3	280.6

资料来源: 中华人民共和国国家统计局. 中国统计年鉴: 2016. 北京: 中国统计出版社, 2016.

解: 采用 k 均值聚类法的 R 程序如下:

```
> setwd("C:/data")    # 设定工作路径
> eg4.2<-read.csv("eg4.2.csv",header=T)    # 将 eg4.2.csv 数据读入
> d4.2=eg4.2[,-1]    #eg4.2 的第一列为地名, 不是数值先去掉
> rownames(d4.2)=eg4.2[,1]    # 用 eg4.2 的第一列为 d4.2 的行重新命名
> KM<-kmeans(d4.2, 4, nstart=20, algorithm="Hartigan-Wong")    # 聚类的个数为 4
        # 初始随机集合的个数为 20, 算法为"Hartigan-Wong" (默认)
        # 其他备选算法为"Lloyd","Forgy","MacQueen"
> KM
```

说明: 实际问题中, 设定的随机集合个数不同, 算法不同, 得到的聚类结果可能有所不同. 运行以上程序可得如下结果:

```
K-means clustering with 4 clusters of sizes 9, 5, 2, 15
Cluster means:
        x1        x2        x3        x4        x5        x6        x7        x8
 1   4788.29   1177.54   2834.88    914.37   1898.14   1618.18   1160.67    355.47
 2   6859.68   1449.80   5013.72   1240.86   3091.48   2170.02   1320.88    585.72
 3   8427.85   2024.20  10828.85   1791.45   4348.05   3676.35   2248.45    947.85
 4   3682.12   1008.67   2409.19    730.29   1578.89   1362.81   1053.36    278.87
Clustering vector:
  北京    天津    河北    山西    内蒙古    辽宁    吉林    黑龙江    上海
   3       2       4       4       1        1       4       4        3
  江苏    浙江    安徽    福建    江西     山东    河南    湖北      湖南
   2       2       1       2       4        4       4       1        1
  广东    广西    海南    重庆    四川     贵州    云南    西藏      陕西
   2       4       1       1       1        4       4       4        4
  甘肃    青海    宁夏    新疆
   4       4       4       4
Within cluster sum of squares by cluster:
[1] 5448008 6090537 2440561 9408235
 (between_SS / total_SS = 91.3%)
```

其中, size 表示各类的个数, 31 个地区被聚成大小为 9, 5, 2 和 15 的四个类; means 表示各类的均值, Clustering vector 表示按地区原顺序聚类后的分类情况及类间平方和在总平方和中的占比 (这里为 91.3%, 越大越好) 等.

对分类结果进行排序并查看分类情况:

```
> sort(KM$cluster)
 内蒙古    辽宁    安徽    山东    湖北    湖南    海南    重庆    四川
    1       1       1       1       1       1       1       1       1
  天津    江苏    浙江    福建    广东    北京    上海    河北    山西
    2       2       2       2       2       3       3       4       4
  吉林    黑龙江    江西    河南    广西    贵州    云南    西藏    陕西
    4       4       4       4       4       4       4       4       4
  甘肃    青海    宁夏    新疆
    4       4       4       4
```

即按分类结果排序, 31 个地区分为 4 类:

第 1 类: 内蒙古, 辽宁, 安徽, 山东, 湖北, 湖南, 海南, 重庆, 四川.

第 2 类: 天津, 江苏, 浙江, 福建, 广东.

第 3 类: 北京, 上海.

第 4 类: 河北, 山西, 吉林, 黑龙江, 江西, 河南, 广西, 贵州, 云南, 西藏, 陕西, 甘肃, 青海, 宁夏, 新疆.

如果将聚类个数设定为 5, 则聚类结果为:

```
> KM<-kmeans(d4.2, 5, nstart=15); sort(KM$cluster)    # 聚类的个数为 5
 山西    河南    广西    贵州    云南    西藏    甘肃    河北    吉林
```

1	1	1	1	1	1	1	2	2
黑龙江	安徽	江西	山东	陕西	青海	宁夏	新疆	内蒙古
2	2	2	2	2	2	2	2	3
辽宁	湖北	湖南	海南	重庆	四川	天津	江苏	浙江
3	3	3	3	3	3	3	4	4	4
福建	广东	北京	上海
4	4	5	5

分析比较: 两种情形下北京和上海, 天津、江苏、浙江、福建和广东均各自聚为一类, 只是在其余地区的分类上有一定变化, 如前者的第 4 类中有 7 个地区划分出来聚为后者的第 1 类等.

例 4.3 (数据文件为 eg4.3) 对 305 名女中学生测量 8 个体型变量, 相应的相关系数矩阵 $\boldsymbol{R} = (r_{ij})$ 见表 4–4. 若定义变量间的距离为 $d_{ij} = 1 - r_{ij}$, 可得到变量间的距离矩阵 $\boldsymbol{d} = (d_{ij})$. 据此用系统聚类法和 k 均值聚类法对 8 个体型变量进行聚类, 并对比合并距离分别为 0.8 和 0.6 的系统聚类结果与 k 分别取 2 和 3 的 k 均值聚类结果.

表 4-4　305 名女中学生 8 个体型指标之间的相关系数

	身高	手臂长	上肢长	下肢长	体重	颈围	胸围	胸宽
身高	1	0.846	0.805	0.859	0.473	0.398	0.301	0.382
手臂长	0.846	1	0.881	0.826	0.376	0.326	0.277	0.415
上肢长	0.805	0.881	1	0.801	0.380	0.319	0.237	0.345
下肢长	0.859	0.826	0.801	1	0.436	0.329	0.327	0.365
体重	0.473	0.376	0.380	0.436	1	0.762	0.730	0.629
颈围	0.398	0.326	0.319	0.329	0.762	1	0.583	0.577
胸围	0.301	0.277	0.237	0.327	0.730	0.583	1	0.539
胸宽	0.382	0.277	0.345	0.365	0.629	0.577	0.539	1

解: 先采用系统聚类法, 合并距离各为 0.8 和 0.6, R 程序如下:

```
> setwd("C:/data")    # 设定工作路径
> eg4.3<-read.csv("eg4.3.csv",header=T)    # 将 eg4.3.csv 数据读入
> d4.3=eg4.3[,-1]    # 去掉第 1 列指标名称, 数据集取名为 d4.3
> rownames(d4.3)=eg4.3[,1]    # 用 eg4.3 的第一列为 d4.3 的行重新命名
> d=dist(1- d4.3)    # 将相关系数阵转化为距离阵
> HC<-hclust(d, method="average")    # 采用类平均法作系统聚类
> plot(HC,hang=-1)    # 从底部对齐绘制聚类树状图 (见图 4-3)
> abline(h=0.8); abline(h=0.6)    # 画合并距离为 0.8 和 0.6 的两条水平线
```

由图 4–3 可见, 当取合并距离为 0.8 时, 8 个体型指标分为两类:

第 1 类: 手臂长、上肢长、身高、下肢长;

第 2 类: 胸宽、胸围、体重、颈围.

当取合并距离为 0.6 时, 8 个体型指标分为三类:

第 1 类: 手臂长、上肢长、身高、下肢长;

第 2 类: 胸宽;

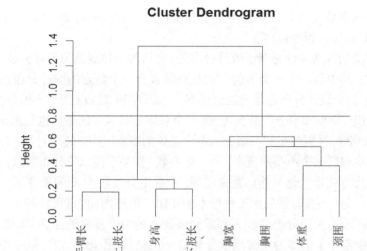

图 4-3 女中学生 8 个体型指标系统聚类树状图

第 3 类: 胸围、体重、颈围.

用 k 均值聚类法的 R 程序如下:

```
> KM2<-kmeans(d,2,nstart=5,algorithm="Hartigan-Wong")
> sort(KM2$cluster)    # 对 k=2 的分类结果进行排序查看
  身高   手臂长   上肢长   下肢长   体重   颈围   胸围   胸宽
   1      1      1      1      2      2      2      2
> KM3<-kmeans(d,3,nstart=5,algorithm="Hartigan-Wong")
> sort(KM3$cluster)    # 对 k=3 的分类结果进行排序查看
  胸宽   体重   颈围   胸围   身高   手臂长   上肢长   下肢长
   1      2      2      2      3      3      3      3
```

对比两种情形的聚类结果, 易见合并距离分别为 0.8 和 0.6 的聚类结果恰好与 k 分别取 2 和 3 的 k 均值聚类结果一致.

另外, 类间平方和在总平方和中的占比 (between_SS / total_SS) 越大越好, 在作 k 均值聚类分析时该指标可用于确定较优的聚类数 k, 可由小到大改变 k 的值, 找出使该占比达到最大的 k (当然, k 也不能太大, 否则分类太琐碎).

4.4 EM 聚类法

除了经典的系统聚类函数 hclust() 和应用最广泛的 k 均值聚类函数 kmeans() 之外, R 软件中还开发出若干新的聚类分析函数, 包括进行 K-中心点聚类的 pam() 函数 (需先加载 clust 程序包)、进行密度聚类的 dbscan() 函数 (需先下载并加载 fpc 程序包) 和进行期望最大化 EM 聚类 (Expectation-Maximization) 的 Mclust() 函数 (需先下载并加载 mclust 程序包) 等.

EM 聚类的算法设计是基于统计分布的, 它认为全体观测值可被分成 k (待定) 个 "自然小类", 其中每一个小类所包含的观测值来自一个特定的统计分布总体, 全体观测值是来自 k 个统计分布总体的混合样本. EM 聚类的难点在于: 不但分类数 k 是未知的需要确定, 即使知道分类数为 k, 这 k 个总体分布包含的参数也是未知的, 需要通过观测值来估计, 同时各个观测值归入各个总体的概率也需要逐个计算. EM 算法在潜变量 (如样本归属某个小类的概率) 和分布参数 (如某小类总体分布参数) 未知的情况下, 通过迭代方式最大化似然函数来实现. 在确定分类数为 k 的条件下 (常对较小的 $k = 1, 2, 3\cdots$ 逐个尝试, 然后用某种标准 (如 BIC 值准则) 挑选最佳的 k), EM 聚类的迭代思路是: 设有关于分类参数 z 和成分参数 θ 的两个参数集合 Z 和 Θ. 初始步, 从集合 Θ 中指定一个值作为 t 时刻成分参数 θ 的估计值, 记作 $\theta^{(t)}$; 第一步, 在 $\theta^{(t)}$ 的基础上找到 t 时刻使联合概率最大的分类参数 $z^{(t)} \in Z$; 第二步, 在 $z^{(t)}$ 基础上计算使对数似然函数最大的成分参数 θ, 记作 $\theta^{(t+1)}$. 重复上述第一步和第二步, 直到成分参数和分类参数均收敛到固定值为止. 上述两个步骤分别称为 EM 算法的 E 步和 M 步, 通过反复估计找出参数的最优迭代解, 同时给出相应的最优分类数 k. 关于 EM 聚类算法的详细介绍可参看相关文献资料.

函数 Mclust() 的使用格式为:

Mclust(data, G, modelNames, prior, control, $\cdots$)

其中, data 为待聚类数据集; G 为预设类别数, 默认值为 1~9, 由软件根据 BIC 值选择最优值; modelNames 用于设定模型类别, 也由函数自动选取最优值. 详情可参考 R 帮助文件和相关参考文献资料.

下面以一个例子来说明 EM 聚类函数 Mclust() 的使用方法并绘制图形展示聚类结果.

例 4.4 在 R 软件内置数据集中, 有一个由地质学家于 1978 年 8 月至 1979 年 8 月在美国黄石公园旅游景点老忠实泉 (Old Faithful) 记录的间歇喷泉喷发数据集, 名为 faithful. 数据集有 272 行 2 列, 两列数据分别是泉水喷发持续时间 (eruptions) 和喷发间隔时间 (waiting), 时间单位均为分钟. 以下用两种方法进行 EM 聚类:

解: (1) 用程序包 mclust 中的函数 Mclust() 直接对数据集 faithful 进行聚类.

```
#(1) 先下载并加载 R 程序包 mclust
> library(mclust)
> EM1 <- Mclust(faithful)    # 直接作 EM 聚类, 这里使用 R 3.3.2 版本, 用高版本 R
可能会不匹配
fitting ...
   | ===== ·············································====== | 100%
> summary (EM1,parameter=TRUE)    # 查看模型建模结果
-------------------------------------------------------
Gaussian finite mixture model fitted by EM algorithm
-------------------------------------------------------
```

```
Mclust EEE (ellipsoidal, equal volume, shape and orientation) model with 3
components:
 log.likelihood    n   df        BIC         ICL
      -1126.361   272   11   -2314.386   -2360.865
Clustering table:
   1    2    3
 130   97   45
Mixing probabilities:
           1            2            3
 0.4632682    0.3564512    0.1802806
Means:
                 [,1]        [,2]        [,3]
 eruptions   4.475059    2.037798    3.817687
 waiting    80.890383   54.493272   77.650757
Variances:
[,,1]
            eruptions      waiting
 eruptions  0.07734049    0.4757779
 waiting    0.47577787   33.7403885
[,,2]
            eruptions      waiting
 eruptions  0.07734049    0.4757779
 waiting    0.47577787   33.7403885
[,,3]
            eruptions      waiting
 eruptions  0.07734049    0.4757779
 waiting    0.47577787   33.7403885
> plot(EM1, what = "classification")    # 绘制聚类结果的概率分布图 (见图 4-4)
```

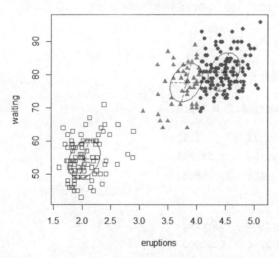

Classification

图 4-4　对 faithful 数据直接进行 EM 聚类的结果图

从程序输出结果和图 4-4 易见, 全部 272 个原始数据被聚为三类, 样本大小分别为 130 (蓝圆点)、97 (红空心方块点) 和 45 (绿三角点), 占比依次约为 0.463 3, 0.356 5 和 0.180 3. 三个类的均值分别为 (4.475 1, 80.890 4), (2.037 8, 54.493 3) 和 (3.817 7, 77.650 8), 同时输出三类数据对应的协方差矩阵以及似然函数值和 BIC 值等.

(2) 首先在 faithful 数据分布范围内随机生成 600 个均匀分布随机数, 将它们与原来的 faithful 数据混合得到大小为 872 的混合样本数据, 再用函数 Mclust() 对混合样本作 EM 聚类分析. R 程序如下:

```
> nNoise <- 600      # 设定均匀分布噪声数据个数
> set.seed(8)    # 设置随机数种子
> Noise <- apply(faithful,2,function(x)runif(nNoise,min = min(x) - 0.1,max =
max(x) + 0.1))
# 在 faithful 数据分布范围内生成 nNoise =600 行, 2 列的均匀分布噪声数据
> data <- rbind(faithful, Noise)      # 按行合并 faithful 和 Noise, 得到 872 个混
合数据样本
> plot(faithful)      # 绘制喷发 - 间隔数据散点图
> points(Noise,pch = 16,cex = 0.5)      # 在上面的散点图中绘入均匀分布噪声数据点
> NoiseInit <- sample(c(TRUE,FALSE),size =nrow(faithful)+nNoise,replace=TRUE,prob
= c(3, 1) / 4)
> EM2 <- Mclust(data,initialization = list(noise = NoiseInit))      # 进行 EM 聚类
fitting ...
| ======  ·············································· ======| 100
> summary(EM2, parameter = TRUE)      # 查看模型建模结果
-------------------------------------------------------
Gaussian finite mixture model fitted by EM algorithm
-------------------------------------------------------
Mclust VEI (diagonal, equal shape) model with 2 components and a noise term:
 log.likelihood    n   df        BIC        ICL
     -4506.679   872   10   -9081.066   -9435.623
Clustering table:
   1    2    0
 156   87  629
Mixing probabilities:
         1            2            0
 0.16815235   0.09671491   0.73513274
Means:
                [,1]        [,2]
 eruptions    4.322752    1.991766
 waiting     79.551436   52.808632
Variances:
[,,1]
            eruptions    waiting
 eruptions  0.1072744   0.00000
 waiting    0.0000000   37.56366
```

```
[,,2]
          eruptions    waiting
 eruptions  0.05050814   0.00000
 waiting    0.00000000  17.68614
Hypervolume of noise component:
195.9458
> plot(EM2, what = "classification")   # 绘制聚类结果的概率分布图 (见图 4-5)
```

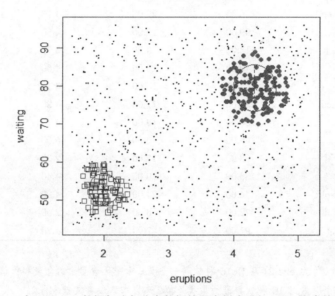

图 4-5　对 faithful 数据与均匀分布数据的混合样本进行 EM 聚类的结果图

从程序输出结果和图 4–5 易见, 全部 272 个原始数据被聚为 2 类, 样本大小分别为 156 (蓝圆点) 和 87 (红空心方块点), 其余 629 个点均被视为噪声点. 两个类的均值分别为 (4.322 8, 79.551 4) 和 (1.991 8, 52.808 6), 同样也输出了两类数据对应的协方差矩阵以及似然函数值和 BIC 值等.

从图 4–5 还可以看出, 对混合样本的 EM 聚类基本没有受到均匀分布噪声的影响, 将 faithful 数据聚为 2 类. 这与 (1) 中采用直接聚类法聚成 3 类的结果有所不同, 所以不同的聚类方法会产生不同的聚类结果. 在样本数据量较小时, 适当加入一些均匀分布数据点有时能改进聚类效果. 比如本例, 将图 4–4 中右上角的两类合并成一个大类 (即合并成图 4–5 右上角的一个大类) 可能更符合实际情况.

习题

4.1　(数据文件为 ex4.1) 表 4–5 给出了 20 种啤酒 (12 盎司) 的热量、钠含量、酒精含量和价格数据. 根据这四个变量对 20 种啤酒进行聚类 (本题选自本章参考文献 [3]).

表 4-5　20 种啤酒的热量、钠含量、酒精含量和价格的数据

啤酒名	热量	钠含量	酒精含量	价格
Budweiser	144.00	19.00	4.70	0.43
Schlitz	181.00	19.00	4.90	0.43
Ionenbrau	157.00	15.00	4.90	0.48
Kronensourc	170.00	7.00	5.20	0.73
Heineken	152.00	11.00	5.00	0.77
Old-milnaukee	145.00	23.00	4.60	0.26
Aucsberger	175.00	24.00	5.50	0.40
Strchs-bohemi	149.00	27.00	4.70	0.42
Miller-lite	99.00	10.00	4.30	0.43
Sudeiser-lich	113.00	6.00	3.70	0.44
Coors	140.00	16.00	4.60	0.44
Coorslicht	102.00	15.00	4.10	0.46
Michelos-lich	135.00	11.00	4.20	0.50
Secrs	150.00	19.00	4.70	0.76
Kkirin	149.00	6.00	5.00	0.79
Pabst-extral	68.00	15.00	2.30	0.36
Hamms	136.00	19.00	4.40	0.43
Heilemans-old	144.00	24.00	4.90	0.43
Olympia-gold	72.00	6.00	2.90	0.46
Schlite-light	97.00	7.00	4.20	0.47

　　4.2　(数据文件为 ex4.2) 现有 16 种饮料的热量、咖啡因含量、钠含量和价格的数据如表 4–6 所示. 根据这四个变量对 16 种饮料进行聚类 (本题选自本章参考文献 [4]).

表 4-6　16 种饮料的热量、咖啡因、钠含量和价格的数据

饮料编号	热量	咖啡因含量	钠含量	价格
1	207.20	3.30	15.50	2.80
2	36.80	5.90	12.90	3.30
3	72.20	7.30	8.20	2.40
4	36.70	0.40	10.50	4.00
5	121.70	4.10	9.20	3.50
6	89.10	4.00	10.20	3.30
7	146.70	4.30	9.70	1.80
8	57.60	2.20	13.60	2.10
9	95.90	0.00	8.50	1.30
10	199.00	0.00	10.60	3.50
11	49.80	8.00	6.30	3.70
12	16.60	4.70	6.30	1.50
13	38.50	3.70	7.70	2.00
14	0.00	4.20	13.10	2.20
15	118.80	4.70	7.20	4.10
16	107.00	0.00	8.30	4.20

4.3 (数据文件为 ex4.3) 表 4-7 给出了 2017 年全国 113 个环保重点城市空气质量年度数据. 它们分别为: 二氧化硫年平均浓度 ($\mu g/m^3$, x_1); 二氧化氮年平均浓度 ($\mu g/m^3$, x_2); 可吸入颗粒物 (PM10) 年平均浓度 ($\mu g/m^3$, x_3); 一氧化碳日均值第 95 百分位浓度 (mg/m^3, x_4); 臭氧 (O_3) 日最大 8 小时第 90 百分位浓度 ($\mu g/m^3$, x_5); 细颗粒物 (PM2.5) 年平均浓度 ($\mu g/m^3$, x_6); 空气质量达到及好于二级的天数 (天, x_7). 根据这个数据对这 113 个城市进行 k 均值聚类分析.

表 4-7 全国 113 个环保重点城市 2017 年空气质量年度数据

城市	x_1	x_2	x_3	x_4	x_5	x_6	x_7
北京	8	46	84	2.1	193	58	226
天津	16	50	94	2.8	192	62	209
石家庄	33	54	154	3.6	201	86	151
唐山	40	59	119	3.8	205	66	205
秦皇岛	26	49	82	2.9	170	44	268
邯郸	36	51	154	3.4	195	86	142
保定	29	50	135	3.6	218	84	159
太原	54	54	131	2.5	185	65	176
大同	44	32	73	3.0	154	36	301
阳泉	49	48	116	2.5	198	61	193
长治	43	41	103	3.1	188	60	195
临汾	79	37	122	4.1	214	79	128
呼和浩特	29	45	95	2.8	167	43	255
⋮	⋮	⋮	⋮	⋮	⋮	⋮	⋮
贵阳	13	27	53	1.1	121	32	347
遵义	12	28	54	1.1	109	33	344
昆明	15	32	58	1.2	124	28	360
曲靖	18	23	54	1.4	126	28	357
玉溪	16	22	47	1.9	125	23	362
拉萨	8	23	54	1.1	128	20	361
西安	19	59	126	2.8	185	73	180
铜川	20	35	91	2.2	165	52	242
宝鸡	12	41	102	2.1	155	58	247
咸阳	21	54	132	2.4	201	79	154
渭南	18	56	129	2.3	183	70	165
延安	32	52	90	3.0	146	42	313
兰州	20	57	111	2.8	161	49	232
金昌	27	16	74	1.0	138	24	322
西宁	24	40	83	2.8	136	34	294
银川	48	42	106	2.5	169	48	232
石嘴山	55	32	97	2.0	162	43	243
乌鲁木齐	13	49	105	3.4	122	70	241
克拉玛依	8	23	69	1.6	131	34	318

资料来源: 中华人民共和国国家统计局. 中国统计年鉴: 2018. 北京: 中国统计出版社, 2018.

4.4 (数据文件为 ex4.4) 表 4–8 给出了 2017 年全国 31 个省、市、自治区 (不含港澳台) 农村居民人均消费性支出的 8 个主要指标的数据, 根据这些数据对 31 个地区进行聚类分析.

**表 4-8 全国 31 个省、市、自治区 (不含港澳台)
农村居民消费性支出数据 (2017 年)**

单位: 元

地区	食品烟酒 x_1	衣着 x_2	居住 x_3	生活用品及服务 x_4	交通通信 x_5	教育文化娱乐 x_6	医疗保健 x_7	其他用品及服务 x_8
北京	4 653.2	1 024.6	5 587.8	1 596.1	2 729.9	1 313.7	1 699.3	205.8
天津	4 851.5	1 128.2	3 354.4	1 100.5	2 902.0	1 343.2	1 407.2	298.9
河北	2 817.2	684.4	2 380.8	668.5	1 689.4	1 014.1	1 072.6	208.9
山西	2 308.3	577.5	1 901.9	393.0	1 028.0	1 127.2	937.5	150.6
内蒙古	3 384.7	842.3	2 194.3	522.1	2 055.6	1 638.6	1 288.4	258.4
辽宁	2 883.4	694.7	2 200.9	512.6	1 745.5	1 295.0	1 251.4	203.8
吉林	2 903.2	682.5	1 837.3	409.3	1 531.0	1 302.5	1 399.6	214.1
黑龙江	2 788.3	776.6	1 722.7	428.1	1 667.7	1 362.1	1 551.2	227.2
上海	6 114.1	925.3	4 722.9	935.2	2 365.9	1 219.8	1 456.4	350.2
江苏	4 510.7	892.0	3 395.2	954.3	2 619.5	1 450.5	1 395.0	394.4
浙江	5 608.2	955.8	4 358.4	842.1	3 102.5	1 590.9	1 370.2	265.3
安徽	3 726.0	565.6	2 618.6	589.0	1 346.0	1 075.0	1 006.8	179.5
福建	5 162.2	630.8	3 547.9	721.0	1 555.0	1 174.6	906.5	305.4
江西	3 314.4	502.0	2 558.2	537.4	1 067.4	1 004.1	718.2	168.6
山东	2 960.4	585.2	1 973.5	690.2	1 710.4	1 140.9	1 129.3	152.1
河南	2 495.9	712.4	2 005.5	647.2	1 245.4	1 030.3	909.0	166.0
湖北	3 332.4	626.4	2 512.3	706.2	1 384.7	1 330.7	1 438.3	301.6
湖南	3 521.2	527.2	2 562.5	642.8	1 234.5	1 710.2	1 171.8	163.4
广东	5 303.9	459.5	2 902.4	722.8	1 423.6	1 186.0	921.7	279.7
广西	3 042.8	286.7	2 119.8	495.2	1 288.5	1 127.9	931.0	144.8
海南	4 021.3	321.9	1 839.2	379.3	1 041.5	1 197.0	629.5	169.7
重庆	3 993.1	598.2	1 967.3	749.0	1 334.1	1 226.2	883.9	184.2
四川	4 235.2	682.9	2 157.1	782.3	1 378.2	847.7	1 093.6	219.6
贵州	2 505.2	416.1	1 942.6	449.9	1 080.6	1 183.3	602.5	118.9
云南	2 612.8	320.6	1 509.1	459.6	1 308.6	1 044.0	681.5	91.1
西藏	3 283.9	735.7	947.5	433.6	794.2	238.6	147.5	110.6
陕西	2 417.3	530.6	2 144.9	577.1	1 114.4	1 082.8	1 260.4	178.0
甘肃	2 438.2	507.9	1 561.5	484.9	1 016.0	993.7	890.6	136.8
青海	2 944.7	670.0	1 739.1	488.3	1 629.3	897.1	1 270.4	263.8
宁夏	2 522.2	718.6	1 958.7	574.4	1 675.2	1 212.4	1 131.2	189.3
新疆	2 667.3	710.3	1 659.8	408.5	1 421.4	747.5	970.7	127.1

资料来源: 中华人民共和国国家统计局. 中国统计年鉴: 2018. 北京: 中国统计出版社, 2018.

4.5　(数据文件为 ex4.5) 表 4-9 给出了 2017 年中国 30 个省、市、自治区房地产业的相关统计数据: 商品房平均销售价格 x_1; 住宅商品房平均销售价格 x_2; 别墅、高档公寓平均销售价格 x_3; 办公楼商品房平均销售价格 x_4; 商业营业用房平均销售价格 x_5; 其他商品房平均销售价格 x_6. 根据这些数据对 30 个地区进行聚类分析.

表 4-9　2017 年中国 30 个地区房地产数据　　单位: 元/平方米

地区	x_1	x_2	x_3	x_4	x_5	x_6
北京	32 140	34 117	49 926	34 539	36 370	9 385
天津	15 331	15 139	17 951	18 327	17 291	14 117
河北	7 203	7 039	10 253	10 334	9 115	4 882
山西	5 619	5 457	10 899	8 810	9 211	4 251
内蒙古	4 628	4 239	6 783	6 950	7 793	4 625
辽宁	6 681	6 458	11 121	10 943	9 787	6 512
吉林	6 021	5 748	10 357	7 811	8 283	5 095
黑龙江	6 471	6 073	12 057	11 444	8 720	5 897
上海	23 804	24 866	54 399	31 753	26 249	6 024
江苏	9 195	9 070	14 010	10 923	11 633	5 222
浙江	12 855	13 430	15 779	13 661	13 906	5 343
安徽	6 375	6 137	8 932	8 067	8 781	3 838
福建	9 746	9 284	15 557	17 560	12 279	6 678
江西	6 150	5 800	7 773	8 582	8 808	5 340
山东	6 319	6 153	10 876	9 787	8 796	4 138
河南	5 355	5 038	10 155	9 555	7 658	5 691
湖北	7 675	7 307	9 037	14 474	10 794	7 695
湖南	5 228	4 846	8 089	9 101	8 877	4 011
广东	11 776	11 416	16 573	21 151	14 529	7 555
广西	5 834	5 623	8 945	9 540	9 560	5 049
海南	11 837	11 381	18 008	17 334	18 918	24 187
重庆	6 792	6 605	11 107	9 623	9 926	3 612
四川	6 217	5 888	11 138	9 042	10 253	3 635
贵州	4 771	4 165	8 820	6 667	8 719	3 737
云南	5 919	5 664	6 193	8 039	8 406	4 685
陕西	6 840	6 477	10 897	10 519	10 368	5 564
甘肃	5 709	5 326	9 403	14 016	8 839	4 457
青海	6 001	5 298	13 132	8 025	10 235	3 795
宁夏	4 544	4 243	6 658	8 119	6 810	3 526
新疆	4 965	4 538	7 885	7 745	7 407	3 862

资料来源: 中华人民共和国国家统计局. 中国统计年鉴: 2018. 北京: 中国统计出版社, 2018.

参考文献

[1] 方开泰. 实用多元统计分析. 上海: 华东师范大学出版社, 1989.

[2] 薛毅, 陈立萍. R 语言实用教程. 北京: 清华大学出版社, 2014.

[3] 卢纹岱. SPSS for Windows 统计分析. 3 版. 北京: 电子工业出版社, 2006.

[4] 费宇. 应用数理统计: 基本概念与方法. 北京: 科学出版社, 2007.

[5] 张良均, 等. R 语言与数据挖掘. 北京: 机械工业出版社, 2016.

[6] 吴喜之. 复杂数据统计方法: 基于 R 的应用. 3 版. 北京: 中国人民大学出版社, 2015.

C 第 5 章
Chapter 5 判别分析

判别分析 (discriminant analysis) 是在已知样品分类的前提下, 将给定的新样品按照某种分类准则判入某个类中, 它是研究如何将个体 "归类" 的一种统计分析方法. 这里的判别规则通常是以已有的数据资料或者现有的部分样品数据作为所谓的 "训练样本" 建立起来的, 并利用它对未知类别的新样品进行判别. 这种统计方法在实际中很常用. 例如医生在以往掌握的各种病症 (如肺炎、肝炎、冠心病、糖尿病等) 指标特点的情况下, 根据一个新患者的各项检查指标来判断该病人属于哪类病症; 又如在天气预报中, 利用已有的一段时期关于某地区每天气象的记录资料 (阴晴雨、气温、风向、气压、湿度等), 建立一种判别准则来判别 (预报) 明天或未来多天的天气状况; 再如研究人员依照国家划分不同地区经济类型的数量标准, 根据某个地区的 GDP、人均收入、消费水平等相关指标判断该地区属于哪一种经济类型地区等. 当然, 我们要求判别规则在某种意义下是最优的, 例如样品距所属类别的距离最短, 或样品归属某个类别的概率最大, 或错判平均损失最小等.

判别分析与聚类分析的主要区别在于: 作聚类分析时, 人们事先并不知道所讨论的样品应该分成几类, 完全要根据样品数据的具体情况来确定; 而作判别分析时, 样品分为几个类事先已经明确, 需要做的主要工作是利用训练样本建立判别准则, 对新样品所属类别进行判定.

判别分析的方法很多, 本章主要介绍四种常用的判别方法, 即距离判别、Fisher 判别、Bayes 判别和二次判别, 并介绍它们在 R 中的实现过程.

5.1 距离判别

5.1.1 距离判别简介

距离是判别分析中的基本概念, 距离判别法根据一个样品与各个类别距离的远近对该样品的所属类别进行判定. 第 4 章中列举了六种距离, 其中常用的是欧氏距离和马氏距离. 设 $\boldsymbol{x} = (x_1, x_2, \cdots, x_p)^{\mathrm{T}}$ 和 $\boldsymbol{y} = (y_1, y_2, \cdots, y_p)^{\mathrm{T}}$ 是两个随机向量, 有相同的协方差矩阵 $\boldsymbol{\Sigma}$, 则 $\boldsymbol{x}$ 与 $\boldsymbol{y}$ 之间的马氏距离定义为:

$$d(\boldsymbol{x}, \boldsymbol{y}) = \sqrt{(\boldsymbol{x} - \boldsymbol{y})^{\mathrm{T}} \boldsymbol{\Sigma}^{-1} (\boldsymbol{x} - \boldsymbol{y})} \tag{5.1}$$

特别地, 当 $\boldsymbol{\Sigma} = \boldsymbol{I}$ 时, 马氏距离就是通常的欧氏距离.

在判别分析中, 马氏距离更常用, 这是因为欧氏距离对每一个样品同等对待, 将样品 $\boldsymbol{x}$ 的各分量视作互不相关, 而马氏距离考虑了样品数据之间的依存关系, 从绝对和相对两个角度考察样品, 消除了变量单位不一致的影响, 更具合理性.

这里以二维情形下一个简单的图形做一个直观的解释: 如图 5-1 所示, 设大椭圆和小椭圆分别表示两个总体 G_1 和 G_2 的置信度均为 $1 - \alpha$ 的置信区域, 尽管样品 $\boldsymbol{x}$ 到总体 G_2 的欧氏距离比到总体 G_1 的欧氏距离更短, 但 $\boldsymbol{x}$ 却包含在总体 G_1 的置信椭圆内, 同时位于总体 G_2 的置信椭圆外, 说明若用马氏距离这种 "标准化" 距离来度量的话, 样品 $\boldsymbol{x}$ 到总体 G_1 的距离更近, 应该把样品 $\boldsymbol{x}$ 判入总体 G_1.

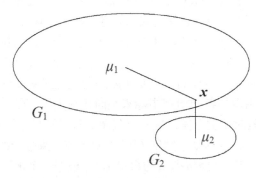

图 5-1　欧氏距离与马氏距离的选择示意图

5.1.2　两个总体的距离判别

设有两个总体 G_1 和 G_2, 其均值分别为 $\boldsymbol{\mu}_1$ 和 $\boldsymbol{\mu}_2$, 有相同的协方差矩阵 $\boldsymbol{\Sigma}$, 对于给定的一个样品 $\boldsymbol{x}$, 要判断它属于哪一个总体. 如果将样品 $\boldsymbol{x}$ 到两个总体 G_1 和 G_2 的距离 $d(\boldsymbol{x}, G_1)$ 和 $d(\boldsymbol{x}, G_2)$ 分别规定为 $\boldsymbol{x}$ 与 $\boldsymbol{\mu}_i(i = 1, 2)$ 的马氏距离, 那么, 直观的方法是分别计算样品 $\boldsymbol{x}$ 到两个总体 G_1 和 G_2 的马氏距离 $d(\boldsymbol{x}, \boldsymbol{\mu}_1)$ 和 $d(\boldsymbol{x}, \boldsymbol{\mu}_2)$, 再根据这两个距离的大小来判断 $\boldsymbol{x}$ 的归属: 当 $d(\boldsymbol{x}, \boldsymbol{\mu}_1) < d(\boldsymbol{x}, \boldsymbol{\mu}_2)$ 时, 判 $\boldsymbol{x}$ 属于总体 G_1; 当 $d(\boldsymbol{x}, \boldsymbol{\mu}_1) > d(\boldsymbol{x}, \boldsymbol{\mu}_2)$ 时, 判 $\boldsymbol{x}$ 属于总体 G_2; 当 $d(\boldsymbol{x}, \boldsymbol{\mu}_1) = d(\boldsymbol{x}, \boldsymbol{\mu}_2)$ 时, $\boldsymbol{x}$ 可以属于总体 G_1 和 G_2 中的任何一个, 通常把 $\boldsymbol{x}$ 判入总体 G_1. 故判别准则可描述为:

$$\begin{cases} \boldsymbol{x} \in G_1, \text{如果 } d(\boldsymbol{x}, \boldsymbol{\mu}_1) \leqslant d(\boldsymbol{x}, \boldsymbol{\mu}_2) \\ \boldsymbol{x} \in G_2, \text{如果 } d(\boldsymbol{x}, \boldsymbol{\mu}_1) > d(\boldsymbol{x}, \boldsymbol{\mu}_2) \end{cases}$$

由于在相互比较时, 马氏距离定义式 (5.1) 与马氏距离的平方等价, 为方便起见, 以下考虑两个马氏距离的平方的差

$$d^2(\boldsymbol{x}, \boldsymbol{\mu}_2) - d^2(\boldsymbol{x}, \boldsymbol{\mu}_1)$$
$$= (\boldsymbol{x} - \boldsymbol{\mu}_2)^{\mathrm{T}} \boldsymbol{\Sigma}^{-1} (\boldsymbol{x} - \boldsymbol{\mu}_2) - (\boldsymbol{x} - \boldsymbol{\mu}_1)^{\mathrm{T}} \boldsymbol{\Sigma}^{-1} (\boldsymbol{x} - \boldsymbol{\mu}_1)$$
$$= 2\left(\boldsymbol{x} - \frac{\boldsymbol{\mu}_1 + \boldsymbol{\mu}_2}{2}\right)^{\mathrm{T}} \boldsymbol{\Sigma}^{-1} (\boldsymbol{\mu}_1 - \boldsymbol{\mu}_2) \tag{5.2}$$

令 $\bar{\boldsymbol{\mu}} = \dfrac{\boldsymbol{\mu}_1 + \boldsymbol{\mu}_2}{2}$, $\boldsymbol{a} = \boldsymbol{\Sigma}^{-1}(\boldsymbol{\mu}_1 - \boldsymbol{\mu}_2)$, 并记

$$W(\boldsymbol{x}) = \left(\boldsymbol{x} - \frac{\boldsymbol{\mu}_1 + \boldsymbol{\mu}_2}{2}\right)^{\mathrm{T}} \boldsymbol{\Sigma}^{-1}(\boldsymbol{\mu}_1 - \boldsymbol{\mu}_2) = (\boldsymbol{x} - \bar{\boldsymbol{\mu}})^{\mathrm{T}} \boldsymbol{a} \tag{5.3}$$

于是判别准则等价于

$$\begin{cases} \boldsymbol{x} \in G_1, & \text{如果 } W(\boldsymbol{x}) \geqslant 0 \\ \boldsymbol{x} \in G_2, & \text{如果 } W(\boldsymbol{x}) < 0 \end{cases}$$

这个判别准则取决于 $W(\boldsymbol{x})$ 的值, 通常称 $W(\boldsymbol{x})$ 为判别函数, 由于它是 $\boldsymbol{x}$ 的线性函数, 又称其为线性判别函数, 称 $\boldsymbol{a}$ 为判别系数. 线性判别函数 $W(\boldsymbol{x})$ 使用最方便, 使用也最广泛.

特别地, 当 $p = 1$, G_1 和 G_2 的分布分别为 $N(\mu_1, \sigma^2)$ 和 $N(\mu_2, \sigma^2)$, μ_1, μ_2, σ^2 均为已知, 且 $\mu_1 < \mu_2$ 时, 则判别系数为 $a = \dfrac{\mu_1 - \mu_2}{\sigma^2} < 0$, 判别函数为 $W(x) = a(x - \bar{\mu})$. 判别准则为:

$$\begin{cases} x \in G_1, & \text{如果 } x \leqslant \bar{\mu} \\ x \in G_2, & \text{如果 } x > \bar{\mu} \end{cases}$$

在实际应用中, 总体的均值和协方差矩阵一般是未知的, 可由样本均值和样本协方差矩阵分别进行估计. 设 $\boldsymbol{X}_1^{(1)}, \boldsymbol{X}_2^{(1)}, \cdots, \boldsymbol{X}_{n_1}^{(1)}$ 是来自总体 G_1 的样本, $\boldsymbol{X}_1^{(2)}, \boldsymbol{X}_2^{(2)}, \cdots,$ $\boldsymbol{X}_{n_2}^{(2)}$ 是来自总体 G_2 的样本, $\boldsymbol{\mu}_1$ 和 $\boldsymbol{\mu}_2$ 的无偏估计分别为:

$$\bar{\boldsymbol{X}}^{(1)} = \frac{1}{n_1} \sum_{i=1}^{n_1} \boldsymbol{X}_i^{(1)}, \quad \bar{\boldsymbol{X}}^{(2)} = \frac{1}{n_2} \sum_{i=1}^{n_2} \boldsymbol{X}_i^{(2)}$$

协方差矩阵 $\boldsymbol{\Sigma}$ 的一个联合无偏估计为:

$$\widehat{\boldsymbol{\Sigma}} = \frac{1}{n_1 + n_2 - 2} [(n_1 - 1)\boldsymbol{S}_1 + (n_2 - 1)\boldsymbol{S}_2]$$

这里 $\boldsymbol{S}_i = \dfrac{1}{n_i - 1} \sum\limits_{j=1}^{n_i} (\boldsymbol{X}_j^{(i)} - \bar{\boldsymbol{X}}^{(i)})(\boldsymbol{X}_j^{(i)} - \bar{\boldsymbol{X}}^{(i)})^{\mathrm{T}} (i = 1, 2)$. 判别函数为 $\widehat{W}(\boldsymbol{x}) = (\boldsymbol{x} - \bar{\boldsymbol{X}})^{\mathrm{T}} \widehat{\boldsymbol{a}}$, 其中 $\bar{\boldsymbol{X}} = \dfrac{1}{2}(\bar{\boldsymbol{X}}^{(1)} + \bar{\boldsymbol{X}}^{(2)})$, $\widehat{\boldsymbol{a}} = \widehat{\boldsymbol{\Sigma}}^{-1}(\bar{\boldsymbol{X}}^{(1)} - \bar{\boldsymbol{X}}^{(2)})$. 这样, 判别准则为:

$$\begin{cases} \boldsymbol{x} \in G_1, & \text{如果 } \widehat{W}(\boldsymbol{x}) \geqslant 0 \\ \boldsymbol{x} \in G_2, & \text{如果 } \widehat{W}(\boldsymbol{x}) < 0 \end{cases}$$

应该注意, 当 $\boldsymbol{\mu}_1 \neq \boldsymbol{\mu}_2$, $\boldsymbol{\Sigma}_1 \neq \boldsymbol{\Sigma}_2$ 时, 我们仍可采用式 (5.2) 的变式作为判别函数, 即

$$\begin{aligned} W^*(\boldsymbol{x}) &= d^2(\boldsymbol{x}, \boldsymbol{\mu}_2) - d^2(\boldsymbol{x}, \boldsymbol{\mu}_1) \\ &= (\boldsymbol{x} - \boldsymbol{\mu}_2)^{\mathrm{T}} \boldsymbol{\Sigma}_2^{-1}(\boldsymbol{x} - \boldsymbol{\mu}_2) - (\boldsymbol{x} - \boldsymbol{\mu}_1)^{\mathrm{T}} \boldsymbol{\Sigma}_1^{-1}(\boldsymbol{x} - \boldsymbol{\mu}_1) \end{aligned} \tag{5.4}$$

它是 $\boldsymbol{x}$ 的二次函数, 相应的判别规则为:

$$\begin{cases} \boldsymbol{x} \in G_1, & \text{如果 } W^*(\boldsymbol{x}) \geqslant 0 \\ \boldsymbol{x} \in G_2, & \text{如果 } W^*(\boldsymbol{x}) < 0 \end{cases}$$

最后要强调的就是作距离判别时, $\boldsymbol{\mu}_1$ 和 $\boldsymbol{\mu}_2$ 要有显著的差异才行, 否则判别的误差较大, 判别结果没有多大意义.

例 5.1 已知某种昆虫的体长和翅长是表征性别的两个重要体形指标, 根据以往观测值, 雌虫的体型标准值为 $\boldsymbol{\mu}_1 = (6,5)^{\mathrm{T}}$, 雄虫的体型标准值为 $\boldsymbol{\mu}_2 = (8,6)^{\mathrm{T}}$, 它们共同的协方差矩阵为 $\boldsymbol{\Sigma} = \begin{pmatrix} 9 & 2 \\ 2 & 4 \end{pmatrix}$. 现捕捉到这种昆虫一只, 测得它的体长和翅长分别为 7.2 和 5.6, 即 $\boldsymbol{x} = (7.2, 5.6)^{\mathrm{T}}$, 试判断这只昆虫的性别.

解: 由已知条件, 可由式 (5.3) 计算得

$$
\begin{aligned}
W(\boldsymbol{x}) &= \left(\boldsymbol{x} - \frac{\boldsymbol{\mu}_1 + \boldsymbol{\mu}_2}{2} \right)^{\mathrm{T}} \boldsymbol{\Sigma}^{-1} (\boldsymbol{\mu}_1 - \boldsymbol{\mu}_2) \\
&= \left[\begin{pmatrix} 7.2 \\ 5.6 \end{pmatrix} - \frac{1}{2} \begin{pmatrix} 6+8 \\ 5+6 \end{pmatrix} \right]^{\mathrm{T}} \begin{bmatrix} 9 & 2 \\ 2 & 4 \end{bmatrix}^{-1} \begin{pmatrix} 6-8 \\ 5-6 \end{pmatrix} \\
&= -0.053 < 0
\end{aligned}
$$

所以可判断这只昆虫是一只雄虫.

可编写一个简单的 R 程序计算 $W(\boldsymbol{x})$ (注意 $W(\boldsymbol{x}) = [d^2(\boldsymbol{x}, \boldsymbol{\mu}_2) - d^2(\boldsymbol{x}, \boldsymbol{\mu}_1)]/2$).

```
> W2equal=function(x,mu1,mu2,S)(mahalanobis(x,mu2, S)-mahalanobis(x,mu1,S))/2
> mu1=c(6, 5); mu2=c(8, 6); S=matrix(c(9, 2, 2, 4),nrow=2); x=c(7.2, 5.6)
> W2equal(x,mu1,mu2,S)
  [1] -0.053125
```

所以应判断这只昆虫是一只雄虫. 若又捕捉到另一只同类昆虫, 其体长和翅长数据为 $\boldsymbol{x} = (6.3, 4.9)^{\mathrm{T}}$, 则可继续计算如下:

```
> x=c(6.3, 4.9)
> W2equal(x,mu1,mu2,S)
  [1] 0.225
```

应将其判断为一只雌虫. 当雌虫和雄虫的协方差矩阵不相同时, 可由式 (5.4) 来计算 $W^*(\boldsymbol{x})$, 再据计算结果作出判别. 假定雌虫和雄虫总体数据对应的协方差矩阵分别为 $\boldsymbol{\Sigma}_1 = \begin{pmatrix} 9 & 2 \\ 2 & 4 \end{pmatrix}$ 和 $\boldsymbol{\Sigma}_2 = \begin{pmatrix} 6 & 2 \\ 2 & 3 \end{pmatrix}$, 那么可编写 R 程序如下:

```
> W2unequal=function(x,mu1,mu2,S1,S2)mahalanobis(x,mu2,S2)-mahalanobis(x,mu1,S1)
> mu1=c(6,5); mu2=c(8,6); x=c(7.2,5.6)
> S1=matrix(c(9,2,2,4), nrow=2); S2=matrix(c(6,2,2,3), nrow=2)
> W2unequal(x,mu1,mu2,S1,S2)
  [1] -0.07696429
```

这里仍然用了最初那只昆虫的体长和翅长数据, 结果仍然判断它是一只雄虫.

两总体的距离判别还可使用自编程序 "DDA2.R", 用法参见本章附录 1.

5.1.3　多个总体的距离判别

设有 k 个总体 $G_1, G_2, \cdots, G_k$, 其均值和协方差矩阵分别是 $\boldsymbol{\mu}_1, \boldsymbol{\mu}_2, \cdots, \boldsymbol{\mu}_k$ 和 $\boldsymbol{\Sigma}_1, \boldsymbol{\Sigma}_2, \cdots, \boldsymbol{\Sigma}_k$, 而且 $\boldsymbol{\Sigma}_1 = \boldsymbol{\Sigma}_2 = \cdots = \boldsymbol{\Sigma}_k = \boldsymbol{\Sigma}$. 对于一个新的样品 $\boldsymbol{x}$, 要判断它来自哪个总体. 该问题与两个总体的距离判别问题的解决思想一样. 计算新样品 $\boldsymbol{x}$ 到每一个总体的距离, 即

$$d^2(\boldsymbol{x}, \boldsymbol{\mu}_j) = (\boldsymbol{x} - \boldsymbol{\mu}_j)^{\mathrm{T}} \boldsymbol{\Sigma}^{-1} (\boldsymbol{x} - \boldsymbol{\mu}_j) = \boldsymbol{x}^{\mathrm{T}} \boldsymbol{\Sigma}^{-1} \boldsymbol{x} - 2\boldsymbol{\mu}_j^{\mathrm{T}} \boldsymbol{\Sigma}^{-1} \boldsymbol{x} + \boldsymbol{\mu}_j^{\mathrm{T}} \boldsymbol{\Sigma}^{-1} \boldsymbol{\mu}_j$$
$$= \boldsymbol{x}^{\mathrm{T}} \boldsymbol{\Sigma}^{-1} \boldsymbol{x} - 2(\boldsymbol{I}_j^{\mathrm{T}} \boldsymbol{x} + C_j)$$

这里 $\boldsymbol{I}_j = \boldsymbol{\Sigma}^{-1} \boldsymbol{\mu}_j$, $C_j = -\dfrac{1}{2} \boldsymbol{\mu}_j^{\mathrm{T}} \boldsymbol{\Sigma}^{-1} \boldsymbol{\mu}_j (j = 1, 2, \cdots, k)$. 故可以取线性判别函数为:

$$W_j(\boldsymbol{x}) = \boldsymbol{I}_j^{\mathrm{T}} \boldsymbol{x} + C_j, \quad j = 1, 2, \cdots, k$$

$W_j(\boldsymbol{x})$ 越大, $d^2(\boldsymbol{x}, \boldsymbol{\mu}_j)$ 越小, 相应的判别准则为:

$$\boldsymbol{x} \in G_i, \quad \text{如果 } W_i(\boldsymbol{x}) = \max_{1 \leqslant j \leqslant k} (\boldsymbol{I}_j^{\mathrm{T}} \boldsymbol{x} + C_j)$$

与二维情形类似, 当 $\boldsymbol{\mu}_1, \boldsymbol{\mu}_2, \cdots, \boldsymbol{\mu}_k$ 和 $\boldsymbol{\Sigma}$ 均未知时, 可以通过相应的样本均值和样本协方差矩阵来替代. 另外, 各总体的协方差矩阵 $\boldsymbol{\Sigma}_1, \boldsymbol{\Sigma}_2, \cdots, \boldsymbol{\Sigma}_k$ 不全相同时也可以仿照二维情形讨论.

多总体的距离判别可使用本章附录 2 所给出的 R 程序 "DDAM.R", 使用方法可参见本章附录 2 后的说明.

5.2　Fisher 判别

Fisher 于 1936 年提出了该判别法, 这是判别分析中奠基性的工作. 该方法的主要思想是将多维数据投影到一维直线上, 使得同一类别 (总体) 中的数据在该直线上尽量靠拢, 不同类别 (总体) 的数据尽可能分开. 从方差分析的角度来说, 就是组内变差尽量小, 组间变差尽量大. 然后再利用前面的距离判别法来建立判别准则. Fisher 判别法包括线性判别、非线性判别和典型判别等多种常用方法. 以下主要介绍线性判别法.

5.2.1　两总体 Fisher 判别

先考虑有两个总体 G_1 和 G_2 的情形, Fisher 判别法的思想是将高维空间中的点投影到一条直线 y 上, 使得总体 G_1 和 G_2 中的点在 y 上的投影点尽可能分开, 而同一总体在 y 上的投影点尽可能靠拢, 在此基础上再利用前面的距离判别法来建立判别准则. 我们用一个简单的图形 (见图 5–2) 来说明其原理.

如图 5–2 所示, 二维平面上有两类点, 大圆点属于总体 G_1, 小圆点属于总体 G_2, 按照原来的横坐标 x_1 和纵坐标 x_2, 很难将它们区分开来, 但若把它们都投影到直线 y

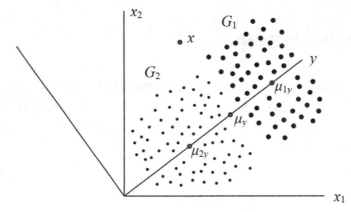

图 5-2　投影直线选取示意图

上, 则它们的投影点明显分为两组, 同类的点聚集在一起, 容易区分; 又若把它们投影到与直线 y 垂直的直线上, 则它们的投影点混杂在一起, 难以分开. 可见, 投影直线的选取不一样, 数据点的分类效果就大不相同, 这提示我们要去寻找分类效果最好的投影直线 y, 使得在该投影直线 y 上, 同一类别的点的投影点尽量靠拢, 不同类别的点的投影点尽量分开. 显然, 直线 y 是 x_1 和 x_2 的线性组合, 即 $y = c_1 x_1 + c_2 x_2$. 一般, 在 p 维情况下, $\boldsymbol{x}$ 的线性组合为:

$$y = \boldsymbol{a}^{\mathrm{T}} \boldsymbol{x} \tag{5.5}$$

式中, $\boldsymbol{a}$ 为 p 维实向量. 设总体 G_1 和 G_2 的均值分别为 $\boldsymbol{\mu}_1$ 和 $\boldsymbol{\mu}_2$, 它们有共同的协方差矩阵 $\boldsymbol{\Sigma}$, 那么线性组合 $y = \boldsymbol{a}^{\mathrm{T}} \boldsymbol{x}$ 在两个总体下的均值分别为:

$$
\begin{aligned}
\mu_{1y} &= E(y|\boldsymbol{x} \in G_1) = \boldsymbol{a}^{\mathrm{T}} \boldsymbol{\mu}_1 \\
\mu_{2y} &= E(y|\boldsymbol{x} \in G_2) = \boldsymbol{a}^{\mathrm{T}} \boldsymbol{\mu}_2
\end{aligned} \tag{5.6}
$$

共同的方差为:

$$Var(y) = Var(\boldsymbol{a}^{\mathrm{T}} \boldsymbol{x}) = \boldsymbol{a}^{\mathrm{T}} \boldsymbol{\Sigma} \boldsymbol{a} \tag{5.7}$$

显然, 使得 μ_{1y} 与 μ_{2y} 的距离越大的线性组合越好, 所以考虑比值

$$\frac{(\mu_{1y} - \mu_{2y})^2}{Var(y)} = \frac{[\boldsymbol{a}^{\mathrm{T}}(\boldsymbol{\mu}_1 - \boldsymbol{\mu}_2)]^2}{\boldsymbol{a}^{\mathrm{T}} \boldsymbol{\Sigma} \boldsymbol{a}} \tag{5.8}$$

定理 5.1　设 $\boldsymbol{x}$ 为 p 维随机向量, $y = \boldsymbol{a}^{\mathrm{T}} \boldsymbol{x}$, 当 $\boldsymbol{a} = c\boldsymbol{\Sigma}^{-1}(\boldsymbol{\mu}_1 - \boldsymbol{\mu}_2)(c \neq 0$ 为常数$)$ 时, 式 (5.8) 达到最大. 特别地, 当 $c = 1$ 时, 线性函数

$$y = \boldsymbol{a}^{\mathrm{T}} \boldsymbol{x} = (\boldsymbol{\mu}_1 - \boldsymbol{\mu}_2)^{\mathrm{T}} \boldsymbol{\Sigma}^{-1} \boldsymbol{x} \tag{5.9}$$

称为 Fisher 线性判别函数 (证明略).

记 $\bar{\boldsymbol{\mu}} = \dfrac{1}{2}(\boldsymbol{\mu}_1 + \boldsymbol{\mu}_2)$, 则有

$$\mu_y = \frac{1}{2}(\mu_{1y} + \mu_{2y}) = \frac{1}{2}(\boldsymbol{\mu}_1 - \boldsymbol{\mu}_2)^{\mathrm{T}} \boldsymbol{\Sigma}^{-1}(\boldsymbol{\mu}_1 + \boldsymbol{\mu}_2) = \boldsymbol{a}^{\mathrm{T}} \bar{\boldsymbol{\mu}} \tag{5.10}$$

即 μ_y 为 μ_{1y} 与 μ_{2y} 的中点, 也为 $\bar{\boldsymbol{\mu}}$ 在直线 y 上的投影点. 在 $\boldsymbol{\mu}_1 \neq \boldsymbol{\mu}_2$ 的条件下, 容

易证明 (见习题 5.1) $\mu_{1y} - \mu_y > 0, \mu_{2y} - \mu_y < 0$, 于是可得 Fisher 判别准则:

$$
\begin{cases}
x \in G_1, & \text{如果 } a^T x \geqslant \mu_y \\
x \in G_2, & \text{如果 } a^T x < \mu_y
\end{cases}
$$

在直线 y 上进行直观的几何解释能帮助我们理解这个判别准则. 注意 μ_{1y} 是总体 G_1 中所有点在直线 y 上投影点的平均位置, μ_{2y} 是总体 G_2 中所有点在直线 y 上投影点的平均位置, 而 μ_y 是 μ_{1y} 与 μ_{2y} 的中点且 $\mu_{2y} < \mu_y < \mu_{1y}$. 若 $a^T x \geqslant \mu_y$, 说明 x 在直线 y 上的投影点 $a^T x$ 在 μ_y 的右侧, 更靠近 μ_{1y}, 这时应把 x 判入总体 G_1; 反之, 若 $a^T x < \mu_y$, 说明 x 在直线 y 上的投影点 $a^T x$ 在 μ_y 的左侧, 更靠近 μ_{2y}, 则应把 x 判入总体 G_2. 据此, 如果记 $W(x) = a^T x - \mu_y$, 则判别准则等价于

$$
\begin{cases}
x \in G_1, & \text{如果 } W(x) \geqslant 0 \\
x \in G_2, & \text{如果 } W(x) < 0
\end{cases}
$$

需要指出的是: 当总体的均值和协方差矩阵未知时, 通常用样本均值和样本协方差矩阵来估计. 设 $X_1^{(1)}, X_2^{(1)}, \cdots, X_{n_1}^{(1)}$ 和 $X_1^{(2)}, X_2^{(2)}, \cdots, X_{n_2}^{(2)}$ 分别是来自总体 G_1 和 G_2 的样本, 记 $S_i = \dfrac{1}{n_i - 1} \sum_{j=1}^{n_i} (X_j^{(i)} - \bar{X}^{(i)})(X_j^{(i)} - \bar{X}^{(i)})^T (i = 1, 2)$, 就可以分别用

$$
\bar{X}^{(1)} = \frac{1}{n_1} \sum_{j=1}^{n_1} X_j^{(1)}, \quad \bar{X}^{(2)} = \frac{1}{n_2} \sum_{j=1}^{n_2} X_j^{(2)} \text{ 和 } \hat{\Sigma} = \frac{1}{n_1 + n_2 - 2} [(n_1 - 1)S_1 + (n_2 - 1)S_2]
$$

来估计 μ_1, μ_2 和 Σ.

5.2.2　多总体 Fisher 判别

如果变量很多或有多个总体, 通常要选择若干个投影, 即若干个判别函数 $y_1 = a_1^T x_1, y_2 = a_2^T x_2, \cdots, y_s = a_s^T x_s$ 来进行判别. 设有 k 个总体 $G_1, G_2, \cdots, G_k$, 它们有共同的协方差矩阵 Σ, 均值分别为 $\mu_1, \mu_2, \cdots, \mu_k$, 令

$$
\bar{\mu} = \frac{1}{k} \sum_{i=1}^k \mu_i, \quad G = \sum_{i=1}^k (\mu_i - \bar{\mu})(\mu_i - \bar{\mu})^T \tag{5.11}
$$

考虑 p 维随机向量 x 的线性组合 $y = a^T x$, a 为 p 维实向量, 则均值和方差分别为:

$$
\begin{aligned}
&\mu_{iy} = E(y|x \in G_i) = E(a^T x | x \in G_i) = a^T \mu_i \\
&Var(y|x \in G_i) = a^T \Sigma a
\end{aligned} \tag{5.12}
$$

注意到

$$
\mu_y = \frac{1}{k} \sum_{i=1}^k \mu_{iy} = \frac{1}{k} \sum_{i=1}^k a^T \mu_i = a^T \bar{\mu} \tag{5.13}
$$

考虑比值

$$
\frac{\sum_{i=1}^k (\mu_{iy} - \mu_y)^2}{Var(y|x \in G_i)} = \frac{\sum_{i=1}^k (a^T \mu_i - a^T \bar{\mu})^2}{a^T \Sigma a} = \frac{a^T G a}{a^T \Sigma a} \tag{5.14}
$$

问题等价于: 如何选择 a, 使得式 (5.14) 达到最大. 为了方便起见, 设 $a^{\mathrm{T}}\Sigma a = 1$.

定理 5.2　设 $\lambda_1, \lambda_2, \cdots, \lambda_s(\lambda_1 \geqslant \lambda_2 \geqslant \cdots \geqslant \lambda_s > 0)$ 为 $\Sigma^{-1}G$ 的 s 个非零特征值, $s \leqslant \min(k-1, p)$, $e_1, e_2, \cdots, e_s$ 为相应的特征向量且满足 $e^{\mathrm{T}}\Sigma e = 1$, 那么当 $a_1 = e_1$ 时式 (5.14) 达到最大, 称 $y = e_1^{\mathrm{T}}x$ 为第一判别函数, 而 $a_2 = e_2$ 是在约束条件 $Cov(a_1^{\mathrm{T}}x, a_2^{\mathrm{T}}x) = 0$ 之下使得式 (5.14) 达到最大值的解, 称 $y = e_2^{\mathrm{T}}x$ 为第二判别函数, 如此下去, $a_s = e_s$ 是在约束条件 $Cov(a_s^{\mathrm{T}}x, a_i^{\mathrm{T}}x) = 0(i < s)$ 之下使得式 (5.14) 达到最大值的解, 称 $y = e_s^{\mathrm{T}}x$ 为第 s 判别函数 (证明略).

当总体的均值和协方差矩阵未知时, 通常用样本均值和样本协方差矩阵来估计. 与两总体的 Fisher 判别方法类似, 也可以建立多个总体的 Fisher 判别准则, 但形式比较复杂, 这里不再讨论.

例 5.2　在 R 软件的内置档案中有著名的鸢尾花 (iris) 数据, 该数据框有 5 列: Sepal.Length (花萼长度)、Sepal.Width (花萼宽度)、Petal.Length (花瓣长度)、Petal.Width (花瓣宽度) 和 Species (品种). 品种又分为 setosa (刚毛鸢尾花)、versicolor (变色鸢尾花) 和 virginica (弗吉尼亚鸢尾花) 3 种. 每个品种各有 50 行数据, 即数据框共有 150 行数据. 下面对其作 Fisher 判别分析.

解: 先读取 iris 数据并查看数据, R 程序如下:

```
> data(iris)
> iris
         Sepal.Length   Sepal.Width   Petal.Length   Petal.Width    Species
1                 5.1           3.5            1.4           0.2     setosa
......
50                5.0           3.3            1.4           0.2     setosa
51                7.0           3.2            4.7           1.4     versicolor
......
100               5.7           2.8            4.1           1.3     versicolor
101               6.3           3.3            6.0           2.5     virginica
......
150               5.9           3.0            5.1           1.8     virginica
```

将品种取为因变量 y, 前四列取为自变量. 下面用 MASS 程序包中的线性判别函数 lda() 作判别分析, R 程序如下:

```
> attach(iris)     # 把数据框变量名读入内存以便使用该变量名调用对应列数据
> library(MASS)    # 加载 MASS 程序包, 以便使用其中的 lda( ) 函数
> ld=lda(Species~Sepal.Length+Sepal.Width+Petal.Length+Petal.Width)
> ld
   Call:
   lda(Species ~ Sepal.Length + Sepal.Width + Petal.Length + Petal.Width)
```

```
   Prior probabilities of groups:
    setosa   versicolor   virginica
0.3333333    0.3333333    0.3333333
   Group means:
            Sepal.Length   Sepal.Width   Petal.Length   Petal.Width
setosa           5.006         3.428          1.462         0.246
versicolor       5.936         2.770          4.260         1.326
virginica        6.588         2.974          5.552         2.026
   Coefficients of linear discriminants:
                  LD1            LD2
Sepal.Length    0.8293776     0.02410215
Sepal.Width     1.5344731     2.16452123
Petal.Length   -2.2012117    -0.93192121
Petal.Width    -2.8104603     2.83918785
   Proportion of trace:
   LD1     LD2
0.9912   0.0088
```

　　程序输出中包括了 lda( ) 所用的公式、先验概率、各组均值向量、第一及第二线性判别函数的系数、两个判别式及其对判别的贡献大小等. 可以在 R 软件中用 help(lda) 查看该函数的详细用法. 需要指出的是, R 中有内置函数 predict( ), 可以对原始数据进行回判分类, 从而可以将 lda( ) 的输出结果与原始数据真正的分类进行对比, 考察误差的大小. R 程序及输出结果如下:

```
> Z=predict(ld)
> newG=Z$class
> cbind(Species, newG, Z$post)    #Z$post 给出了 Z 中各样品的回判后验概率值
         Species   newG         setosa      versicolor       virginica
 1          1        1      1.000000e+00   3.896358e-22    2.611168e-42
 2          1        1      1.000000e+00   7.217970e-18    5.042143e-37
 ......
 70         2        2      1.341503e-17   9.999967e-01    3.296105e-06
 71         2        3      7.408118e-28   2.532282e-01    7.467718e-01
 72         2        2      9.399292e-17   9.999907e-01    9.345291e-06
 ......
 83         2        2      1.616405e-16   9.999962e-01    3.778441e-06
 84         2        3      4.241952e-32   1.433919e-01    8.566081e-01
 85         2        2      1.724514e-24   9.635576e-01    3.644242e-02
 ......
 133        3        3      1.320330e-45   3.014091e-06    9.999970e-01
 134        3        2      1.283891e-28   7.293881e-01    2.706119e-01
 135        3        3      1.926560e-35   6.602253e-02    9.339775e-01
 ......
 150        3        3      2.858012e-33   1.754229e-02    9.824577e-01
```

这里 Species 是原始类别, newG 是回判类别, 后三列给出了每个样品判入每个类的后验概率. 显然, 回判时 Fisher 判别法把每个样品判入后验概率最大的那一类. 这恰好说明了 71 号、84 号和 134 号三个样品产生错判的原因. 其中有 2 朵 versicolor 鸢尾花 (71 号和 84 号) 被误判为 virginica 鸢尾花, 有 1 朵 virginica 鸢尾花 (134 号) 被误判为 versicolor 鸢尾花.

我们还可以用 table( ) 函数来列表比较整体判别情况, R 程序及结果如下:

```
> tab=table(newG,Species)
> tab
            Species
 newG        setosa    versicolor    virginica
 setosa         50             0            0
 versicolor      0            48            1
 virginica       0             2           49
```

由结果可以看出, 对 150 个原始数据的预测中, 只有 3 个判别错误, 误判率为 2%. 进一步, 若采集到 3 朵新的鸢尾花, 每朵花 4 个指标的测量值分别为 (5.1, 3.5, 1.5, 0.25), (5.9, 2.8, 4.3, 1.3) 和 (6.6, 2.9, 5.6, 2.1), 可利用函数 predict() 对它们的品种进行判别, R 程序及结果如下 (要求新数据以数据框的形式录入):

```
> newdata=data.frame(Sepal.Length =c(5.1,5.9,6.6), Sepal.Width =c(3.5,2.8,2.9),
                Petal.Length =c(1.5,4.3,5.6), Petal.Width =c(0.25,1.3,2.1))
> (predict(ld,newdata))     # 对 3 朵新的鸢尾花的类别进行判别并直接显示
$class    # 列出新样品的判别分类
 [1]        setosa    versicolor    virginica
 Levels:    setosa    versicolor    virginica
$posterior    # 列出判别的后验概率
          setosa        versicolor         virginica
 1    1.000000e+00    1.117074e-20      3.314219e-40
 2    2.963609e-20    9.998273e-01      1.727265e-04
 3    4.169387e-42    3.505610e-05      9.999649e-01

$x    # 列出对应的两个线性判别函数的值
         LD1          LD2
 1    7.701156     0.3491879
 2   -1.823849    -0.7749274
 3   -6.199781     0.5182489
```

判别结果表明: 这 3 朵新的鸢尾花分别被判为 setosa, versicolor 和 virginica. 注意对应的 3 个后验概率几乎均为 1, 这是因为我们在构造这 3 朵新的鸢尾花的 4 个指标值时, 有意把它们取在 3 种鸢尾花的组均值附近.

5.3　Bayes 判别

上面讲的几种判别分析方法计算简单, 易于操作, 比较实用, 但是这些方法也有明显的不足之处. 一是判别方法与总体各自出现的概率的大小无关; 二是判别方法与错判之后所造成的损失无关. 而 Bayes 判别法就是为了解决这些问题而提出的一种判别方法, 它假定对研究对象已经有了一定的认识, 这种认识可以用先验概率来描述, 当取得样本后, 就可以利用样本来修正已有的先验概率分布, 得到后验分布, 再通过后验分布进行各种统计推断. Bayes 判别法属于概率判别法, 判别准则是以个体归属某类的概率最大或错判总平均损失最小为标准.

5.3.1　两总体的 Bayes 判别

设有两个总体 G_1 和 G_2, 它们的概率密度函数分别为 $f_1(\boldsymbol{x})$ 与 $f_2(\boldsymbol{x})$, 其中 $\boldsymbol{x}$ 是一个 p 维随机向量, Ω 为 $\boldsymbol{x}$ 的所有可能取值构成的样本空间, R_1 为 $\boldsymbol{x}$ 的根据某种规则被判入总体 G_1 的取值全体之集, 那么 $R_2 = \Omega - R_1$ 就为 $\boldsymbol{x}$ 的根据同样规则被判入总体 G_2 的取值全体之集. 设样本 $\boldsymbol{x}$ 来自总体 G_1 (形式记为 $\boldsymbol{x} \in G_1$) 但被判入总体 G_2 的概率为:

$$P(2|1) = P(\boldsymbol{x} \in R_2 | \boldsymbol{x} \in G_1) = \int_{R_2} f_1(\boldsymbol{x}) \mathrm{d}\boldsymbol{x}$$

又记 $\boldsymbol{x}$ 来自总体 G_2 (形式记为 $\boldsymbol{x} \in G_2$) 但被判入总体 G_1 的概率为:

$$P(1|2) = P(\boldsymbol{x} \in R_1 | \boldsymbol{x} \in G_2) = \int_{R_1} f_2(\boldsymbol{x}) \mathrm{d}\boldsymbol{x}$$

类似地, $\boldsymbol{x}$ 来自总体 G_1 被判入 G_1, 来自总体 G_2 被判入 G_2 的概率可分别记为:

$$P(1|1) = P(\boldsymbol{x} \in R_1 | \boldsymbol{x} \in G_1) = \int_{R_1} f_1(\boldsymbol{x}) \mathrm{d}\boldsymbol{x}$$

$$P(2|2) = P(\boldsymbol{x} \in R_2 | \boldsymbol{x} \in G_2) = \int_{R_2} f_2(\boldsymbol{x}) \mathrm{d}\boldsymbol{x}$$

又设总体 G_1 和 G_2 出现的先验概率分别为 p_1 和 p_2, 且 $p_1 + p_2 = 1$, 于是

$$\begin{aligned} P(\boldsymbol{x} \text{ 被正确判入 } G_1) &= P(\boldsymbol{x} \in G_1, \boldsymbol{x} \in R_1) \\ &= P(\boldsymbol{x} \in R_1 | \boldsymbol{x} \in G_1) P(\boldsymbol{x} \in G_1) \\ &= P(1|1) \cdot p_1 \end{aligned}$$

$$\begin{aligned} P(\boldsymbol{x} \text{ 被错误判入 } G_1) &= P(\boldsymbol{x} \in G_2, \boldsymbol{x} \in R_1) \\ &= P(\boldsymbol{x} \in R_1 | \boldsymbol{x} \in G_2) P(\boldsymbol{x} \in G_2) \\ &= P(1|2) \cdot p_2 \end{aligned}$$

同理

$$P(\boldsymbol{x} \text{ 被正确判入 } G_2) = P(2|2) \cdot p_2$$

$$P(\boldsymbol{x} \text{ 被错误判入 } G_2) = P(2|1) \cdot p_1$$

假设 $L(j|i)(i, j = 1, 2)$ 表示 $\boldsymbol{x}$ 来自总体 G_i 而被误判入总体 G_j 引起的损失, 显然有 $L(1|1) = L(2|2) = 0$, 将上述误判概率与误判损失结合起来, 可以定义所谓的**平均误判损失** (expected cost of misclassification, ECM) 为:

$$\text{ECM}(R_1, R_2) = L(2|1)P(2|1)p_1 + L(1|2)P(1|2)p_2 \tag{5.15}$$

一个合理的判别准则是极小化 ECM. 可以证明: 极小化 ECM 所对应的样本空间 Ω 的划分为:

$$R_1 = \left\{ \boldsymbol{x} \left| \frac{f_1(\boldsymbol{x})}{f_2(\boldsymbol{x})} \geqslant \frac{L(1|2)}{L(2|1)} \cdot \frac{p_2}{p_1} \right. \right\}, \quad R_2 = \left\{ \boldsymbol{x} \left| \frac{f_1(\boldsymbol{x})}{f_2(\boldsymbol{x})} < \frac{L(1|2)}{L(2|1)} \cdot \frac{p_2}{p_1} \right. \right\} \tag{5.16}$$

因此, 可以将式 (5.16) 作为 Bayes 判别的判别准则.

当两总体服从正态分布时, 设 $G_i \sim N(\boldsymbol{\mu}_i, \boldsymbol{\Sigma}_i)(i = 1, 2)$, 可分两种情形讨论.

若 $\boldsymbol{\Sigma}_1 = \boldsymbol{\Sigma}_2 = \boldsymbol{\Sigma}$, 则两总体的密度函数为:

$$f_i(\boldsymbol{x}) = (2\pi)^{-p/2} |\boldsymbol{\Sigma}|^{-1/2} \exp \left\{ -\frac{1}{2}(\boldsymbol{x} - \boldsymbol{\mu}_i)^{\mathrm{T}} \boldsymbol{\Sigma}^{-1} (\boldsymbol{x} - \boldsymbol{\mu}_i) \right\}, \quad i = 1, 2$$

此时式 (5.16) 等价于

$$R_1 = \{\boldsymbol{x}|W(\boldsymbol{x}) \geqslant \beta\}, \quad R_2 = \{\boldsymbol{x}|W(\boldsymbol{x}) < \beta\} \tag{5.17}$$

式中

$$W(\boldsymbol{x}) = \frac{1}{2}(\boldsymbol{x} - \boldsymbol{\mu}_2)^{\mathrm{T}} \boldsymbol{\Sigma}^{-1} (\boldsymbol{x} - \boldsymbol{\mu}_2) - \frac{1}{2}(\boldsymbol{x} - \boldsymbol{\mu}_1)^{\mathrm{T}} \boldsymbol{\Sigma}^{-1} (\boldsymbol{x} - \boldsymbol{\mu}_1)$$
$$= \left(\boldsymbol{x} - \frac{\boldsymbol{\mu}_1 + \boldsymbol{\mu}_2}{2} \right)^{\mathrm{T}} \boldsymbol{\Sigma}^{-1} (\boldsymbol{\mu}_1 - \boldsymbol{\mu}_2) \tag{5.18}$$

$$\beta = \ln \frac{L(1|2) \cdot p_2}{L(2|1) \cdot p_1} \tag{5.19}$$

由此可见, 对于两正态分布总体的 Bayes 判别, 其判别式式 (5.17)、式 (5.18) 和式 (5.19) 可以看成两总体距离判别的推广, 当 $p_1 = p_2$, $L(1|2) = L(2|1)$ 时, $\beta = \ln 1 = 0$, 这正是距离判别, 这里的 $W(\boldsymbol{x})$ 也与两总体距离判别的 $W(\boldsymbol{x})$ 完全一致, 参见式 (5.3).

若 $\boldsymbol{\Sigma}_1 \neq \boldsymbol{\Sigma}_2$, 可仿上对式 (5.16) 作推广, 参见本章参考文献 [2].

5.3.2　多总体的 Bayes 判别

从上面的讨论可知, Bayes 判别的本质就是寻找一种适当的判别准则, 使得平均误判损失 ECM 达到最小. 在两总体情形下, 由式 (5.15), 若假设所有错判损失相同, 即设 $L(2|1) = L(1|2) = C$, 那么

$$\text{ECM}(R_1, R_2) = L(2|1)P(2|1)p_1 + L(1|2)P(1|2)p_2$$
$$= C \cdot [1 - p_1 P(1|1) - p_2 P(2|2)]$$

要 ECM 尽量小, 相当于要 $p_1 P(1|1) + p_2 P(2|2)$ 尽量大, 这有助于理解多总体 Bayes 判别所用的判别准则.

设有 k 个总体 $G_1, G_2, \cdots, G_k$, 其各自的概率密度函数为 $f_1(\boldsymbol{x}), f_2(\boldsymbol{x}), \cdots, f_k(\boldsymbol{x})$, 相应的先验概率分别为 $p_1, p_2, \cdots, p_k$, 并假设所有的错判损失相同, 对待判样品 $\boldsymbol{x}$, 相应的判别准则为:

$$R_i = \left\{ \boldsymbol{x} \middle| p_i f_i(\boldsymbol{x}) = \max_{1 \leqslant j \leqslant k} p_j f_j(\boldsymbol{x}) \right\}, \quad i = 1, 2, \cdots, k \tag{5.20}$$

以下只对 $G_1, G_2, \cdots, G_k$ 均为正态总体, 即 $G_i \sim N(\boldsymbol{\mu}_i, \boldsymbol{\Sigma}_i)(i = 1, 2, \cdots, k)$ 进行讨论.

当 k 个总体的协方差矩阵都相同, 即 $\boldsymbol{\Sigma}_1 = \boldsymbol{\Sigma}_2 = \cdots = \boldsymbol{\Sigma}_k = \boldsymbol{\Sigma}$ 时, 总体 G_j 的密度函数为:

$$f_j(\boldsymbol{x}) = (2\pi)^{-p/2} |\boldsymbol{\Sigma}|^{-1/2} \exp\left\{ -\frac{1}{2}(\boldsymbol{x} - \boldsymbol{\mu}_j)^{\mathrm{T}} \boldsymbol{\Sigma}^{-1}(\boldsymbol{x} - \boldsymbol{\mu}_j) \right\}, \quad j = 1, 2, \cdots, k$$

计算函数

$$d_j(\boldsymbol{x}) = \frac{1}{2}(\boldsymbol{x} - \boldsymbol{\mu}_j)^{\mathrm{T}} \boldsymbol{\Sigma}^{-1}(\boldsymbol{x} - \boldsymbol{\mu}_j) - \ln p_j$$

在实际计算过程中, 协方差矩阵 $\boldsymbol{\Sigma}$ 可用其估计式 $\widehat{\boldsymbol{\Sigma}}$ 代替.

当 k 个总体的协方差矩阵不全相同时, 总体 G_j 的密度函数为:

$$f_j(\boldsymbol{x}) = (2\pi)^{-p/2} |\boldsymbol{\Sigma}_j|^{-1/2} \exp\left\{ -\frac{1}{2}(\boldsymbol{x} - \boldsymbol{\mu}_j)^{\mathrm{T}} \boldsymbol{\Sigma}_j^{-1}(\boldsymbol{x} - \boldsymbol{\mu}_j) \right\}, \quad j = 1, 2, \cdots, k$$

则相应地计算函数为:

$$d_j(\boldsymbol{x}) = \frac{1}{2}(\boldsymbol{x} - \boldsymbol{\mu}_j)^{\mathrm{T}} \boldsymbol{\Sigma}_j^{-1}(\boldsymbol{x} - \boldsymbol{\mu}_j) - \ln p_j - \frac{1}{2}\ln(|\boldsymbol{\Sigma}_j|)$$

在实际计算过程中, 协方差矩阵 $\boldsymbol{\Sigma}_j$ 可用其估计式 $\widehat{\boldsymbol{\Sigma}}_j$ 代替.

判别准则式 (5.20) 等价于

$$R_i = \left\{ \boldsymbol{x} \middle| d_i(\boldsymbol{x}) = \min_{1 \leqslant j \leqslant k} d_j(\boldsymbol{x}) \right\}, \quad i = 1, 2, \cdots, k$$

例 5.3 (数据文件为 eg5.3) 表 5–1 是某气象站预报有无春旱的数据资料, x_1 和 x_2 是两个综合性预报因子. 表中给出了有春旱的 6 个年份数据和无春旱的 8 个年份数据. 它们的先验概率用各组数据出现的比例 (6/14, 8/14) 来估计, 并假设误判损失相等, 试用 Bayes 判别法对数据进行分析.

表 5-1 某气象站预报有无春旱的数据资料

序号	组别	G	x_1	x_2
1		1	24.8	-2.0
2		1	24.1	-2.4
3	春旱	1	26.6	-3.0
4		1	23.5	-1.9
5		1	25.5	-2.1

续表

序号	组别	G	x_1	x_2
6		1	27.4	−3.1
7		2	22.1	−0.7
8		2	21.6	−1.4
9		2	22.0	−0.8
10		2	22.8	−1.6
11		2	22.7	−1.5
12	无春旱	2	21.5	−1.0
13		2	22.1	−1.2
14		2	21.4	−1.3

解: 在 R 主窗口中输入如下命令, 可将保存在目录 "C:/data" 下的数据文件 eg5.3.csv 读入 R.

```
> setwd("C:/data")    # 设定工作路径
> d5.3<-read.csv("eg5.3.csv",header=T)    # 将 eg5.3.csv 数据读入
> attach(d5.3)    # 把变量的名字读入内存
> library(MASS)
> ld=lda(G~x1+x2,prior=c(6,8)/14)    # 用先验概率进行线性判别
> ld
 Call:
 lda(G ~ x1 + x2, prior = c(6, 8)/14)
 Prior probabilities of groups:
         1             2
0.4285714   0.5714286
 Group means:
          x1          x2
1   25.31667   -2.416667
2   22.02500   -1.187500
 Coefficients of linear discriminants:
          LD1
x1   -0.6312826
x2    1.0020661
```

再用函数 predict() 对原始数据进行回判分类, 并与样品的原始分类进行对比, R 程序及结果如下:

```
> Z=predict(ld)    # 对原始数据进行回判分类
> newG = Z$class    # 回判分类记作 newG
> cbind(G, newG, Z$post, Z$x)    # 按列合并原始分类、回判分类、后验概率和判别函数
值
```

```
     G  newG           1           2         LD1
 1   1     1  0.9386546174  6.134538e-02  -1.1475545
 2   1     1  0.9303445828  6.965542e-02  -1.1064831
 3   1     1  0.9999448424  5.515761e-05  -3.2859294
 4   1     2  0.4207076326  5.792924e-01  -0.2266804    # 注: 第 4 号样品被误判
 5   1     1  0.9892508267  1.074917e-02  -1.6896590
 6   1     1  0.9999925582  7.441831e-06  -3.8911621
 7   2     2  0.0007277911  9.992722e-01   1.8595946
 8   2     2  0.0026045742  9.973954e-01   1.4737896
 9   2     2  0.0008227369  9.991773e-01   1.8225162
10   2     2  0.0585597189  9.414403e-01   0.5158372
11   2     2  0.0349605147  9.650395e-01   0.6791721
12   2     2  0.0005620155  9.994380e-01   1.9377443
13   2     2  0.0038092358  9.961908e-01   1.3585615
14   2     2  0.0012325974  9.987674e-01   1.7002528
> tab=table(G, newG)    # 列表比较
> tab
    newG
G    1   2
  1  5   1
  2  0   8
> sum(diag(prop.table(tab)))    # 计算回判正确率
  [1] 0.9285714
```

程序输出说明, 第一组样本中只有第 4 号样品被误判入第二组 (因为判入该组的后验概率 0.579 3 比判入第一组的概率 0.420 7 大), 第二组样本回判全部正确, 回判正确率为 92.857%.

5.4 二次判别

二次判别属于距离判别法中的内容, 以两总体距离判别法为例, 对总体 G_1 和 G_2, 当它们各自的协方差矩阵 Σ_1 和 Σ_2 不相等时, 判别函数因为表达式不可化简而不再是线性函数而是二次函数了, 形如本章式 (5.4) 这样的二次函数形式. 使用二次判别函数进行对象类别的判别方法叫作二次判别法. 当不同总体的协方差矩阵不同时, 应该使用二次判别法. 二次判别法需要从不同的总体中分别取出样本以估计对应总体的协方差矩阵和均值, 比如下面的例 5.4 就是从三类鸢尾花数据中各随机抽取 40 个数据共 120 个数据来进行二次判别.

距离判别、Fisher 判别和 Bayes 判别本质上属于线性判别和二次判别, 所以 R 软件中并没有单独提供这三种判别方法, 而是将判别方法综合在一起, 分别给出线性判别函数 lda() 和二次判别函数 qda(). 在例 5.2 和例 5.3 中已经使用过 lda(), 以下主要

比照 lda() 来介绍 qda() 的使用.

在使用 lda() 和 qda() 之前, 都应加载 MASS 程序包, 它们使用的格式基本相同, 有公式形式和矩阵或数据框形式两种.

公式形式:

```
lda(formula,data,···,subset,na.action)
qda(formula,data,···,subset,na.action)
```

式中, 参数 formula 为公式, 形如 G~x1+x2+···; data 为数据构成的数据框; subset 为可选变量, 表示观测值的子集; na.action 为函数, 表示数据缺失值的处理方法.

矩阵或数据框形式:

```
lda(x, grouping, prior=proportions, method, CV=F,···)
qda(x, grouping, prior=proportions, method, CV=F,···)
```

式中, 参数 x 为矩阵或数据框, 或者包含解释变量的矩阵; grouping 为指定样本属于哪一类的因子向量, 可以用函数 factor 来实现; prior 为各类数据出现的先验概率, 默认值是已有训练样本的计算结果; method 表示估计方法, 取 "mle" 表示极大似然估计, 取 "moment" 表示均值和方差的标准估计; CV 是逻辑变量, 如果取 TRUE, 返回值中将包含留一法交叉验证内容 (意指作交叉验证时, 每次保留一个样本作测试集, 其余样本作训练集, 逐个轮流一遍).

qda() 的返回值与 lda() 的返回值相同, 只是没有线性判别系数, 但共同的地方是: 无论作预测还是作回代判别, 二者都需要预测函数 predict(). predict() 函数的返回值有 $class (分类)、$posterior (后验概率) 和 $x (qda() 函数无此项).

下面仍以鸢尾花数据为例来说明如何作二次判别分析.

例 5.4 数据文件 iris3 是鸢尾花数据 iris 的另一种形式, 它将三种鸢尾花按品种分成三类罗列, 每类 50 个数据:

```
> iris3
, , Setosa
        Sepal L.   Sepal W.   Petal L.   Petal W.
  [1,]     5.1        3.5        1.4        0.2
  [2,]     4.9        3.0        1.4        0.2
  ......
 [50,]     5.0        3.3        1.4        0.2
, , Versicolor
        Sepal L.   Sepal W.   Petal L.   Petal W.
  [1,]     7.0        3.2        4.7        1.4
  [2,]     6.4        3.2        4.5        1.5
  ......
 [50,]     5.7        2.8        4.1        1.3
, , Virginica
        Sepal L.   Sepal W.   Petal L.   Petal W.
 [1,]     6.3        3.3        6.0        2.5
 [2,]     5.8        2.7        5.1        1.9
```

```
......
[50,]        5.9        3.0        5.1        1.8
```

现要从每类鸢尾花数据中各无放回地随机抽取 40 个数据, 共 120 个数据, 组成训练样本集来建立二次判别函数, 并利用它对剩下的 30 个样本数据的类别进行二次判别.

解: 从每个类中抽取 40 个样本, 按行合并成训练集 train, 余下样本合并成测试集 test, R 程序如下:

```
> set.seed(8)     # 设置随机数种子
> library(MASS)
> tr <- sample(1:50,40)     # 设置为无放回随机抽样模式
> train <- rbind(iris3[tr,,1],iris3[tr,,2],iris3[tr,,3])     # 每类各抽 40 个样
本, 并按行合并成训练样本
> test <- rbind(iris3[-tr,,1],iris3[-tr,,2],iris3[-tr,,3])     # 每类余下的 10 个
样本按行合并成测试样本
> G <- factor(c(rep("s",40), rep("c",40), rep("v",40)))     # 根据训练集设置样本属
类的因子向量, 有"s", "c", "v" 三个水平
> iris.qda<- qda(train,G)     # 利用训练样本建立二次判别模型
```

用所建二次判别模型对训练集进行回判, 对测试集进行预测, R 代码及结果如下:

```
> pretrain <- predict(iris.qda, train)     # 用所建模型对训练集 train 进行回判
> pretrain$post
                 c              s              v
 [1,]  4.585201e-22   1.000000e+00   1.896658e-28
 ......
 [54,] 4.558803e-01  5.299085e-100  5.441197e-01   # 54 号训练样品由"c" 错判成"v"
 ......
[120,] 4.073009e-04  2.138018e-196  9.995927e-01
> A <- table(G, pretrain$class); A     # 将原数据类别和回判类别列表比较
 G  c   s   v
 c  39  0   1
 s  0   40  0
 v  0   0   40
> sum(diag(prop.table(A)))     # 计算回判正确率
[1] 0.9916667
> pretest<-predict(iris.qda,test); pretest     # 对测试集 test 进行二次判别预测
$class
[1] s s s s s s s s s s c c c c c v c c c c v v v v v v v v v v
Levels:  c s v
$posterior
                 c              s              v
 [1,]  1.436233e-24   1.000000e+00   1.332228e-32
```

```
......
[16,]  4.343050e-02  4.184399e-114  9.565695e-01   # 16 号测试样品由"c" 错判成"v"
......
[30,]  3.762256e-02  4.536404e-116  9.623774e-01
```

可见, 120 个训练样本只有 1 个判错 (54 号样品, "c" 错判成 "v"), 回判正确率超过 99%; 30 个测试样本只有 1 个判错 (16 号样品, "c" 错判成 "v"), 预测正确率 96.7%.

还可以再详细查看一下 iris.qda 中的内容, R 代码及结果如下:

```
> iris.qda
Call:
qda(train, grouping = G)
Prior probabilities of groups:
          c          s          v
  0.3333333  0.3333333  0.3333333
Group means:
      Sepal L.   Sepal W.   Petal L.   Petal W.
c      5.9575      2.775     4.2775     1.3175
s      4.9700      3.395     1.4775     0.2550
v      6.5850      2.945     5.5375     2.0175
```

5.5 案例: 30 个地区经济状况的判别分析

案例 5.1 (数据文件为 case5.1) 表 5–2 中列出了 1994 年我国 30 个省、市、自治区影响各地区经济增长差异的经济状况变量数据, 分为两组. 其中, x_1 为经济增长率 (%); x_2 为非国有化水平 (%); x_3 为开放度 (%); x_4 为市场化程度 (%). 借助 R 软件, 分别用两总体的距离判别法、Fisher 判别法和 Bayes 判别法进行判别分析, 并对江苏、安徽和陕西三个待判地区作出判定. (注: 样本号为 28,29,30 的待判样品的类别先暂定为 2, 待做出实际判别分析后再确定, 这样做的好处是录入和处理数据较为方便.)

表 5-2 1994 年我国 30 个省、市、自治区影响各地区经济增长差异的经济状况变量数据

序号	地区	G	x_1	x_2	x_3	x_4
1	辽宁	1	11.2	57.25	13.47	73.41
2	河北	1	14.9	67.19	7.89	73.09
3	天津	1	14.3	64.74	19.41	72.33
4	北京	1	13.5	55.63	20.59	77.33
5	山东	1	16.2	75.51	11.06	72.08
6	上海	1	14.3	57.63	22.51	77.35
7	浙江	1	20.0	83.94	15.99	89.50
8	福建	1	21.8	68.03	39.42	71.90
9	广东	1	19.0	78.31	83.03	80.75

续表

序号	地区	G	x_1	x_2	x_3	x_4
10	广西	1	16.0	57.11	12.57	60.91
11	海南	1	11.9	49.97	30.70	69.20
12	黑龙江	2	8.7	30.72	15.41	60.25
13	吉林	2	14.3	37.65	12.95	66.42
14	内蒙古	2	10.1	34.63	7.68	62.96
15	山西	2	9.1	56.33	10.30	66.01
16	河南	2	13.8	65.23	4.69	64.24
17	湖北	2	15.3	55.62	6.06	54.74
18	湖南	2	11.0	55.55	8.02	67.47
19	江西	2	18.0	62.85	6.40	58.83
20	甘肃	2	10.4	30.01	4.61	60.26
21	宁夏	2	8.2	29.28	6.11	50.71
22	四川	2	11.4	62.88	5.31	61.49
23	云南	2	11.6	28.57	9.08	68.47
24	贵州	2	8.4	30.23	6.03	55.55
25	青海	2	8.2	15.96	8.04	40.26
26	新疆	2	10.9	24.75	8.34	46.01
27	西藏	2	15.6	21.44	28.62	46.01
28	江苏	2	16.5	80.05	8.81	73.04
29	安徽	2	20.6	81.24	5.37	60.43
30	陕西	2	8.6	42.06	8.88	56.37

资料来源: 胡乃武, 闫衍. 中国经济增长区际差异的制度解析. 经济理论与经济管理, 1998(1).

解: (1) 距离判别法.

先读入数据 case5.1, 然后把本章附录 1 中两总体距离判别程序 "DDA2.R" 放到当前工作目录下, 再载入 R 并执行, 还可以用 var(classG1) 和 var(classG2) 分别计算两个训练样本的协方差矩阵, 发现它们明显不相等. R 代码及结果如下:

```
> setwd("C:/data")    # 设定工作路径
> case5.1<-read.csv("case5.1.csv",header=T)    # 将 case5.1.csv 数据读入
> c5.1=case5.1[,-1]  #case5.1 的第一列是地名, 不是数值, 先去掉
> rownames(c5.1)=case5.1[,1]    # 以 case5.1 的第一列为数据集的行重新命名
> classG1=c5.1[1:11,2:5]    # 选取训练样本 1
> classG2=c5.1[12:27,2:5]    # 选取训练样本 2
> newdata=c5.1[28:30,2:5]    # 选取待测样本用于后面判定
# 进行距离判别
> source("DDA2.R")    # 载入自编程序 DDA2.R
> DDA2(classG1, classG2)    # 执行程序 DDA2.R
          1  2  ···  8  9  10  11  12  13  ···  24  25  26  27
 blong    1  1  ···  1  1  2   1   2   2   ···  2   2   2   2
```

回代判别的结果说明只有第 10 号样品 "广西" 被错判入第二组, 判别符合率为 26/27=96.3%. 最后对江苏、安徽和陕西三个样本进行判定 (样本号为 28,29,30), 数据已包含在 newdata 中, R 程序及结果为:

```
> DDA2(classG1, classG2, newdata)    # 对待判样本 newdata 进行判定
        1   2   3
 blong  1   2   2
```

输出结果的第一行中的 1,2,3 分别表示江苏、安徽和陕西三个待测样本 (样本号为 28,29,30), 判别结果是江苏被判入第一组, 安徽和陕西均被判入第二组.

(2) Fisher 判别法.

沿用上面作距离判别时的数据变量名称.

```
> attach(c5.1)      # 把数据变量名读入内存
> library(MASS)
> ld=lda(G~x1+x2+x3+x4,data=c5.1[1:27,])
> ld
    Call:
    lda(G ~ x1 + x2 + x3 + x4, data = c5.1[1:27, ])
    Prior probabilities of groups:
         1            2
 0.4074074    0.5925926

Group means:
          x1        x2         x3        x4
 1   15.73636   65.02818   25.149091   74.350
 2   11.56250   40.10625    9.228125   58.105

Coefficients of linear discriminants:
           LD1
 x1   -0.06034498
 x2   -0.01661878
 x3   -0.02532111
 x4   -0.08078449
```

以上输出结果中包括了 lda( ) 所用的公式、先验概率、各组均值向量、线性判别函数的系数. 再用 predict( ) 函数对原始数据进行回判分类, 将 lda( ) 判别的输出结果与原始数据真正的分类进行对比. R 程序及结果如下:

```
> Z=predict(ld)   # 回判结果
> newG=Z$class    # 新分类
> cbind(G[1:27],newG,Z$post,Z$x)     # 合并原分类、回判分类、回判后验概率及判别函数值
          newG          1              2           LD1
 辽 宁 1    1    0.6493599485    0.3506400515    -0.63659812
 河 北 1    1    0.7582879842    0.2417120158    -0.85792242
```

```
 ……
 广　东 1     1   0.9997191793   0.0002808207   -3.81157537
 广　西 1     2   0.2389141234   0.7610858766    0.10866776
 海　南 1     1   0.6587554857   0.3412445143   -0.65403492
 ……
 新　疆 2     2   0.0018439125   0.9981560875    2.26500826
 西　藏 2     2   0.0107013110   0.9892986890    1.52288285
> tab=table(G,newG)     # 原分类和新分类列表比较
> tab
    newG
 G     1   2
 1    10   1
 2     0  16
> sum(diag(prop.table(tab)))     # 计算判别符合率
  [1] 0.962963
```

可见, 只有第一组中的第 10 号样品 "广西" 被错判入第二组, 与距离判别法结果一致, 最后对三个待判样本 —— 28 号江苏、29 号安徽和 30 号陕西 (newdata) 进行判定.

```
> predict(ld,newdata= newdata)
$class   # 判定样本分类
[1]  1 2 2
Levels: 1 2


$posterior   # 列出后验概率
                    1            2
 江　苏  0.87303785   0.1269622
 安　徽  0.48273895   0.5172611
 陕　西  0.01957491   0.9804251

$x   # 线性判别函数的值
               LD1
 江　苏  -1.1874481
 安　徽  -0.3488418
 陕　西   1.2655298
```

说明: 由 $class 可以看出江苏被判入第一组, 安徽和陕西被判入第二组, 结果与距离判别法一致, 对应的后验概率决定了三个待判样本的归类.

(3) Bayes 判别法.

Bayes 判别法和 Fisher 判别法类似, 不同的是在使用函数 lda( ) 时要输入先验概率. 默认情形下, R 软件使用各组数据出现的比例 (11/27, 16/27) 来作先验概率 (这也是 Fisher 判别的默认选择), 并假设误判损失相等. 为了说明不同的先验概率的影响, 这里我们采用先验概率 (0.5, 0.5) 来判别, 具体操作及结果如下:

```
> attach(c5.1)
> library(MASS)
> ld=lda(G~x1+x2+x3+x4,prior = c(0.5,0.5),data=c5.1[1:27,])      # 自选先验概率
> ld
Call:
lda(G ~ x1 + x2 + x3 + x4,data = c5.1[1:27, ],prior = c(0.5,0.5))
Prior probabilities of groups:
   1     2
  0.5   0.5
Group means:
          x1         x2         x3        x4
 1   15.73636   65.02818   25.149091   74.350
 2   11.56250   40.10625    9.228125   58.105

Coefficients of linear discriminants:
           LD1
 x1   -0.06034498
 x2   -0.01661878
 x3   -0.02532111
 x4   -0.08078449
```

再作回判预测, R 程序及结果如下:

```
> Z=predict(ld)     # 预测回判结果
> newG=Z$class     # 新分类
> cbind(G[1:27],newG,Z$post,Z$x)     # 合并原分类、回判分类、回判后验概率及判别函
数值
            newG            1              2            LD1
 辽 宁 1       1    0.729269686   0.2707303139    -0.4160866
 ......
 广 东 1       1    0.999806919   0.0001930812    -3.5910638
 广 西 1       2    0.313469502   0.6865304984     0.3291793
 海 南 1       1    0.737389946   0.2626100536    -0.4335234
 ......
 西 藏 2       2    0.015490195   0.9845098046     1.7433944
> tab=table(G[1:27], newG)     # 将原分类和新分类列表比较
> tab
     newG
       1    2
 1    10    1
 2     0   16
> sum(diag(prop.table(tab)))
[1] 0.962963
```

回判结果与距离判别法和 Fisher 判别法一致, 都是只有 "广西" 被错判入第二组. 对三个待判样本进行判定, R 程序及结果如下:

```
> prenew=predict(ld,newdata= newdata); prenew     # 对三个待判样本进行判定
$class

 [1]      1   1   2
 Levels:  1   2
$posterior
                   1            2
 江  苏   0.90910729   0.09089271
 安  徽   0.57581623   0.42418377
 陕  西   0.02822149   0.97177851
$x
                 LD1
 江  苏   -0.9669366
 安  徽   -0.1283303
 陕  西    1.4860414
> cbind(prenew$class,prenew$post,prenew$x)     # 也可按列合并在一起来看
                 1            2          LD1
 江  苏 1  0.90910729   0.09089271   -0.9669366
 安  徽 1  0.57581623   0.42418377   -0.1283303
 陕  西 2  0.02822149   0.97177851    1.4860414
```

Bayes 判别法对三个待判样本的判定结果与 Fisher 判别法有所不同. 对 29 号样本 "安徽", Fisher 判别法判入第二组, 而 Bayes 判别法判入第一组. 原因是采用了新的后验概率 $(0.5, 0.5)$ 而不是默认的先验概率 $(11/27, 16/27)$.

习题

5.1　在定理 5.1 的假设下, 证明: 当 $\mu_1 \neq \mu_2$ 时, 有 $\mu_{1y} - \mu_y > 0$ 及 $\mu_{2y} - \mu_y < 0$ 成立.

5.2　(数据文件为 ex5.2) 根据经验今天和昨天的湿温差 x_1 和气温差 x_2 是预报明天下雨或不下雨的两个重要因子, 试就表 5–3 中的数据建立 Fisher 线性判别函数进行判别. 又设今天测得 $x_1=8.1$, $x_2=2.0$, 问: 应该预报明天是雨天还是晴天?

表 5-3　雨天和晴天的湿温差 x_1 和气温差 x_2

组别	雨天 x_1	x_2	组别	晴天 x_1	x_2
1	−1.9	3.2	2	0.2	6.2
1	−6.9	0.4	2	−0.1	7.5
1	5.2	2.0	2	0.4	14.6
1	5.0	2.5	2	2.7	8.3
1	7.3	0.0	2	2.1	0.8
1	6.8	12.7	2	−4.6	4.3
1	0.9	−5.4	2	−1.7	10.9

续表

雨天			晴天		
组别	x_1	x_2	组别	x_1	x_2
1	−12.5	−2.5	2	−2.6	13.1
1	1.5	1.3	2	2.6	12.8
1	3.8	6.8	2	−2.8	10.0

5.3 (数据文件为 ex5.3) 某企业生产的产品, 其造型、性能和价位及所属级别数据如表 5–4 所示. 试用表 5–4 中的数据, 使用 Fisher 判别法和 Bayes 判别法进行判别分析.

表 5-4　某企业产品的造型、性能、价位、级别等指标

序号	造型	性能	价位	级别
1	33	42	87	1
2	28	65	77	1
3	37	77	56	1
4	16	43	79	1
5	34	46	84	1
6	17	55	68	2
7	48	78	51	2
8	65	62	69	2
9	44	79	60	2
10	37	54	27	3
11	88	87	45	3
12	56	73	36	3
13	38	56	76	3
14	77	28	84	3

5.4 (数据文件为 ex5.4) 在研究砂基液化问题时选了七个因子. 今从已液化和未液化的地层中分别抽了 12 个和 23 个样本, 其中 1 类表示已液化类, 2 类表示未液化类 (见表 5–5). 试用距离判别法对原 35 个样本进行回代分类并分析误判情况.

表 5-5　砂基液化原始分类数据

编号	类别	x_1	x_2	x_3	x_4	x_5	x_6	x_7
1	1	6.6	39	1.0	6.0	6	0.12	20
2	1	6.6	39	1.0	6.0	12	0.12	20
3	1	6.1	47	1.0	6.0	6	0.08	12
4	1	6.1	47	1.0	6.0	12	0.08	12
5	1	8.4	32	2.0	7.5	19	0.35	75
6	1	7.2	6	1.0	7.0	28	0.30	30
7	1	8.4	113	3.5	6.0	18	0.15	75
8	1	7.5	52	1.0	6.0	12	0.16	40
9	1	7.5	52	3.5	7.5	6	0.16	40

续表

编号	类别	x_1	x_2	x_3	x_4	x_5	x_6	x_7
10	1	8.3	113	0.0	7.5	35	0.12	180
11	1	7.8	172	1.0	3.5	14	0.21	45
12	1	7.8	172	1.5	3.0	15	0.21	45
13	2	8.4	32	1.0	5.0	4	0.35	75
14	2	8.4	32	2.0	9.0	10	0.35	75
15	2	8.4	32	2.5	4.0	10	0.35	75
16	2	6.3	11	4.5	7.5	3	0.20	15
17	2	7.0	8	4.5	4.5	9	0.25	30
18	2	7.0	8	6.0	7.5	4	0.25	30
19	2	7.0	8	6.0	1.5	1	0.25	30
20	2	8.3	161	1.5	4.0	4	0.08	70
21	2	8.3	161	0.5	2.5	1	0.08	70
22	2	7.2	6	3.5	4.0	12	0.30	30
23	2	7.2	6	1.0	3.0	3	0.30	30
24	2	7.2	6	1.0	6.0	5	0.30	30
25	2	5.5	6	2.5	3.0	7	0.18	18
26	2	8.4	113	3.5	4.5	6	0.15	75
27	2	8.4	113	3.5	4.5	8	0.15	75
28	2	7.5	52	1.0	6.0	6	0.16	40
29	2	7.5	52	1.0	7.5	8	0.16	40
30	2	8.3	97	0.0	6.0	6	0.15	180
31	2	8.3	97	2.5	6.0	5	0.15	180
32	2	8.3	89	0.0	6.0	10	0.16	180
33	2	8.3	56	1.5	6.0	13	0.25	180
34	2	7.8	172	1.0	3.5	6	0.21	45
35	2	7.8	283	1.0	4.5	6	0.18	45

5.5　(数据文件为 ex5.5) 表 5-6 是某金融机构客户的个人资料, 该金融机构要建立客户的信用度评价体系, 所选 8 个指标: x_1 为月收入; x_2 为月生活费支出; x_3 是虚拟变量, 住房的所有权属于自己的为 "1", 不属于自己的为 "0"; x_4 为目前工作的年限; x_5 为前一个工作的年限; x_6 为目前住所的年限; x_7 为前一个住所的年限; x_8 为家庭赡养的人口数; G 为信用度级别, 信用度最高为 "5", 信用度最低为 "1". 试对表 5-6 中的数据进行 Fisher 判别分析. 若一位新客户的 8 个指标分别为 (2 500, 1 500, 0, 3, 2, 3, 4, 1), 试对该客户的信用度进行评价.

表 5-6　某金融机构客户的个人信用度评价数据

序号	x_1	x_2	x_3	x_4	x_5	x_6	x_7	x_8	G
1	1 000	3 000	0	0.1	0.3	0.1	0.3	4	1
2	3 500	2 500	0	0.5	0.5	0.5	2.0	1	1
3	1 200	1 000	0	0.5	0.5	1.0	0.5	3	1

续表

序号	x_1	x_2	x_3	x_4	x_5	x_6	x_7	x_8	G
4	800	800	0	0.1	1.0	5.0	1.0	3	1
5	3 000	2 800	0	1.0	2.0	3.0	4.0	3	1
6	4 500	3 500	0	8.0	2.0	10.0	1.0	5	2
7	3 000	2 600	1	6.0	1.0	3.0	4.0	2	2
8	3 000	1 500	0	2.0	8.0	6.0	2.0	5	3
9	850	425	1	3.0	3.0	25.0	25.0	1	3
10	2 200	1 200	1	6.0	3.0	1.0	4.0	1	3
11	4 000	1 000	1	3.0	5.0	3.0	2.0	1	4
12	7 000	3 700	1	10.0	4.0	10.0	1.0	4	4
13	4 500	1 500	1	6.0	4.0	4.0	9.0	3	4
14	9 000	2 250	1	8.0	4.0	5.0	3.0	2	5
15	7 500	3 000	1	10.0	3.0	10.0	3.0	4	5
16	3 000	1 000	1	20.0	5.0	15.0	10.0	1	5
17	2 500	700	1	10.0	5.0	15.0	5.0	3	5

5.6 (数据文件为 ex5.6) 为了研究中小型企业的破产模型, 选定 4 个经济指标: x_1 为总负债率 (现金收益/总负债); x_2 为收益性指标 (纯收入/总财产); x_3 为短期支付能力 (流动资产/流动负债); x_4 为生产效率指标 (流动资产/纯销售额). 对 17 个破产企业 (1 类) 和 21 个正常运行企业 (2 类) 进行了调查, 得如下资料 (见表 5–7). 试对表 5–7 中的数据进行 Bayes 判别分析并对 8 个待判样品的类别进行判定.

表 5–7 中小型企业破产模型经济指标

总负债率	收益性指标	短期支付能力	生产效率指标	类别	总负债率	收益性指标	短期支付能力	生产效率指标	类别
−0.45	−0.41	1.09	0.45	1	0.12	0.05	2.52	0.69	2
−0.56	−0.31	1.51	0.16	1	−0.02	0.02	2.05	0.35	2
0.06	0.02	1.01	0.40	1	0.22	0.08	2.35	0.40	2
−0.07	−0.09	1.45	0.26	1	0.17	0.07	1.80	0.52	2
−0.10	−0.09	1.56	0.67	1	0.15	0.05	2.17	0.55	2
−0.14	−0.07	0.71	0.28	1	−0.10	−1.01	2.50	0.58	2
−0.23	−0.30	0.22	0.18	1	0.14	−0.03	0.46	0.26	2
0.07	0.02	1.31	0.25	1	0.14	0.07	2.61	0.52	2
0.01	0.00	2.15	0.70	1	−0.33	−0.09	3.01	0.47	2
−0.28	−0.23	1.19	0.66	1	0.48	0.09	1.24	0.18	2
0.15	0.05	1.88	0.27	1	0.56	0.11	4.29	0.45	2
0.37	0.11	1.99	0.38	1	0.20	0.08	1.99	0.30	2
−0.08	−0.08	1.51	0.42	1	0.47	0.14	2.92	0.45	2
0.05	0.03	1.68	0.95	1	0.17	0.04	2.45	0.14	2
0.01	0.00	1.26	0.60	1	0.58	0.04	5.06	0.13	2

续表

总负债率	收益性指标	短期支付能力	生产效率指标	类别	总负债率	收益性指标	短期支付能力	生产效率指标	类别
0.12	0.11	1.14	0.17	1	0.04	0.01	1.50	0.71	待判
−0.28	−0.27	1.27	0.51	1	−0.06	−0.06	1.37	0.40	待判
0.51	0.10	2.49	0.54	2	0.07	−0.01	1.37	0.34	待判
0.08	0.02	2.01	0.53	2	−0.13	−0.14	1.42	0.44	待判
0.38	0.11	3.27	0.55	2	0.15	0.06	2.23	0.56	待判
0.19	0.05	2.25	0.33	2	0.16	0.05	2.31	0.20	待判
0.32	0.07	4.24	0.63	2	0.29	0.06	1.84	0.38	待判
0.31	0.05	4.45	0.69	2	0.54	0.11	2.33	0.48	待判

参考文献

[1] 孙文爽, 陈兰祥. 多元统计分析. 北京: 高等教育出版社, 1994.

[2] 薛毅, 陈立萍. 统计建模与 R 软件. 北京: 清华大学出版社, 2007.

[3] 王学仁, 王松桂. 实用多元统计分析. 上海: 上海科学技术出版社, 1990.

附录

附录 1 (两总体 G_1 和 G_2 距离判别的 R 程序 "DDA2.R")

```
DDA2<-function (TrnG1,TrnG2,TstG = NULL,var.equal = FALSE){
    if (is.null(TstG) == TRUE) TstG<-rbind(TrnG1,TrnG2)
    if (is.vector(TstG) == TRUE) TstG<-t(as.matrix(TstG)) else if
(is.matrix(TstG) != TRUE)
        TstG<-as.matrix(TstG)
    if (is.matrix(TrnG1) != TRUE) TrnG1<-as.matrix(TrnG1)
    if (is.matrix(TrnG2) != TRUE) TrnG2<-as.matrix(TrnG2);
nx<-nrow(TstG)
blong<-matrix(rep(0,nx),nrow=1,byrow=TRUE,dimnames=list("blong",1:nx))
mu1<-colMeans(TrnG1); mu2<-colMeans(TrnG2)
    if (var.equal == TRUE || var.equal == T)S<-var(rbind(TrnG1,TrnG2))
        w<-mahalanobis(TstG,mu2,S)-mahalanobis(TstG,mu1,S)
    else{
        S1<-var(TrnG1); S2<-var(TrnG2)
        w<-mahalanobis(TstG,mu2,S2)-mahalanobis(TstG,mu1,S1)
    }
```

```
    for (i in 1:nx){
        if (w[i]>0) blong[i]<-1
        else blong[i]<-2
        }
        blong
}
```

在该程序中, 输入变量 TrnG1 和 TrnG2 分别表示来自总体 G_1 和 G_2 的训练样本, 其输入格式是数据框或矩阵 (样本按行输入), 输入变量 TstG 是待测样本, 其输入格式是数据框、矩阵 (样本按行输入) 或向量 (一个待测样本). 如果不输入 TstG(默认值), 则待测样本为两个训练样本之和, 即计算训练样本的回代情况. 输入变量 var.equal 是逻辑变量, var.equal=TRUE 表示两个总体的协方差矩阵相同, 否则 (默认值) 为不同. 函数的输出是由 "1" 和 "2" 构成的一维矩阵, "1" 表示待测样本属于 G_1 类, "2" 表示待测样本属于 G_2 类.

当两总体样本协方差矩阵相同时, 该程序的使用命令为:

DDA2(classG1, classG2, var.equal=TRUE)

当两总体样本协方差矩阵不相同时, 该程序的使用命令为:

DDA2(classG1, classG2)

附录 2 (多总体距离判别的 R 程序 "DDAM.R")

```
DDAM<-function (TrnX,TrnG,TstX = NULL,var.equal = FALSE){
    if (is.factor(TrnG) == FALSE){
        mx<-nrow(TrnX); mg<-nrow(TrnG)
        TrnX<-rbind(TrnX,TrnG)
        TrnG<-factor(rep(1:2,c(mx,mg)))
        }
    if (is.null(TstX) == TRUE) TstX<-TrnX
    if (is.vector(TstX) == TRUE) TstX<-t(as.matrix(TstX))
    else if (is.matrix(TstX) != TRUE)
        TstX<-as.matrix(TstX)
    if (is.matrix(TrnX) != TRUE) TrnX<-as.matrix(TrnX)
nx<-nrow(TstX)
blong<-matrix(rep(0, nx),nrow=1,dimnames=list("blong", 1:nx))
g<-length(levels(TrnG))
mu<-matrix(0, nrow=g,ncol=ncol(TrnX))
    for (i in 1:g)
        mu[i,]<-colMeans(TrnX[TrnG==i,])
D<-matrix(0,nrow=g,ncol=nx)
    if (var.equal == TRUE | var.equal == T){
      for (i in 1:g)
          D[i,]<- mahalanobis(TstX,mu[i,],var(TrnX))
        }
```

```
    else{
       for (i in 1:g)
            D[i,]<- mahalanobis(TstX,mu[i,],var(TrnX[TrnG==i,]))
    }
    for (j in 1:nx){
        dmin<-Inf
        for (i in 1:g)
            if (D[i,j]<dmin){
                dmin<-D[i,j]; blong[j]<-i
                }
        }
    blong
}
```

程序中各个选项的解释类似于两总体距离判别函数 DDA2.R 中的说明, 使用详情参见本章参考文献 [2]. 例如, 对鸢尾花数据, g=3, 有三个总体, 可用如下命令进行判别分析:

```
X<-iris[,1:4]
G=gl(3,50)
source("DDAM.R")    # 这里假定 DDAM.R 存放在当前工作目录下
DDAM(X,G)
```

由程序输出结果可知, 只判错了样品号为 71,73 和 84 的三个点, 这样的判别结果可以与例 5.2 中使用 Fisher 判别法的判别结果进行对比, 例 5.2 中错判的样品号分别为 71,84 和 134.

C 第 6 章
Chapter 6 主成分分析

6.1 主成分分析的基本思想

主成分分析 (principal component analysis) 也称主分量分析, 是由 Hotelling 于 1933 年首先提出的. 由于多元统计分析处理的是多变量问题, 变量较多, 维数较大, 增加了分析问题的复杂性. 但在实际问题中, 变量之间可能存在一定的相关性, 因此, 所讨论的全部变量中可能存在信息的重叠. 为去除这些信息重叠, 人们自然希望用个数较少但是保留了原始变量大部分信息的几个不相关的综合变量 (即主成分) 来代替原来较多的变量. 注意这里不是像逐步回归那样删除变量, 而是有效地 "综合" 或 "组合" 原来的多个变量, 从而简化数据, 对原来复杂的数据关系进行简明有效的统计分析. 主成分分析的本质就是 "有效降维", 既要减少变量个数, 又不能损失太多信息. 换句话说, 就是 "降噪" 或者 "冗余消除", 将高维数据有效地转化为低维数据来处理, 揭示变量之间的内在联系, 进而分析解决实际问题.

当一个变量只取一两个数据时, 这个变量 (数据) 提供的信息量是非常有限的, 当这个变量取一系列不同数据时, 我们可以从中读出最大值、最小值、平均数等不同的信息. 变量的变异性越大, 说明它提供的信息量就越大. 主成分分析中的信息, 就是指变量的变异性, 用标准差或方差表示它. 下面将依据变量方差的大小顺序挑选作为主成分的几个综合变量.

6.2 总体主成分

6.2.1 主成分的含义

在多元统计分析中, 总体 $\boldsymbol{X}$ 通常是一个 p 维随机变量 $(x_1, x_2, \cdots, x_p)^{\mathrm{T}}$, 为了解释什么是主成分, 我们以二维 $(p = 2)$ 正态分布样本点来直观说明. 假设共有 n 个样品, 每个样品都测量了两个变量值 (x_1, x_2), 它们大致分布在平面上的一个椭圆内, 如图 6-1 所示. 可以看出, 样本点之间的差异是由 x_1 和 x_2 的共同变化引起的. 如果把原坐标 x_1 和 x_2 用新坐标 y_1 和 y_2 来代替, 则容易看出, 这些样本点的差异主要体现

在 y_1 轴上, n 个点在 y_1 轴方向上的变差达到最大, 即在此方向上包含了有关 n 个样品的最多的信息. 因此, 若欲将二维空间的点投影到某个一维方向上, 则选择 y_1 轴方向能使信息的损失最小, 如果 y_1 轴方向体现的差异占了全部样本点差异的绝大部分, 那么将 y_2 忽略是合理的, 这样就把两个变量简化为一个, 显然这里的 y_1 轴代表了数据变化最大的方向, 称为第一主成分. y_2 称为第二主成分, 并要求已经包含在 y_1 中的信息不出现在 y_2 中, 即有 $Cov(y_1, y_2) = 0$. 注意两个主成分 y_1 和 y_2 都是 x_1 和 x_2 的线性组合. 事实上, 若将原坐标系按逆时针方向旋转某个角度 θ, 就可由 x_1 和 x_2 得到 y_1 和 y_2, 其矩阵表示形式为:

$$\begin{bmatrix} y_1 \\ y_2 \end{bmatrix} = \begin{bmatrix} \cos\theta & \sin\theta \\ -\sin\theta & \cos\theta \end{bmatrix} \cdot \begin{bmatrix} x_1 \\ x_2 \end{bmatrix} = \boldsymbol{P}^{\mathrm{T}} \boldsymbol{X} \tag{6.1}$$

式中, $\boldsymbol{P}$ 为旋转变换矩阵, 它是正交矩阵, 即有 $\boldsymbol{P}^{\mathrm{T}} = \boldsymbol{P}^{-1}$ 或 $\boldsymbol{P}^{\mathrm{T}}\boldsymbol{P} = \boldsymbol{I}$. 第一主成分的效果与椭圆的形状有很大的关系, 椭圆越扁平, n 个点在 y_1 轴上的方差相对就越大, 在 y_2 轴上的方差相对就越小, 用第一主成分代替所有样品所造成的信息损失也就越小.

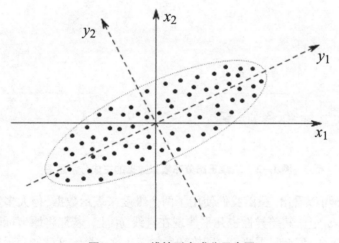

图 6-1　二维情形主成分示意图

考虑两种极端的情形可以帮助我们理解主成分: 一种是椭圆的长轴与短轴的长度相等, 即椭圆变成圆, 第一主成分 y_1 只体现了二维样品点约一半的信息, 若此时忽略 y_2, 则将损失约 50% 的信息, 这显然是不可取的. 其原因是原始变量 x_1 和 x_2 的相关程度几乎为零, 它们所包含的信息几乎不重叠, 无法用一个一维变量 y_1 来综合 x_1 和 x_2 的大部分信息. 另一种极端情况是椭圆扁平到了极限, 变成 y_1 轴上的一条线段, 第一主成分 y_1 几乎包含二维样品点的全部信息, 仅用变量 y_1 代替原始数据几乎不会有任何信息损失, 此时主成分分析的降维效果是非常理想的, 其原因是第二主成分 y_2 几乎不包含任何信息, 舍弃它当然没有信息损失. 我们可以对数据的相关系数阵进行特征分解来找到主成分.

利用 R 程序来模拟这一过程 (需要先从 R 镜像网站中下载安装多元正态和 t 分布程序包 mvtnorm), 具体如下:

```
> library(mvtnorm)
> set.seed(8)      # 设置随机数种子
> sigma<-matrix(c(1,0.9,0.9,1),ncol=2)      # 设置协方差矩阵, 相关系数为 0.9
> mnorm<-rmvnorm(n=200,mean=c(0,0),sigma=sigma)
> plot(mnorm)      # 产生 200 个二维正态分布随机数并画散点图 (见图 6-2)
> abline(a=0,b=1); abline(a=0,b=-1)      # 画坐标轴旋转 45 度后的两条直线
```

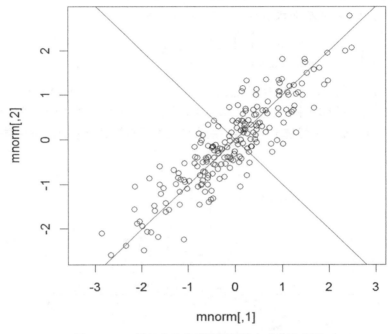

图 6-2　二维正态分布模拟数据的主成分示意图

从图 6-2 可以看出, 虽然我们使用了两个维度来表示数据, 但大多数数据都集中在 45 度直线 y_1 上, 其差异性也几乎体现在直线 y_1 上. 若能将原坐标轴 x_1 旋转 45 度与直线 y_1 重合, 那么只需要 y_1 (即旋转后的 x_1) 这一个维度就能表示原来的二维数据的绝大部分差异性了. 再求样本相关系数矩阵的特征值、特征向量, R 程序及结果如下:

```
> eig<-eigen(cor(mnorm)); eig
$values
[1] 1.8854282   0.1145718
$vectors
           [,1]          [,2]
[1,] 0.7071068   -0.7071068
[2,] 0.7071068    0.7071068
```

第一大特征向量 (0.707, 0.707) 正好对应 45 度线方向, 即上述旋转后的坐标轴 y_1 方向, 相应的特征值 1.885 4, 比第二大特征值 0.114 6 大得多, 说明模拟数据在第二个特征向量 (–0.707, 0.707) 方向 (即 y_2 方向) 上的变差很小, 几乎可以忽略. 这样我们可

以只保留 y_1, 忽略 y_2, 从而达到降维的目的. R 程序及结果如下:

```
> vector1<-eig$vectors[,1]; vector2<-eig$vectors[,2]
> y1<-scale(mnorm)%*%vector1;y2<-scale(mnorm)%*%vector2    #函数scale将数据标准
化
> plot(y1,y2,ylim=c(-2,2)) ; abline(h=0,v=0)     # 见图 6-3
> cbind(var(y1), var(y2), cor(y1,y2))
              [,1]          [,2]          [,3]
  [1,]   1.885428    0.1145718    4.418324e-16
```

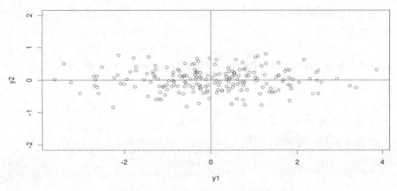

图 6-3　坐标轴旋转以后的散点图

上面程序中, 函数 scale 将数据中心化、标准化; y_1 方向的变差为 1.885 4, y_2 方向的变差为 0.114 6, 且 y_1 和 y_2 不相关 (相关系数为 4.418 3e–16, 可视为零). 图 6-3 是旋转坐标轴后的结果, 可以看出此时数据的变化都体现在 y_1 一个维度上了.

对 p 维情形也可以仿照二维情形讨论. 一般, 设总体 $\boldsymbol{X} = (x_1, x_2, \cdots, x_p)^{\mathrm{T}}$ 的期望为 $\boldsymbol{\mu}$, 协方差矩阵为 $\boldsymbol{\Sigma}$, $\boldsymbol{X}$ 的 p 个主成分记为 $y_1, y_2, \cdots, y_p$, 二者的关系为:

$$\begin{cases} y_1 = a_{11}x_1 + a_{12}x_2 + \cdots + a_{1p}x_p = \boldsymbol{a}_1^{\mathrm{T}}\boldsymbol{X} \\ y_2 = a_{21}x_1 + a_{22}x_2 + \cdots + a_{2p}x_p = \boldsymbol{a}_2^{\mathrm{T}}\boldsymbol{X} \\ \quad\vdots \\ y_p = a_{p1}x_1 + a_{p2}x_2 + \cdots + a_{pp}x_p = \boldsymbol{a}_p^{\mathrm{T}}\boldsymbol{X} \end{cases} \tag{6.2}$$

式中, y_i 的方差为:

$$Var(y_i) = \boldsymbol{a}_i^{\mathrm{T}}\boldsymbol{\Sigma}\boldsymbol{a}_i, \quad i = 1, 2, \cdots, p \tag{6.3}$$

因为 $y_1, y_2, \cdots, y_p$ 分别为 $\boldsymbol{X}$ 的第一主成分、第二主成分、$\cdots$, 第 p 主成分, 所以要求它们一定是互不相关的, 即 $Cov(y_i, y_j) = 0$ $(i \neq j)$, 而且 y_1 是 $\boldsymbol{X}$ 的一切线性组合中方差达到最大的, y_2 是与 y_1 不相关的一切 $\boldsymbol{X}$ 的线性组合中方差达到最大的, 而 y_i 是与 $y_1, y_2, \cdots, y_{i-1}$ 均不相关的一切 $\boldsymbol{X}$ 的线性组合中方差达到最大的. 最后从全部主成分 $y_1, y_2, \cdots, y_p$ 中按方差由大到小的顺序挑出部分主成分 $y_1, y_2, \cdots, y_k$, 它们要满足条件: (1) $y_1, y_2, \cdots, y_k$ 保留原始变量 $x_1, x_2, \cdots, x_p$ 的大部分信息; (2) $k << p$; (3) $y_1, y_2, \cdots, y_k$ 互不相关.

这里 $y_1, y_2, \cdots, y_p$ 不是因变量, 而是对原始变量 $x_1, x_2, \cdots, x_p$ 的信息进行综合而

得的变量, 形式上表现为 $x_1, x_2, \cdots, x_p$ 的线性组合. 主成分分析中不区分自变量和因变量.

6.2.2 主成分的计算

下面简要介绍找出 $\boldsymbol{X}$ 的 p 个主成分 $y_1, y_2, \cdots, y_p$ 的方法. 定理 6.1 回答了什么样的组合系数能使 $x_1, x_2, \cdots, x_p$ 的线性组合达到较大的方差.

定理 6.1 设总体 $\boldsymbol{X} = (x_1, x_2, \cdots, x_p)^{\mathrm{T}}$ 的协方差矩阵为 $\boldsymbol{\Sigma}$, $\lambda_1, \lambda_2, \cdots, \lambda_p$ ($\lambda_1 \geqslant \lambda_2 \geqslant \cdots \geqslant \lambda_p \geqslant 0$) 为 $\boldsymbol{\Sigma}$ 的 p 个特征值, $e_1, e_2, \cdots, e_p$ 为对应的单位正交特征向量, 则 $\boldsymbol{X}$ 的第 i 个主成分为:

$$y_i = \boldsymbol{e}_i^{\mathrm{T}} \boldsymbol{X} = e_{i1} x_1 + e_{i2} x_2 + \cdots + e_{ip} x_p, i = 1, 2, \cdots, p \tag{6.4}$$

且

$$\begin{aligned} Var(y_i) &= \boldsymbol{e}_i^{\mathrm{T}} \boldsymbol{\Sigma} \boldsymbol{e}_i = \lambda_i, i = 1, 2, \cdots, p \\ Cov(y_i, y_j) &= \boldsymbol{e}_i^{\mathrm{T}} \boldsymbol{\Sigma} \boldsymbol{e}_j = 0, i, j = 1, 2, \cdots, p; i \neq j \end{aligned} \tag{6.5}$$

亦即

$$Cov(y_i, y_j) = \begin{cases} \lambda_i, & i = j \\ 0, & i \neq j \end{cases} \quad i, j = 1, 2, \cdots, p$$

证明: 参见本章参考文献 [1].

此定理说明 $\boldsymbol{X}$ 的主成分是以 $\boldsymbol{\Sigma}$ 的单位正交特征向量的分量为组合系数的 $x_1, x_2, \cdots, x_p$ 的线性组合, 第 i 个主成分 y_i 的组合系数是对应于 $\boldsymbol{\Sigma}$ 的第 i 大特征值 λ_i 的单位正交特征向量的分量, 而且 y_i 的方差等于 λ_i, 不同的 y_i 和 y_j 互不相关.

6.2.3 主成分的主要性质

设 $\boldsymbol{y} = (y_1, y_2, \cdots, y_p)^{\mathrm{T}}$ 是 $\boldsymbol{X}$ 的主成分向量, 由 $\boldsymbol{\Sigma}$ 的 p 个特征值 $\lambda_1, \lambda_2, \cdots, \lambda_p$ 构成的对角阵为 $\boldsymbol{\Lambda} = \mathrm{diag}(\lambda_1, \lambda_2, \cdots, \lambda_p)$, 由式 (6.4) 有

$$\begin{aligned} \boldsymbol{y} &= (y_1, y_2, \cdots, y_p)^{\mathrm{T}} = (\boldsymbol{e}_1^{\mathrm{T}} \boldsymbol{X}, \boldsymbol{e}_2^{\mathrm{T}} \boldsymbol{X}, \cdots, \boldsymbol{e}_p^{\mathrm{T}} \boldsymbol{X})^{\mathrm{T}} \\ &= (\boldsymbol{e}_1, \boldsymbol{e}_2, \cdots, \boldsymbol{e}_p)^{\mathrm{T}} \boldsymbol{X} = \boldsymbol{P}^{\mathrm{T}} \boldsymbol{X} \end{aligned} \tag{6.6}$$

式中, $\boldsymbol{P} = (\boldsymbol{e}_1, \boldsymbol{e}_2, \cdots, \boldsymbol{e}_p)$, 是以 $\boldsymbol{\Sigma}$ 的 p 个单位正交特征向量为列向量排成的正交矩阵. 由此可以得到主成分的几个主要性质.

性质 6.1 主成分 $\boldsymbol{y} = (y_1, y_2, \cdots, y_p)^{\mathrm{T}}$ 的协方差矩阵是对角阵

$$\boldsymbol{\Lambda} = \mathrm{diag}(\lambda_1, \lambda_2, \cdots, \lambda_p)$$

证明: 由式 (6.6) 知

$$Var(\boldsymbol{y}) = Cov(\boldsymbol{P}^{\mathrm{T}} \boldsymbol{X}, \boldsymbol{P}^{\mathrm{T}} \boldsymbol{X}) = \boldsymbol{P}^{\mathrm{T}} Cov(\boldsymbol{X}, \boldsymbol{X}) \boldsymbol{P} = \boldsymbol{P}^{\mathrm{T}} \boldsymbol{\Sigma} \boldsymbol{P} = \boldsymbol{\Lambda}$$

性质 6.2　主成分 $y_1, y_2, \cdots, y_p$ 的方差之和等于原始变量 $x_1, x_2, \cdots, x_p$ 的方差之和.

证明: 因为 $\boldsymbol{P}$ 为正交阵, 利用矩阵迹的性质可得

$$\sum_{i=1}^{p} Var(y_i) = \sum_{i=1}^{p} \lambda_i = \mathrm{tr}(\boldsymbol{\Lambda}) = \mathrm{tr}(\boldsymbol{P}^{\mathrm{T}}\boldsymbol{\Sigma}\boldsymbol{P}) = \mathrm{tr}(\boldsymbol{\Sigma})$$

$$= \sum_{i=1}^{p} \sigma_{ii} = \sum_{i=1}^{p} Var(x_i) \tag{6.7}$$

性质 6.3　主成分 y_k 与原始变量 x_i 的相关系数为 $\rho_{ki} = \rho(y_k, x_i) = \dfrac{\sqrt{\lambda_k}}{\sqrt{\sigma_{ii}}} e_{ki}$, 其中 e_{ki} 为 e_k 的第 i 个分量.

证明: 记 $\boldsymbol{\varepsilon}_i = (0, \cdots, 0, 1, 0, \cdots, 0)^{\mathrm{T}}$ 是第 i 个元素为 1, 其他元素为 0 的向量, 则

$$\rho(y_k, x_i) = \frac{Cov(y_k, x_i)}{\sqrt{Var(y_k)Var(x_i)}} = \frac{Cov(e_k^{\mathrm{T}}\boldsymbol{X}, \varepsilon_i^{\mathrm{T}}\boldsymbol{X})}{\sqrt{\lambda_k \sigma_{ii}}}$$

$$= \frac{\varepsilon_i^{\mathrm{T}}(\boldsymbol{\Sigma}e_k)}{\sqrt{\lambda_k \sigma_{ii}}} = \frac{\lambda_k e_{ki}}{\sqrt{\lambda_k \sigma_{ii}}} = \frac{\sqrt{\lambda_k}}{\sqrt{\sigma_{ii}}} e_{ki}$$

由式 (6.6) $\boldsymbol{y} = \boldsymbol{P}^{\mathrm{T}}\boldsymbol{X}$ 变形可得 $\boldsymbol{X} = \boldsymbol{P}\boldsymbol{y}$, 其分量形式为:

$$x_i = e_{1i}y_1 + e_{2i}y_2 + \cdots + e_{ki}y_k + \cdots + e_{pi}y_p, i = 1, 2, \cdots, p$$

一般而言, 称正交阵 $\boldsymbol{P}$ 为原始变量 $\boldsymbol{X}$ 关于主成分 $\boldsymbol{y}$ 的 "载荷矩阵", 而称 e_{ki} 为第 i 个变量 x_i 在第 k 个主成分 y_k 上的 "载荷". 有的文献或软件 (如 SPSS 软件) 称 $\boldsymbol{P}\boldsymbol{\Lambda}^{1/2} = (\sqrt{\lambda_1}e_1, \sqrt{\lambda_2}e_2, \cdots, \sqrt{\lambda_p}e_p)$ 为原始变量 $\boldsymbol{X}$ 关于主成分 $\boldsymbol{y}$ 的 "载荷矩阵", 而称 $\sqrt{\lambda_k}e_{ki}$ 为第 i 个变量 x_i 在第 k 个主成分 y_k 上的 "载荷".

6.2.4　主成分个数的确定

进行主成分分析的目的是要有效降维, 减少变量的个数, 所以一般不会使用所有 p 个主成分的, 忽略一些方差较小的主成分不会给总方差带来太大的影响. 性质 2 说明原来 p 个原始变量的总的变差等于 p 个主成分的总的变差, 故可采用指标

$$\omega_i = \lambda_i \bigg/ \sum_{j=1}^{p} \lambda_j, i = 1, 2, \cdots, p \tag{6.8}$$

来度量主成分 y_i 概括原始变量信息多少的程度, 称 ω_i 为主成分 y_i 的方差贡献率. 第一主成分 y_1 的贡献率最大, 这表明 $y_1 = e_1^{\mathrm{T}}\boldsymbol{X}$ 综合原始变量 $x_1, x_2, \cdots, x_p$ 信息的能力最强, 而 $y_2, \cdots, y_p$ 的综合能力依次递减. 前 $k\,(k < p)$ 个 ω_i 的和 $\displaystyle\sum_{i=1}^{k} \omega_i = \sum_{j=1}^{k} \lambda_j \bigg/ \sum_{j=1}^{p} \lambda_j$ 称为前 k 个主成分的累积贡献率. 累积贡献率表明 $y_1, y_2, \cdots, y_k$ 综合 $x_1, x_2, \cdots, x_p$ 信息的能力, 通常取使得累积贡献率达到 80% 的最小的 k 为主成分的个数.

说明: 有的文献规定取使得累积贡献率首次超过 85% 的 k. 另外, Kaiser-Harris 准则建议保留特征值大于 1 的主成分, 特征值小于 1 的主成分能解释的方差相对较小.

Cattell 碎石检验则绘制了特征值与主成分数的图形, 这类图形可以展示图形弯曲状况, 在图形变化最大处之上的主成分都保留.

6.2.5 变量的标准化及意义

上面对主成分分析的讨论是从总体协方差矩阵 $\boldsymbol{\Sigma}$ 出发的, 其结果通常会受变量单位的影响. 不同的变量往往有不同的单位, 对同一变量单位的改变会产生不同的主成分, 主成分倾向于反映方差大的变量的信息, 对于方差小的变量就可能体现得不够, 存在 "大数吃小数" 的问题. 为使主成分分析能够均等地对待每一个原始变量, 消除由于单位的不同可能带来的影响, 我们常常将各原始变量作标准化处理, 即令

$$x_i^* = \frac{x_i - E(x_i)}{\sqrt{Var(x_i)}}, i = 1, 2, \cdots, p \tag{6.9}$$

显然, 标准化后的总体 $\boldsymbol{X}^* = (x_1^*, x_2^*, \cdots, x_p^*)^{\mathrm{T}}$ 的协方差矩阵就是原总体 $\boldsymbol{X}$ 的相关系数矩阵 $\boldsymbol{\rho}$. 需要强调的是, 从相关系数矩阵求得的主成分与从协方差矩阵求得的主成分一般是不同的. 实际表明, 这种差异有时很大. 如果各指标之间的数量级悬殊, 特别是各指标有不同的物理量纲的话, 较为合理的做法是使用 $\boldsymbol{\rho}$ 代替 $\boldsymbol{\Sigma}$. 经济问题所涉及的变量单位大都不统一, 采用 $\boldsymbol{\rho}$ 代替 $\boldsymbol{\Sigma}$ 后, 可以看作用标准化的数据来作分析, 这样使得主成分有现实经济意义, 既便于剖析实际问题, 又能避免突出数值大的变量.

总的来说, 在解决实际问题时, 既可以从 $\boldsymbol{X}$ 的协方差矩阵 $\boldsymbol{\Sigma}$ 出发来作主成分分析, 也可以从 $\boldsymbol{X}$ 的相关系数矩阵 $\boldsymbol{\rho}$ 出发来作主成分分析. 由于上述原因, 一般以后者为主. 另外, 从 $\boldsymbol{\rho}$ 出发导出的主成分也有与 6.2.3 节中性质 1、性质 2 及性质 3 类似的性质, 这里从略.

6.3   样本主成分

实际问题中总体协方差矩阵 $\boldsymbol{\Sigma}$ 或相关系数矩阵 $\boldsymbol{\rho}$ 往往是未知的, 通常需要用样本数据来估计.

设 $\boldsymbol{X}_{(i)} = (x_{i1}, x_{i2}, \cdots, x_{ip})^{\mathrm{T}}$ $(i = 1, 2, \cdots, n)$ 为来自总体 $\boldsymbol{X}$ 的样本, 样本数据阵为:

$$\boldsymbol{X} = \begin{bmatrix} x_{11} & x_{12} & \cdots & x_{1p} \\ x_{21} & x_{22} & \cdots & x_{2p} \\ \vdots & \vdots & & \vdots \\ x_{n1} & x_{n2} & \cdots & x_{np} \end{bmatrix} = \begin{bmatrix} \boldsymbol{X}_{(1)}^{\mathrm{T}} \\ \boldsymbol{X}_{(2)}^{\mathrm{T}} \\ \vdots \\ \boldsymbol{X}_{(n)}^{\mathrm{T}} \end{bmatrix} = [\boldsymbol{X}_1, \boldsymbol{X}_2, \cdots, \boldsymbol{X}_p]$$

式中, $\boldsymbol{X}_{(i)}^{\mathrm{T}}$ 表示样本数据阵的第 i 行 $(i = 1, 2, \cdots, n)$, 表示对 $\boldsymbol{X}$ 的第 i 次观测值; $\boldsymbol{X}_j$ 表示样本数据阵的第 j 列 $(j = 1, 2, \cdots, p)$. 样本的协方差矩阵为:

$$\boldsymbol{S} = \frac{1}{n-1} \sum_{i=1}^{n} \left(\boldsymbol{X}_{(i)} - \bar{\boldsymbol{X}} \right) \left(\boldsymbol{X}_{(i)} - \bar{\boldsymbol{X}} \right)^{\mathrm{T}} = (s_{kl})_{p \times p}$$

式中, $\bar{\boldsymbol{X}} = \dfrac{1}{n}\sum\limits_{i=1}^{n}\boldsymbol{X}_{(i)} = (\bar{x}_1, \bar{x}_2, \cdots, \bar{x}_p)^{\mathrm{T}}$, $s_{kl} = \dfrac{1}{n-1}\sum\limits_{i=1}^{n}(x_{ik}-\bar{x}_k)(x_{il}-\bar{x}_l)$ $(k,l = 1,2,\cdots,p)$. 样本的相关系数矩阵 $\boldsymbol{R}$ 为:

$$\boldsymbol{R} = \frac{1}{n-1}\sum_{i=1}^{n}\boldsymbol{X}_{(i)}^{*}\boldsymbol{X}_{(i)}^{*\mathrm{T}} = (r_{kl})_{p\times p}, r_{kl} = \frac{s_{kl}}{\sqrt{s_{kk}s_{ll}}}, k,l = 1,2,\cdots,p$$

式中, $\boldsymbol{X}_{(i)}^{*} = \left[\dfrac{x_{i1}-\bar{x}_1}{\sqrt{s_{11}}}, \dfrac{x_{i2}-\bar{x}_2}{\sqrt{s_{22}}}, \cdots, \dfrac{x_{ip}-\bar{x}_p}{\sqrt{s_{pp}}}\right]^{\mathrm{T}} = [x_{i1}^{*}, x_{i2}^{*}, \cdots, x_{ip}^{*}]^{\mathrm{T}} = \begin{pmatrix} x_{i1}^{*} \\ x_{i2}^{*} \\ \vdots \\ x_{ip}^{*} \end{pmatrix}$.

6.3.1 样本主成分的性质和计算

设 $\lambda_1, \lambda_2, \cdots, \lambda_p$ $(\lambda_1 \geqslant \lambda_2 \geqslant \cdots \geqslant \lambda_p \geqslant 0)$ 为样本协方差矩阵 $\boldsymbol{S}$ 的 p 个特征值, $\boldsymbol{a}_1, \boldsymbol{a}_2, \cdots, \boldsymbol{a}_p$ 为对应的单位正交特征向量, 则样本的第 i 个主成分为 $z_i = \boldsymbol{a}_i^{\mathrm{T}}\boldsymbol{x}$ $(i = 1,2,\cdots,p)$, 其中 $\boldsymbol{x} = (x_1, x_2, \cdots, x_p)^{\mathrm{T}}$. 令

$$\boldsymbol{z} = (z_1, z_2, \cdots, z_p)^{\mathrm{T}} = (\boldsymbol{a}_1, \boldsymbol{a}_2, \cdots, \boldsymbol{a}_p)^{\mathrm{T}}\boldsymbol{x} = \boldsymbol{Q}^{\mathrm{T}}\boldsymbol{x}$$

式中, $\boldsymbol{Q} = (\boldsymbol{a}_1, \boldsymbol{a}_2, \cdots, \boldsymbol{a}_p) = (q_{ij})_{p\times p}$.

类似于总体主成分, 基于 $\boldsymbol{S}$ 的样本主成分有如下性质:

(1) $Var(z_i) = \lambda_i$ $(i = 1,2,\cdots,p)$.

(2) $Cov(z_i,\ z_j) = 0$ $(i,j = 1,2,\cdots,p; i\neq j)$.

(3) 样本总方差 $\sum\limits_{i=1}^{p} s_{ii} = \sum\limits_{i=1}^{p}\lambda_i$.

(4) 样本主成分 z_k 与 x_i 的相关系数 $r_{ki} = r(z_k,\ x_i) = \dfrac{\sqrt{\lambda_k}}{\sqrt{\sigma_{ii}}}q_{ki}$ $(k,i = 1,2,\cdots,p)$.

实际问题中更常用的是从样本相关系数矩阵 $\boldsymbol{R}$ 出发求样本主成分, 方法是用 $\boldsymbol{R}$ 替换上面的 $\boldsymbol{S}$, 其余操作不变.

设 $\lambda_1^{*}, \lambda_2^{*}, \cdots, \lambda_p^{*}$ $(\lambda_1^{*} \geqslant \lambda_2^{*} \geqslant \cdots \geqslant \lambda_p^{*} \geqslant 0)$ 为样本相关系数矩阵 $\boldsymbol{R}$ 的 p 个特征值, $\boldsymbol{a}_1^{*}, \boldsymbol{a}_2^{*}, \cdots, \boldsymbol{a}_p^{*}$ 为对应的单位正交特征向量, 则样本的第 i 个主成分为 $z_i^{*} = \boldsymbol{a}_i^{*\mathrm{T}}\boldsymbol{x}^{*}$ $(i = 1,2,\cdots,p)$. 其中 $\boldsymbol{x}^{*} = (x_1^{*}, x_2^{*}, \cdots, x_p^{*})^{\mathrm{T}}$, $x_i^{*} = \dfrac{x_i - \bar{x}_i}{\sqrt{s_{ii}}}$ $(i = 1,2,\cdots,p)$. 又记 $\boldsymbol{Q}^{*} = (\boldsymbol{a}_1^{*}, \boldsymbol{a}_2^{*}, \cdots, \boldsymbol{a}_p^{*}) = (q_{ij}^{*})_{p\times p}$, 与上面类似, 基于 $\boldsymbol{R}$ 的样本主成分有如下性质:

(1) $Var(z_i^{*}) = \lambda_i^{*}$ $(i = 1,2,\cdots,p)$.

(2) $Cov(z_i^{*},\ z_j^{*}) = 0$ $(i,j = 1,2,\cdots,p;\ i\neq j)$.

(3) 样本总方差 $\sum\limits_{i=1}^{p}\lambda_i^{*} = p$.

证明: $\sum\limits_{i=1}^{p}\lambda_i^{*} = \mathrm{tr}(R) = \sum\limits_{i=1}^{p}r_{ii} = \sum\limits_{i=1}^{p}\dfrac{s_{ii}}{\sqrt{s_{ii}s_{ii}}} = \sum\limits_{i=1}^{p}1 = p$.

(4) 样本主成分 z_k^{*} 与 x_i^{*} 的相关系数 $r_{ki}^{*} = r(z_k^{*},\ x_i^{*}) = \sqrt{\lambda_k^{*}}q_{ki}^{*}$ $(k,i = 1,2,\cdots,p)$.

6.3.2 主成分分析的步骤和相关 R 函数

在实际应用中, 使用较多的是从样本的相关系数矩阵 $\boldsymbol{R}$ 出发进行主成分分析, 在 R 中可用几个函数命令来完成. 其具体步骤可以归纳为:

(1) 将原始样本数据标准化.

(2) 求样本的相关系数阵 $\boldsymbol{R}$.

(3) 求 $\boldsymbol{R}$ 的 p 个特征值 $\lambda_1^*, \lambda_2^*, \cdots, \lambda_p^*$ $(\lambda_1^* \geqslant \lambda_2^* \geqslant \cdots \geqslant \lambda_p^* \geqslant 0)$ 以及相应的单位正交特征向量 $\boldsymbol{a}_1^*, \boldsymbol{a}_2^*, \cdots, \boldsymbol{a}_p^*$.

特别说明: 采用 (3) 中的记号, 向量 $\boldsymbol{a}_i^*$ 和向量 $-\boldsymbol{a}_i^*$ 均是 $\boldsymbol{R}$ 的对应于特征值 $\lambda_i^* (i = 1, 2, \cdots, p)$ 的单位特征向量, 并且在 $\boldsymbol{a}_i^*$ 前的正负号可自由选取其一的条件下, $\pm\boldsymbol{a}_1^*, \pm\boldsymbol{a}_2^*, \cdots, \pm\boldsymbol{a}_p^*$ 可能有 2^p 种组合情形, 其中每一种组合情形均是一组单位正交特征向量, 这就意味着实际计算得到的主成分可能是 $z_i^* = \boldsymbol{a}_i^{*\mathrm{T}}\boldsymbol{x}^*$, 也可能是 $z_i^* = -\boldsymbol{a}_i^{*\mathrm{T}}\boldsymbol{x}^* (i = 1, 2, \cdots, p)$. 两者相差一个符号, 但均满足定理 6.1 给出的主成分要求. 在主成分的实际计算、作图和解释时要注意这一点.

(4) 按主成分累积贡献率超过 80% 确定主成分的个数 k, 并写出样本主成分表达式为 $z_i^* = \boldsymbol{a}_i^{*\mathrm{T}}\boldsymbol{x}^*$ $(i = 1, 2, \cdots, k)$.

(5) 对分析结果做出统计意义和实际意义两方面的解释.

在 R 中进行主成分分析的常用函数如下:

1. princomp 函数

princomp(x,cor =FALSE,scores =TRUE,···) (矩阵形式)

这是作主成分分析最常用的函数. 其中, x 是用于主成分分析的数据矩阵或数据框; cor=TRUE 表示用样本相关系数矩阵 $\boldsymbol{R}$ 作主成分分析, cor=FALSE(默认值) 表示用样本协方差矩阵 $\boldsymbol{S}$ 作主成分分析; scores 为是否输出主成分得分. 该函数还有一种使用形式:

princomp(formula,data=NULL,cor=TRUE,···) (公式形式)

式中, formula 为公式, 但无响应变量, 形如 ~X1+··· +Xp; data 为数据框; cor=TRUE 表示用样本相关系数矩阵 $\boldsymbol{R}$ 作主成分分析.

2. summary 函数

summary(object,loadings =FALSE,···)

该函数用于提取主成分的信息, 其中 object 是由 princomp() 得到的对象; loadings=TRUE 表示显示载荷阵 loadings 的内容 (见下面 loadings 函数的说明), 默认不显示.

3. loadings 函数

```
loadings(object)
```
该函数用于显示主成分分析 (或因子分析) 中载荷阵的内容, 其中 object 是由 princomp() 得到的对象. 若从样本相关系数矩阵 R 出发作主成分分析, 则该函数输出载荷阵 $Q^* = (a_1^*, a_2^*, \cdots, a_p^*) = (q_{ij}^*)_{p \times p}$, 其中 Q^* 是由 R 的 p 个单位正交特征向量生成的正交矩阵, 主成分向量 $z^* = Q^{*\mathrm{T}} x^*$ 或 $x^* = Q^* z^*$, q_{ik}^* 称为第 i 个变量 x_i^* 在第 k 个主成分 z_k^* 上的载荷. 实际上, 若在 summary 函数中输入选项 loadings =TRUE, 就可显示 loadings 函数的相关内容.

4. predict 函数

```
predict(object,newdata,···)
```
该函数用于预测主成分的值. 其中 object 是由 princomp() 得到的对象, newdata 是要由其进行预测的数据框.

5. screeplot 函数

```
screeplot(object,type = c("barplot","lines",···))
```
该函数用于画出主成分的碎石图. 其中 object 是由 princomp() 得到的对象, type 为碎石图的类型: "barplot" 是直方图类型, "lines" 是直线图类型. 碎石图将特征值从大到小排列, 可以由此直观地确定主成分的个数.

注意这里只罗列了在 R 中作主成分分析时几个常用的函数, 更多的函数和命令见相关程序包和参考文献. 如 psych 包中提供的各种函数, 它们有更丰富实用的选项, 输出结果也更便于使用, 参见本章参考文献 [2].

例 6.1 (数据文件为 eg6.1) 表 6–1 给出了 52 名学生的数学 (x_1)、物理 (x_2)、化学 (x_3)、语文 (x_4)、历史 (x_5) 和英语 (x_6) 成绩, 对其进行主成分分析.

表 6-1 52 名学生六门课程成绩数据

学号	x_1	x_2	x_3	x_4	x_5	x_6	学号	x_1	x_2	x_3	x_4	x_5	x_6
1	65	61	72	84	81	79	12	62	67	83	71	85	77
2	77	77	76	64	70	55	13	91	74	97	62	71	66
3	67	63	49	65	67	57	14	82	70	83	68	77	85
4	78	84	75	62	71	64	15	66	61	77	62	73	64
5	66	71	67	52	65	57	16	90	78	78	59	72	66
6	83	100	79	41	67	50	17	77	89	80	73	75	70
7	86	94	97	51	63	55	18	72	68	77	83	92	79
8	67	84	53	58	66	56	19	72	67	61	92	92	88
9	69	56	67	75	94	80	20	81	90	79	73	85	80
10	77	90	80	68	66	60	21	68	85	70	84	89	86
11	84	67	75	60	70	63	22	85	91	95	63	76	66

续表

学号	x_1	x_2	x_3	x_4	x_5	x_6	学号	x_1	x_2	x_3	x_4	x_5	x_6
23	91	85	100	70	65	76	38	90	83	91	58	60	59
24	74	74	84	61	80	69	39	73	80	64	75	80	78
25	88	100	85	49	71	66	40	87	98	87	68	78	64
26	87	84	100	74	81	76	41	69	72	79	89	82	73
27	64	79	64	72	76	74	42	79	73	69	65	73	73
28	60	51	60	78	74	76	43	87	86	88	70	73	70
29	59	75	81	82	77	73	44	76	61	73	63	60	70
30	64	61	49	100	99	95	45	99	100	99	53	63	60
31	56	48	61	85	82	80	46	78	68	52	75	74	66
32	62	45	67	78	76	82	47	72	90	73	76	80	79
33	86	78	92	87	87	77	48	69	64	60	68	74	80
34	80	98	83	58	66	66	49	52	62	65	100	96	100
35	83	71	81	63	77	73	50	70	72	56	74	82	74
36	67	83	65	68	74	60	51	72	74	75	88	91	86
37	71	58	45	83	77	73	52	68	74	70	87	87	83

主成分分析的主要步骤为:

(1) 先读取数据, 计算样本数据的相关系数矩阵;

(2) 利用 princomp 函数和样本相关系数矩阵作主成分分析, 得到主成分载荷矩阵, 并按累积贡献率不低于 80%确定主成分的个数;

(3) 写出主成分表达式, 结合问题背景解释各主成分的统计及实际含义;

(4) 对样本作回代预测, 即计算各样本在主成分上的得分;

(5) 利用碎石图来直观分析主成分;

(6) 利用主成分的载荷散点图来解释主成分;

(7) 利用 biplot 函数绘制样本点在前两个主成分坐标系和原始变量坐标系下的双坐标散点图, 进一步探究主成分的统计意义及实际意义.

解: 先读取数据, 求样本相关系数矩阵. R 程序如下:

```
#eg6.1 52 名学生六门课程成绩的主成分分析
> setwd("C:/data")   # 设定工作路径
> d6.1<-read.csv("eg6.1.csv",header=T)   # 将 eg6.1.csv 数据读入到 d6.1 中
> R=round(cor(d6.1), 3)   # 求样本相关系数矩阵, 保留三位小数
> R
        x1      x2      x3      x4      x5      x6
x1   1.000   0.647   0.696  -0.561  -0.456  -0.439
x2   0.647   1.000   0.573  -0.503  -0.351  -0.458
x3   0.696   0.573   1.000  -0.380  -0.274  -0.244
x4  -0.561  -0.503  -0.380   1.000   0.813   0.835
x5  -0.456  -0.351  -0.274   0.813   1.000   0.819
x6  -0.439  -0.458  -0.244   0.835   0.819   1.000
```

在 R 中, 函数 symnum() 用简洁的符号表示出相关系数矩阵中绝对值位于不同区间内的相关系数的位置. 其中, 0~0.3 用空格 " "; 0.3~0.6 用句点 "."; 0.6~0.8 用逗号 ","; 0.8~0.9 用加号 "+"; 0.9~0.95 用星号 "*"; 0.95~1 用字母 "B". 在相关系数矩阵的维数较大时, 用这种方法可快速找出相关性较强的变量. 其使用格式为:

```
> symnum(cor(d6.1,use="complete.obs"))
     x1  x2  x3  x4  x5  x6
 x1  1
 x2  ,   1
 x3  ,   .   1
 x4  .   .   .   1
 x5  .   .       +   1
 x6  .   .       +   +   1
attr(,"legend")
[1] 0 ' ' 0.3 '.' 0.6 ',' 0.8 '+' 0.9 '*' 0.95 'B' 1
```

易见, 文科三门课程语文 (x_4)、历史 (x_5) 和英语 (x_6) 相关性较强; 理科三门课程数学 (x_1)、物理 (x_2) 和化学 (x_3) 相关性也较强. 再作主成分分析, 求样本相关矩阵的特征值和主成分载荷, R 程序和运行结果如下:

```
> PCA6.1=princomp(d6.1, cor=T)    # 用样本相关系数阵作主成分分析
> PCA6.1
  Call:
  princomp(x = data6.1, cor = T)
  Standard deviations:
 Comp.1  Comp.2  Comp.3  Comp.4  Comp.5  Comp.6
  1.926   1.124   0.664   0.520   0.412   0.383
  6 variables and 52 observations.
> summary(PCA6.1, loadings=T)    # 列出主成分分析结果
Importance of components:
                         Comp.1  Comp.2  Comp.3  Comp.4  Comp.5  Comp.6
 Standard deviation       1.926   1.124   0.664   0.520   0.412   0.383
 Proportion of Variance   0.618   0.210   0.073   0.045   0.028   0.024
 Cumulative Proportion    0.618   0.829   0.902   0.947   0.976   1.000
Loadings:
     Comp.1  Comp.2  Comp.3  Comp.4  Comp.5  Comp.6
 x1  -0.412  -0.376   0.216   0.788          -0.145
 x2  -0.381  -0.357  -0.806  -0.118   0.212   0.141
 x3  -0.332  -0.563   0.467  -0.588
 x4   0.461  -0.279           0.599  -0.590
 x5   0.421  -0.415  -0.250          -0.738  -0.205
 x6   0.430  -0.407   0.146   0.134   0.222   0.749
```

由程序运行结果可知主成分的标准差, 即相关系数矩阵的六个特征值开方各为:

$$\sqrt{\lambda_1} = 1.926, \quad \sqrt{\lambda_2} = 1.124, \quad \sqrt{\lambda_3} = 0.664$$

$$\sqrt{\lambda_4} = 0.520, \quad \sqrt{\lambda_5} = 0.412, \quad \sqrt{\lambda_6} = 0.383$$

从输出结果可以看出, 前两个主成分的累积贡献率为 0.618+0.210=0.829, 已经超过 80%, 所以取两个主成分就可以了. 第一主成分和第二主成分分别为:

$$z_1^* = -0.412x_1^* - 0.381x_2^* - 0.332x_3^* + 0.461x_4^* + 0.421x_5^* + 0.430x_6^*$$
$$z_2^* = -0.376x_1^* - 0.357x_2^* - 0.563x_3^* - 0.279x_4^* - 0.415x_5^* - 0.407x_6^*$$

第一主成分对应的系数符号前三个 (数理化) 为负, 后三个 (语史英) 为正, 绝对值均在 0.4 左右, 反映了理科和文科课程成绩的类别差异, 有的学生成绩是理科好文科差 (如 6,7,45 号), 有的是理科差文科好 (如 30,49 号); 第二主成分对应的系数符号都相同, 反映学生各科成绩的一种均衡特点, 比如有的学生各科成绩均较好 (如 26, 33 号) 或者均较差 (如 3,5,8 号). 因此可以把第一主成分理解为课程差异因子, 把第二主成分理解为课程均衡因子. 这些特点在下面预测中表现明显, 预测程序及输出结果如下:

```
> round(predict(PCA6.1),3) #作预测, 即计算各样本主成分得分
         Comp.1    Comp.2    Comp.3    Comp.4    Comp.5    Comp.6
   [1,]   1.846     0.099     0.501    -0.379     0.219    -0.190
   [2,]  -1.383     0.933    -0.028    -0.161    -0.16     -0.751
   [3,]   0.044     2.804    -0.220     0.368     0.048    -0.416
   [4,]  -1.256     0.406    -0.351     0.011    -0.021     0.025
   [5,]  -1.139     2.269    -0.004    -0.583    -0.326     0.212
   [6,]  -3.518     0.820    -1.072    -0.156    -0.763     0.166
   [7,]  -3.516    -0.104     0.101    -0.574    -0.011    -0.080
   [8,]  -0.982     2.326    -1.292    -0.017     0.093     0.052
   [9,]   2.247    -0.130     0.408     0.224    -1.289    -0.060
  [10,]  -1.675     0.325    -0.499    -0.387     0.658    -0.386
  ......
  [24,]  -0.459    -0.126     0.296    -0.499    -0.845     0.122
  [25,]  -2.737    -0.579    -0.677     0.205    -0.388     0.733
  [26,]  -0.841    -2.117     0.544    -0.156    -0.070    -0.192
  [27,]   0.707     0.669    -0.752    -0.377     0.244     0.377
  [28,]   1.959     1.594     0.749    -0.238     0.309     0.076
  [29,]   0.977     0.034    -0.117    -1.438     0.523    -0.266
  [30,]   4.490    -0.693    -0.620     0.832    -0.054    -0.029
  [31,]   2.958     1.113     0.693    -0.465     0.050    -0.124
  [32,]   2.214     1.072     1.414    -0.249     0.163     0.322
  [33,]   0.345    -2.187     0.414     0.225     0.018    -0.854
  ......
  [44,]  -0.697     1.400     1.278     0.181     0.674     0.450
  [45,]  -3.975    -1.054     0.147     0.349     0.252     0.049
  [46,]   0.440     1.271    -0.283     1.198     0.205    -0.518
  [47,]   0.392    -0.738    -0.983    -0.159     0.356     0.400
  [48,]   1.034     0.991     0.257     0.366     0.105     0.834
```

[49,]	**4.622**	-0.997	-0.236	-0.724	0.289	0.465
[50,]	1.201	0.651	-0.652	0.510	-0.238	0.048
[51,]	2.012	-1.423	-0.206	0.049	-0.055	-0.082
[52,]	1.953	-0.757	-0.391	-0.098	0.172	-0.072

特别要注意各样本点在第一主成分和第二主成分上的得分, 得分绝对值较大的 (包括正值和负值) 在输出结果中已经用粗体标出. 另外, 函数 predict(PCA6.1) 和函数 PCA6.1$scores 的输出结果是一样的, 都是计算各样本点的主成分得分.

从第一主成分来看, 6, 7, 45 号学生的预测值 (即主成分得分) 为负, 且绝对值较大, 说明这三名学生成绩是理科好、文科差, 30, 49 号学生的预测值为正, 且绝对值较大, 说明这两名学生成绩是理科差、文科好; 从第二主成分来看, 26, 33 号学生的预测值为负, 且绝对值较大, 说明这两名学生各科成绩都较好, 3, 5, 8 号学生的预测值为正, 且绝对值较大, 说明这三名学生各科成绩都较差.

下面用碎石图来分析主成分, R 程序如下:

```
> screeplot(PCA6.1,type="lines")    #画碎石图, 用直线图类型 (见图 6-4)
```

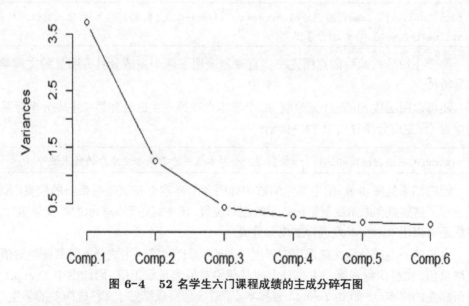

PCA6.1

图 6-4　52 名学生六门课程成绩的主成分碎石图

从碎石图图 6-4 容易直观地看出, 前两个主成分的方差占了总方差变化的大部分, 因此本问题主成分的个数取为 2 是适当的.

下面用主成分载荷矩阵前两列数据作主成分载荷散点图 (见图 6-5), R 程序如下:

```
> load=loadings(PCA6.1)    #提取主成分载荷矩阵
> plot(load[,1:2], xlim=c(-0.6,0.6), ylim=c(-0.6,0.1))    # 作前两个主成分的载荷
散点图
> rnames=c("数学","物理","化学","语文","历史","英语")    # 使用中文名称
```

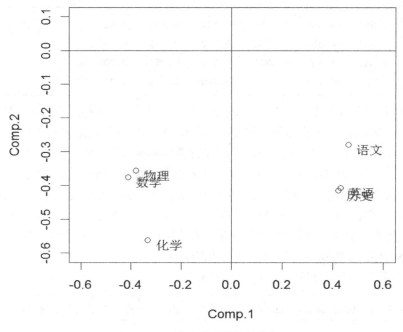

图 6-5　两个主成分的载荷散点图

```
> text(load[,1], load[,2],labels=rnames, adj=c(-0.3, 1.5))    # 用中文对散点标注
> abline(h=0,v=0)    # 划分象限
```

两个主成分的载荷散点图进一步直观地表明了两个主成分具有明显的文理学科差异特征.

还可以用函数 biplot() 来绘制 52 个样本点在第一主成分和第二主成分坐标系下的位置 (即主成分得分), R 程序如下:

```
> biplot(PCA6.1,scale=0.5)    #绘制 52 个样本点关于前两个主成分的散点图
```

绘图结果见图 6-6, 图中黑色的数字标明各个样本点在该坐标系下的位置, 同时还表示了这些点在原始变量坐标系下的相对位置, 图中红色箭头表示原始变量坐标系. 该图还可以用来对样本点进行**主成分分类**:

由于第一主成分是文理课程差异因子, 理科课程在第一主成分上的载荷绝对值大且取负值, 文科课程在第一主成分上的载荷绝对值大且取正值, 因此图中 Comp.1 轴方向靠左的样本点, 如 6, 7 和 45 号样本点, 对应理科成绩好、文科成绩差的学生; 相对的 Comp.1 轴方向靠右的样本点, 如 30 和 49 号样本点, 对应文科成绩好、理科成绩差的学生. 又第二主成分表示课程均衡因子, 在图中 Comp.2 轴方向靠下的样本点, 如 26, 33 号样本点, 对应各科成绩都较好的学生, 相对的 Comp.2 轴方向靠上的样本点, 如 3, 5 和 8 号样本点, 对应各科成绩都较差的学生, 而居中的样本点, 如 42, 24 和 39 号样本点, 对应各科成绩都属于中等且差异不大的学生. 这样就可以对 52 名学生按对应样本点所在的位置进行大致分类.

例 6.2 (数据文件为 eg6.2, 取自本章参考文献 [3]) 表 6–2 给出了某市工业部门

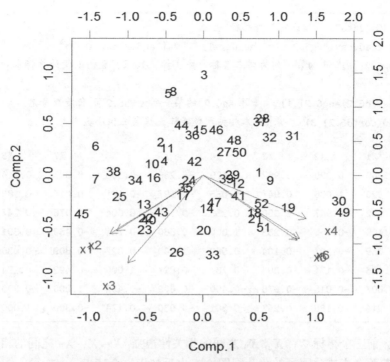

图 6-6　52 名学生成绩数据的双坐标散点图

13 个行业 8 项重要经济指标数据, 其中, X_1 为年末固定资产净值 (单位: 万元); X_2 为职工人数数据 (单位: 人); X_3 为工业总产值 (单位: 万元); X_4 为全员劳动生产率 (单位: 元/人年); X_5 为百元固定资产原值实现产值 (单位: 元); X_6 为资金利税率 (%); X_7 为标准燃料消费量 (单位: 吨); X_8 为能源利用效果 (单位: 万元/吨). 根据这些数据进行主成分分析.

表 6-2　某市工业部门 13 个行业 8 项经济指标

	X_1	X_2	X_3	X_4	X_5	X_6	X_7	X_8
冶金	90 342	52 455	101 091	19 272	82.0	16.1	197 435	0.172
电力	4 903	1 973	2 035	10 313	34.2	7.1	592 077	0.003
煤炭	6 735	21 139	3 767	1 780	36.1	8.2	726 396	0.003
化学	49 454	36 241	81 557	22 504	98.1	25.9	348 226	0.985
机器	139 190	203 505	215 898	10 609	93.2	12.6	139 572	0.628
建材	12 215	16 219	10 351	6 382	62.5	8.7	145 818	0.066
森工	2 372	6 572	8 103	12 329	184.4	22.2	20 921	0.152
食品	11 062	23 078	54 935	23 804	370.4	41.0	65 486	0.263
纺织	17 111	23 907	52 108	21 796	221.5	21.5	63 806	0.276
缝纫	1 206	3 930	6 126	15 586	330.4	29.5	1 840	0.437
皮革	2 150	5 704	6 200	10 870	184.2	12.0	8 913	0.274
造纸	5 251	6 155	10 383	16 875	146.4	27.5	78 796	0.151
文教	14 341	13 203	19 396	14 691	94.6	17.8	6 354	1.574

解: (1) 先读入数据, 计算样本相关系数矩阵.

```
> setwd("C:/data")    #设定工作路径
> eg6.2<-read.csv("eg6.2.csv",header=T)    #将 eg6.2.csv 数据读入
> d6.2=eg6.2[,-1]    #第一列为样本名称, 先去掉, 只保留数值以便计算样本相关系数矩
阵
> rownames(d6.2)=eg6.2[,1]    #用 eg6.2 的第一列为 d6.2 的行重新命名
> R=round(cor(d6.2),3)    #求样本相关系数矩阵, 保留三位小数
> R
         X1      X2      X3      X4      X5      X6      X7      X8
X1    1.000   0.920   0.962   0.109  -0.289  -0.166   0.007   0.214
X2    0.920   1.000   0.947  -0.055  -0.197  -0.171  -0.015   0.186
X3    0.962   0.947   1.000   0.233  -0.104   0.004  -0.078   0.247
X4    0.109  -0.055   0.233   1.000   0.560   0.781  -0.450   0.301
X5   -0.289  -0.197  -0.104   0.560   1.000   0.827  -0.609  -0.030
X6   -0.166  -0.171   0.004   0.781   0.827   1.000  -0.492   0.174
X7    0.007  -0.015  -0.078  -0.450  -0.609  -0.492   1.000  -0.300
X8    0.214   0.186   0.247   0.301  -0.030   0.174  -0.300   1.000
```

易见, 前三个指标 X_1, X_2, X_3 之间的相关性很强, X_4, X_5, X_6 之间的相关性也较强, 后面前两个主成分因子的载荷图图 6–8 也反映出这个特点.

(2) 利用样本相关系数矩阵作主成分分析, 计算主成分载荷矩阵. R 程序及结果如下:

```
> PCAd6.2=princomp(d6.2,cor=T)    # 用样本相关系数矩阵作主成分分析
> summary(PCAd6.2,loadings=T)    # 列出主成分分析分析结果
Importance of components:
                         Comp.1      Comp.2      Comp.3       Comp.4
Standard deviation     1.7620762   1.7021873   0.9644768   0.80132532
Proportion of Variance 0.3881141   0.3621802   0.1162769   0.08026528
Cumulative Proportion  0.3881141   0.7502943   0.8665712   0.94683649
                         Comp.5      Comp.6      Comp.7       Comp.8
Standard deviation     0.5514382   0.2942750   0.17940006   0.04941432
Proportion of Variance 0.0380105   0.0108247   0.00402305   0.00030522
Cumulative Proportion  0.9848470   0.9956717   0.99969478   1.00000000
Loadings:
      Comp.1  Comp.2  Comp.3  Comp.4  Comp.5  Comp.6  Comp.7  Comp.8
X1     0.477   0.296   0.104           0.184           0.758   0.245
X2     0.473   0.278   0.163  -0.174  -0.305          -0.518   0.527
X3     0.424   0.378   0.156                          -0.174  -0.781
X4    -0.213   0.451           0.516   0.539  -0.288  -0.249   0.220
X5    -0.388   0.331   0.321  -0.199  -0.450  -0.582   0.233
X6    -0.352   0.403   0.145   0.279  -0.317   0.714
X7     0.215  -0.377   0.140   0.758  -0.418  -0.194
X8             0.273  -0.891          -0.322  -0.122
```

(3) 确定主成分. 前两个主成分的累积方差贡献率为 75.03%, 前三个主成分的累积方差贡献率为 86.66%, 按照累积方差贡献率大于 80%的原则, 主成分的个数取为 3. 前三个主成分分别为:

$$z_1^* = 0.477X_1^* + 0.473X_2^* + 0.424X_3^* - 0.213X_4^* - 0.388X_5^* - 0.352X_6^* + 0.215X_7^*$$

$$z_2^* = 0.296X_1^* + 0.278X_2^* + 0.378X_3^* + 0.451X_4^* + 0.331X_5^* + 0.403X_6^*$$
$$- 0.377X_7^* + 0.273X_8^*$$

$$z_3^* = 0.104X_1^* + 0.163X_2^* + 0.156X_3^* + 0.321X_5^* + 0.145X_6^* + 0.140X_7^* - 0.891X_8^*$$

第一主成分在 X_1^*, X_2^* 和 X_3^* 三个指标上取值为正且载荷值较大, 可视为反映生产规模和生产条件的主成分; 第二主成分在 X_4^* 和 X_6^* 这两个指标上取值为正且载荷值较大, 可视为反映生产效率的主成分; 第三主成分在 X_8^* 上的取值为负且载荷值特别大, 可视为反映能源利用效率的主成分.

(4) 画碎石图和前两个主成分的载荷图 (见图 6-7 和图 6-8), R 程序如下:

```
> screeplot(PCAd6.2,type="barplot")    #画碎石图, 用直方图类型
> load=loadings(PCAd6.2)    # 提取主成分载荷矩阵
> plot(load[,1:2],xlim=c(-0.5,0.7),ylim=c(-0.5,0.6))    # 用载荷矩阵前两列作散点图
> rnames=c("固定资产","职工人数","工业总产值","劳动生产率","百元产值","利税率","燃料消费","能源利用")    # 用中文命名
> text(load[,1],load[,2],labels=rnames,adj=c(-0.2, 0.1),cex=0.7)    # 用中文标号
> abline(h=0,v=0)    # 划分象限
```

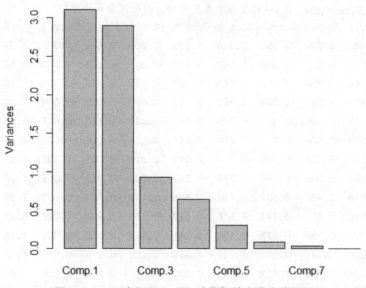

图 6-7 13 个行业 8 项经济指标的主成分碎石图

按图 6-8 绘制的散点位置, 可将 8 个行业指标按前两个主成分进行分类: 年末固

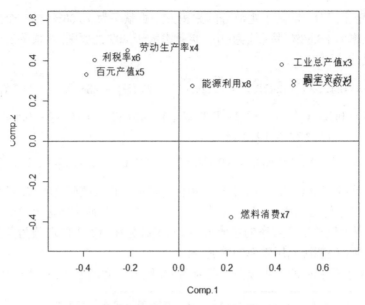

图 6-8　前两个主成分的载荷散点图

定资产净值 X_1^*、职工人数 X_2^* 和工业总产值 X_3^* 分为一类, 反映生产规模; 全员劳动生产率 X_4^*、百元固定资产原值实现产值 X_5^* 和资金利税率 X_6^* 分为一类, 反映生产效率; 标准燃料消费量 X_7^*, 能源利用效果 X_8^* 各自单独分为一类.

(5) 计算主成分得分和行业综合得分及排名.

```
> A=round(PCAd6.2$scores,3)    #计算主成分得分, 取 3 位小数
> B=round(apply(A[,1:3],1,crossprod),2)    #按行加总前 3 个主成分上的载荷平方得综
合得分
> cbind(A,B,rank(B))    #按列合并主成分得分、综合得分和排序
       Comp.1 Comp.2 Comp.3 Comp.4 Comp.5 Comp.6 Comp.7 Comp.8     B
冶金    1.535  0.790  0.560  0.510  1.102 -0.003  0.411  0.005  3.29  6
电力    0.519 -2.697  0.238  0.887  0.167 -0.303 -0.132  0.070  7.60  9
煤炭    1.100 -3.357  0.426  0.606 -0.968  0.062  0.086 -0.025 12.66 12
化学    0.479  1.232 -1.038  1.665  0.012  0.078 -0.009 -0.054  2.82  5
机器    4.713  2.355  0.487 -0.789 -0.517  0.020 -0.126  0.024 28.00 13
建材    0.343 -1.846  0.032 -0.976  0.384  0.215 -0.028 -0.070  3.53  7
森工   -1.148 -0.331  0.293 -0.720  0.095  0.316 -0.005 -0.036  1.51  2
食品   -2.285  2.336  1.144  0.579 -0.595  0.012 -0.042 -0.055 11.99 11
纺织   -0.876  0.932  0.367  0.134  0.548 -0.488 -0.300 -0.001  1.77  4
缝纫   -2.115  0.859  0.240 -0.535 -0.674 -0.186  0.291  0.076  5.27  8
皮革   -0.742 -0.786 -0.128 -1.156  0.244 -0.398  0.019 -0.031  1.18  1
造纸   -1.250  0.032  0.299  0.085  0.386  0.669 -0.176  0.082  1.65  3
文教   -0.274  0.483 -2.921 -0.289 -0.184  0.007  0.013  0.016  8.84 10
```

利用各个行业主成分得分数据, 按行加总前 3 个主成分上载荷的平方得到综合得分 (这里借鉴了因子分析中共同度的思想, 参见第 7 章因子分析) 以及该行业在 13 个

行业中的排名 (见上面输出结果倒数第二列和最后一列). 可以看出, 机器行业在该地区的综合得分排名最高, 原始数据也反映出机器行业存在明显的规模优势. 排名第二的是煤炭行业, 排名第三的是食品行业, 排名后三位的依次为皮革、森工和造纸行业.

注意, 用不同的软件作主成分分析时, 得到的载荷矩阵的列可能是单位正交的特征向量, 也可能是单位正交的特征向量乘以相应特征值的平方根, 而且可能相差一个符号. 上面计算各行业综合得分时, 把所取的主成分上载荷的平方相加, 就是为了消除符号的影响, 突出载荷绝对值都较大的行业.

还可以用函数 biplot() 来绘制 13 个行业样本点在第一主成分和第二主成分坐标系下的双坐标散点图 (见图 6–9), 并对图中各行业所处位置作出适当解释 (略), R 程序如下:

```
> biplot(PCAd6.2,scale=0.5)     # 绘制 13 个行业样本点关于前两个主成分的散点图
```

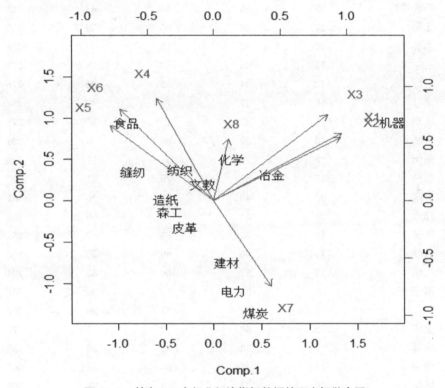

图 6-9 某市 13 个行业经济指标数据的双坐标散点图

6.4 案例: 城市空气质量数据的主成分回归分析

主成分回归是主成分分析和线性回归分析结合的产物, 是一种常用的回归分析方法. 它的基本思想是先用主成分分析法对回归模型中的多重共线性进行消除, 然后将主成分变量作为自变量进行回归分析, 还可将主成分回归模型中的自变量还原为原始

变量得到新的模型. 下面通过一个例子来介绍主成分回归模型.

案例 6.1 (数据文件为 case6.1) 表 6-3 给出了 2017 年全国 31 个主要城市空气质量部分年度数据. 它们分别为: 二氧化硫年平均浓度 x_1 ($\mu g/m^3$)、二氧化氮年平均浓度 x_2 ($\mu g/m^3$)、可吸入颗粒物 (PM10) 年平均浓度 x_3 ($\mu g/m^3$)、细颗粒物 (PM2.5) 年平均浓度 x_4 ($\mu g/m^3$)、空气质量达到及好于二级的天数 y (天). 根据这些数据作线性回归分析和主成分回归分析, 并比较它们的异同.

表 6-3　2017 年全国 31 个主要城市空气质量年度数据

城市	x_1	x_2	x_3	x_4	y
北京	8	46	84	58	226
天津	16	50	94	62	209
石家庄	33	54	154	86	151
太原	54	54	131	65	176
呼和浩特	29	45	95	43	255
沈阳	37	40	85	50	256
长春	26	40	78	46	276
哈尔滨	25	44	84	58	271
上海	12	44	55	39	275
南京	16	47	76	40	264
杭州	11	45	72	45	271
合肥	12	52	80	56	224
福州	6	29	51	27	349
南昌	15	37	76	41	300
济南	25	48	128	65	181
郑州	21	54	118	66	166
武汉	10	50	85	52	255
长沙	13	40	69	52	262
广州	12	52	56	35	294
南宁	11	35	56	35	337
海口	6	12	37	20	352
重庆	12	46	72	45	277
成都	11	53	88	56	235
贵阳	13	27	53	32	347
昆明	15	32	58	28	360
拉萨	8	23	54	20	361
西安	19	59	126	73	180
兰州	20	57	111	49	232
西宁	24	40	83	34	294
银川	48	42	106	48	232
乌鲁木齐	13	49	105	70	241

资料来源: 中华人民共和国国家统计局. 中国统计年鉴: 2018. 北京: 中国统计出版社, 2018.

解: (1) 先作线性回归分析, 类似于第 2 章的方法, R 程序及结果如下:

```
> setwd("C:/data")    #设定工作路径
> c6.1<-read.csv("case6.1.csv",header=T)    #将 case6.1.csv 数据读入到 c6.1 中
> options(digits=3)    #取三位有效数字
> lmc6.1<-lm(y~1+x1+x2+x3+x4, data= c6.1)
> summary(lmc6.1)
Call:
lm(formula = y ~ 1 + x1 + x2 + x3 + x4, data = c6.1)
Residuals:
    Min      1Q  Median     3Q     Max
 -34.64  -11.00    1.61   7.81   33.92
Coefficients:
              Estimate   Std. Error   t value   Pr(>|t|)
 (Intercept)   461.413      13.907      33.18    <2e-16***
 x1             -0.292       0.407       -0.72    0.4805
 x2             -1.461       0.512       -2.86    0.0083**
 x3             -0.623       0.331       -1.88    0.0712.
 x4             -1.622       0.516       -3.15    0.0041**
---
Signif.  codes:  0 '***' 0.001 '**' 0.01 '*' 0.05 '.'  0.1 ' ' 1
Residual standard error:  17.9 on 26 degrees of freedom
Multiple R-squared:  0.92, Adjusted R-squared:  0.907
F-statistic:  74.3 on 4 and 26 DF, p-value:  7.71e-14
```

从上述输出结果可以看出, 回归方程是非常显著的, R^2 为 0.92, 模型拟合效果很好, 但 x_1 和 x_3 的回归系数没有通过显著性检验 (在 0.05 的显著性水平下). 回归方程为:

$$y = 461.413 - 0.292x_1 - 1.461x_2 - 0.623x_3 - 1.622x_4$$

也可进行逐步回归, R 程序及结果如下:

```
> summary(step(lmc6.1))
......
Call:
lm(formula = y ~ x2 + x3 + x4, data = c6.1)
Residuals:
    Min      1Q  Median     3Q     Max
 -33.22  -13.36    1.24   10.53   35.79
Coefficients:
              Estimate   Std. Error   t value   Pr(>|t|)
 (Intercept)   460.902      13.763      33.49    <2e-16***
 x2             -1.412       0.502       -2.81    0.0091**
 x3             -0.778       0.248       -3.14    0.0041**
 x4             -1.497       0.481       -3.11    0.0043**
---
Signif.  codes:  0 '***' 0.001 '**' 0.01 '*' 0.05 '.'  0.1 ' ' 1
```

```
Residual standard error: 17.7 on 27 degrees of freedom
Multiple R-squared: 0.918, Adjusted R-squared: 0.909
F-statistic: 101 on 3 and 27 DF, p-value: 9e-15
```

从输出结果可见, 回归方程和四个回归系数均是非常显著的, R^2 为 0.918, 模型拟合效果也很好, 逐步回归所得方程为:

$$y = 460.902 - 1.412x_2 - 0.778x_3 - 1.497x_4$$

(2) 再作主成分回归分析, 先求样本相关系数阵, R 程序及结果如下:

```
> R=round(cor(c6.1[,2:6]), 3); R    # 求样本相关系数矩阵, 保留三位小数
        x1      x2      x3      x4       y
x1    1.000   0.313   0.641   0.408  -0.506
x2    0.313   1.000   0.732   0.789  -0.840
x3    0.641   0.732   1.000   0.879  -0.906
x4    0.408   0.789   0.879   1.000  -0.925
 y   -0.506  -0.840  -0.906  -0.925   1.000
```

可见 x_3, x_4 与 y 两两高度相关, 可用主成分降维, 作主成分回归的 R 程序及结果如下:

```
> c6.1pr<-princomp(x1+x2+x3+x4,data=c6.1,cor=T)    # 公式法作主成分回归
> summary(c6.1pr,loadings=T)
Importance of components:
                       Comp.1   Comp.2   Comp.3   Comp.4
 Standard deviation     1.711    0.873   0.4825   0.2779
 Proportion of Variance 0.732    0.191   0.0582   0.0193
 Cumulative Proportion  0.732    0.923   0.9807   1.0000
```

前两个主成分累积贡献率已超过 92%, 故选择前两个主成分就足够了.

注意: 用公式法作主成分回归时公式左侧不能有响应变量. 也可采用矩阵形式来作主成分回归. 其格式为:

```
> c6.1pr<- princomp(c6.1 [,2:5], cor=T)    #用矩阵形式作主成分回归
```

下面计算样本主成分得分, 并将第 1 和第 2 主成分得分放入数据框 c6.1 的后两列中, 记作 z_1 和 z_2, 再作响应变量 y 关于两个主成分 z_1 和 z_2 的回归分析.

```
> pre<-predict(c6.1pr)    #计算主成分得分
> c6.1$z1<-pre[,1]; c6.1$z2<-pre[,2]
> lmpr<-lm(y~z1+z2,data=c6.1)    # 作 y 关于主成分 z1 和 z2 的回归
> summary(lmpr)
Call:
lm(formula = y ~ z1 + z2, data = c6.1)
Residuals:
```

```
    Min      1Q   Median      3Q     Max
 -40.99   -10.90    1.21    9.27   32.34
Coefficients:
                Estimate  Std.  Error   t value   Pr(>|t|)
 (Intercept)     261.58          3.15     83.03   <2e-16***
 z1              -31.89          1.84    -17.32    <2e-16***
 z2                9.49          3.61      2.63    0.014*

 ---
Signif.  codes:  0 '***' 0.001 '**' 0.01 '*' 0.05 '.'  0.1 ' ' 1
Residual standard error:  17.5 on 28 degrees of freedom
Multiple R-squared:  0.916, Adjusted R-squared:  0.91
F-statistic:  153 on 2 and 28 DF, p-value:  8.15e-16
```

可见, 作 y 关于两个主成分 z_1 和 z_2 的回归分析效果理想, 回归方程和三个回归系数均是非常显著的, R^2 为 0.916, 模型拟合效果也很好, 主成分回归方程为:

$$y = 261.58 - 31.89z_1 + 9.49z_2$$

主成分回归是主成分分析和线性回归分析结合的产物, 是回归分析的一种新的形式, 但使用起来并不方便. 可以利用主成分与原来自变量间的关系 $\boldsymbol{Z}^* = \boldsymbol{P}^{\mathrm{T}}\boldsymbol{X}^*$ 将主成分还原为原来的自变量, 参见本章参考文献 [4]. R 程序及结果如下:

```
> beta<-coef(lmpr); A<-loadings(c6.1pr)[,1:2]
> x.bar<-c6.1pr$center; x.sd<-c6.1pr$scale
> coef<-A %*% beta[2:3]/x.sd
> beta0 <- beta[1]- x.bar %*% coef
> c(beta0, coef)
[1] 467.330 -0.358 -1.927 -0.635 -1.279
```

由输出结果知将主成分 z_1 和 z_2 还原为原始变量后所得回归方程如下:

$$y = 467.330 - 0.358x_1 - 1.927x_2 - 0.635x_3 - 1.279x_4$$

将它和最初得到的回归方程 $y = 461.413 - 0.292x_1 - 1.461x_2 - 0.623x_3 - 1.622x_4$ 进行比较发现, 两者差异不大, 但要注意这里所得的回归方程是从主成分回归方程 (方程和回归系数均显著) 变形而来的, 而最初回归方程中 x_1 和 x_3 的回归系数不显著, 故这里所得的回归方程更合理. 还可将原始样本数据分别代入这两个回归方程作回代预测, 会发现主成分回归方程变形所得的回归方程预测效果相对要好一些, 详情留给读者自己验证.

习题

6.1　(数据文件为 ex6.1) 利用主成分分析法, 对表 6-4 中给出的某地某年 6 个工业行业的经济效益指标进行综合评价.

表 6-4 某地某年 6 个工业行业的经济效益指标　　　　　单位: 亿元

行业名称	资产总计	固定资产净值平均余额	产品销售收入	利润总额
煤炭开采和选业	6 917.2	3 032.7	683.3	61.6
石油和天然气开采业	5 675.9	3 926.2	717.5	3 387.7
黑色金属矿采选业	768.1	221.2	96.5	13.8
有色金属矿采选业	622.4	248.0	116.4	21.6
非金属矿采选业	699.9	291.5	84.9	6.2
其他采矿业	1.6	0.5	0.3	0.0

6.2　(数据文件为 ex6.2) 利用表 6–5 中的数据对某市 15 个主要大中型企业的 7 个经济效益指标进行主成分分析.

表 6-5 某市 15 个主要大中型企业经济效益指标　　　　　单位: 亿元

企业	X_1	X_2	X_3	X_4	X_5	X_6	X_7
A	53.25	16.68	18.4	26.75	55	31.84	1.75
B	59.82	19.70	19.2	27.56	55	32.94	2.87
C	46.78	15.20	16.24	23.40	65	32.98	1.53
D	34.39	7.29	4.76	8.97	62	21.30	1.63
E	75.32	29.45	43.68	56.49	69	40.74	2.14
F	66.46	32.93	33.87	42.78	50	47.98	2.60
G	68.18	25.39	27.56	37.85	63	33.76	2.43
H	56.13	15.05	14.21	19.49	76	27.21	1.75
I	59.25	19.82	20.17	28.78	71	33.41	1.83
J	52.47	21.13	26.52	35.20	62	39.16	1.73
K	55.76	16.75	19.23	28.72	58	29.62	1.52
L	61.19	15.83	17.43	28.03	61	26.40	1.60
M	50.41	16.53	20.63	29.73	69	32.49	1.31
N	67.95	22.24	37.00	54.59	63	31.05	1.57
O	51.07	12.92	12.54	20.82	66	25.12	1.83

6.3　(数据文件为 ex6.3) 表 6–6 给出了全国 28 个省市 19 ~ 22 岁年龄组城市男生身体形态指标 (身高 x_1、坐高 x_2、体重 x_3、胸围 x_4、肩宽 x_5 和盆骨宽 x_6). 试对这 6 个指标进行主成分分析.

表 6-6 全国 28 个省市 19~22 岁年龄组城市男生形体指标

序号	地区	身高 x_1	坐高 x_2	体重 x_3	胸围 x_4	肩宽 x_5	盆骨宽 x_6
1	北京	173.28	93.62	60.10	86.72	38.97	27.51
2	天津	172.09	92.83	60.38	87.39	38.62	27.82
3	河北	171.46	92.73	59.74	85.59	38.83	27.46
4	山西	170.08	92.25	58.04	85.92	38.33	27.29
5	内蒙古	170.61	92.36	59.67	87.46	38.38	27.14

续表

序号	地区	身高 x_1	坐高 x_2	体重 x_3	胸围 x_4	肩宽 x_5	盆骨宽 x_6
6	辽宁	171.69	92.85	59.44	87.45	38.19	27.10
7	吉林	171.46	92.93	58.70	87.06	38.58	27.36
8	黑龙江	171.60	93.28	59.75	88.03	38.68	27.22
9	山东	171.60	92.26	60.50	87.63	38.79	26.63
10	陕西	171.16	92.62	58.72	87.11	38.19	27.18
11	甘肃	170.04	92.17	56.95	88.08	38.24	27.65
13	宁夏	170.61	92.50	57.34	85.61	38.52	27.36
14	新疆	171.39	92.44	58.92	85.37	38.83	26.47
15	上海	171.83	92.79	56.85	85.35	38.58	27.03
16	江苏	171.36	92.53	58.39	87.09	38.23	27.04
17	浙江	171.24	92.61	57.69	83.98	39.04	27.07
18	安徽	170.49	92.03	57.56	87.18	38.54	27.57
21	河南	170.43	92.38	57.87	84.87	38.78	27.37
12	青海	170.27	91.94	56.00	84.52	37.16	26.81
19	福建	169.43	91.67	57.22	83.87	38.41	26.60
20	江西	168.57	91.40	55.96	83.02	38.74	26.97
22	湖北	169.88	91.89	56.87	86.34	38.37	27.19
23	湖南	167.94	90.91	55.97	86.77	38.17	27.16
24	广东	168.82	91.30	56.07	85.87	37.61	26.67
25	广西	168.02	91.26	55.28	85.63	39.66	28.07
26	四川	167.87	90.96	55.79	84.92	38.20	26.53
27	贵州	168.15	91.50	54.56	84.81	38.44	27.38
28	云南	168.99	91.52	55.11	86.23	38.30	27.14

6.4　(数据文件为 ex6.4) 对 128 个成年男子的身材进行测量, 每人各测得 16 项指标: 身高 (X_1)、坐高 (X_2)、胸围 (X_3)、头高 (X_4)、裤长 (X_5)、下裆长 (X_6)、手长 (X_7)、领围 (X_8)、前胸 (X_9)、后背 (X_{10})、肩厚 (X_{11})、肩宽 (X_{12})、袖长 (X_{13})、肋围 (X_{14})、腰围 (X_{15}) 和腿肚围 (X_{16}). 表 6–7 给出了这 16 项指标的相关系数矩阵 $\boldsymbol{R}$, 试从 $\boldsymbol{R}$ 出发进行主成分分析, 并对这 16 项指标进行分类.

表 6–7　128 个成年男子身材指标的相关系数矩阵

	X_1	X_2	X_3	X_4	X_5	X_6	X_7	X_8	X_9	X_{10}	X_{11}	X_{12}	X_{13}	X_{14}	X_{15}	X_{16}
X_1	1.00	0.79	0.36	0.96	0.89	0.79	0.76	0.26	0.21	0.26	0.07	0.52	0.77	0.25	0.51	0.21
X_2	0.79	1.00	0.31	0.74	0.58	0.58	0.55	0.19	0.07	0.16	0.21	0.41	0.47	0.17	0.35	0.16
X_3	0.36	0.31	1.00	0.38	0.31	0.30	0.35	0.58	0.28	0.33	0.38	0.35	0.41	0.64	0.58	0.51
X_4	0.96	0.74	0.38	1.00	0.90	0.78	0.75	0.25	0.20	0.22	0.08	0.53	0.79	0.27	0.57	0.26
X_5	0.89	0.58	0.31	0.90	1.00	0.79	0.74	0.25	0.18	0.23	−0.02	0.48	0.79	0.27	0.51	0.23
X_6	0.79	0.58	0.30	0.78	0.79	1.00	0.73	0.18	0.18	0.23	0.00	0.38	0.69	0.14	0.26	0.00
X_7	0.76	0.55	0.35	0.75	0.74	0.73	1.00	0.24	0.29	0.25	0.10	0.44	0.67	0.16	0.38	0.12

续表

	X_1	X_2	X_3	X_4	X_5	X_6	X_7	X_8	X_9	X_{10}	X_{11}	X_{12}	X_{13}	X_{14}	X_{15}	X_{16}
X_8	0.26	0.19	0.58	0.25	0.25	0.18	0.24	1.00	−0.04	0.49	0.44	0.30	0.32	0.51	0.51	0.38
X_9	0.21	0.07	0.28	0.20	0.18	0.18	0.29	−0.04	1.00	−0.34	−0.16	−0.05	0.23	0.21	0.15	0.18
X_{10}	0.26	0.16	0.33	0.22	0.23	0.23	0.25	0.49	−0.34	1.00	0.23	0.50	0.31	0.15	0.29	0.14
X_{11}	0.07	0.21	0.38	0.08	−0.02	0.00	0.10	0.44	−0.16	0.23	1.00	0.24	0.10	0.31	0.28	0.31
X_{12}	0.52	0.41	0.35	0.53	0.48	0.38	0.44	0.30	−0.05	0.50	0.24	1.00	0.62	0.17	0.41	0.18
X_{13}	0.77	0.47	0.41	0.79	0.79	0.69	0.67	0.32	0.23	0.31	0.10	0.62	1.00	0.26	0.50	0.24
X_{14}	0.25	0.17	0.64	0.27	0.27	0.14	0.16	0.51	0.21	0.15	0.31	0.17	0.26	1.00	0.63	0.50
X_{15}	0.51	0.35	0.58	0.57	0.51	0.26	0.38	0.51	0.15	0.29	0.28	0.41	0.50	0.63	1.00	0.65
X_{16}	0.21	0.16	0.51	0.26	0.23	0.00	0.12	0.38	0.18	0.14	0.31	0.18	0.24	0.50	0.65	1.00

6.5 (数据文件为 ex6.5) 表 6–8 为某地农业生态经济系统各区域相关指标数据, 运用主成分分析方法, 用少量指标较为精确地描述该地区农业生态经济的发展状况. 其中, x_1 为人口密度 (人/平方千米); x_2 为人均耕地面积 (公顷); x_3 为森林覆盖率 (%); x_4 为农民人均纯收入 (元/人); x_5 为人均粮食产量 (千克/人); x_6 为经济作物占农作物播种面积比例 (%); x_7 为耕地占土地面积比例 (%); x_8 为果园与林地面积之比 (%); x_9 为灌溉田占耕地面积比例 (%).

表 6-8 某地农业生态经济系统各区域相关指标数据

序号	x_1	x_2	x_3	x_4	x_5	x_6	x_7	x_8	x_9
1	363.912	0.352	16.101	192.11	295.34	26.724	18.492	2.231	26.262
2	141.503	1.684	24.301	1 752.35	452.26	32.314	14.464	1.455	27.066
3	100.695	1.067	65.601	1 181.54	270.12	18.266	0.162	7.474	12.489
4	143.739	1.336	33.205	1 436.12	354.26	17.486	11.805	1.892	17.534
5	131.412	1.623	16.607	1 405.09	586.59	40.683	14.401	0.303	22.932
6	68.337	2.032	76.204	1 540.29	216.39	8.128	4.065	0.011	4.861
7	95.416	0.801	71.106	926.35	291.52	8.135	4.063	0.012	4.862
8	62.901	1.652	73.307	1 501.24	225.25	18.352	2.645	0.034	3.201
9	86.624	0.841	68.904	897.36	196.37	16.861	5.176	0.055	6.167
10	91.394	0.812	66.502	911.24	226.51	18.279	5.643	0.076	4.477
11	76.912	0.858	50.302	103.52	217.09	19.793	4.881	0.001	6.165
12	51.274	1.041	64.609	968.33	181.38	4.005	4.066	0.015	5.402
13	68.831	0.836	62.804	957.14	194.04	9.110	4.484	0.002	5.790
14	77.301	0.623	60.102	824.37	188.09	19.409	5.721	5.055	8.413
15	76.948	1.022	68.001	1 255.42	211.55	11.102	3.133	0.010	3.425
16	99.265	0.654	60.702	1 251.03	220.91	4.383	4.615	0.011	5.593
17	118.505	0.661	63.304	1 246.47	242.16	10.706	6.053	0.154	8.701
18	141.473	0.737	54.206	814.21	193.46	11.419	6.442	0.012	12.945
19	137.761	0.598	55.901	1 124.05	228.44	9.521	7.881	0.069	12.654
20	117.612	1.245	54.503	805.67	175.23	18.106	5.789	0.048	8.461
21	122.781	0.731	49.102	1 313.11	236.29	26.724	7.162	0.092	10.078

6.6　(数据文件为 ex6.6) 表 6-9 给出了 2017 年我国部分主要城市废水中主要污染物排放量数据. 它们分别是: 工业废水排放量 x_1 (万吨)、工业化学需氧量排放量 x_2 (吨)、工业氨氮排放量 x_3 (吨)、城镇生活污水排放量 x_4 (万吨)、生活化学需氧量排放量 x_5 (吨) 和生活氨氮排放量 x_6 (吨). 请根据这 16 个城市的废水中污染物排放量数据对这六个指标进行主成分分析.

表 6-9　2017 年我国部分主要城市废水中主要污染物排放量数据

城市	x_1	x_2	x_3	x_4	x_5	x_6
北京	8 494.16	2 232	97	124 505.00	70 312	5 571
天津	18 106.70	9 041	620	72 577.67	71 558	13 434
石家庄	7 470.24	11 567	1 969	34 503.19	54 211	7 673
上海	31 585.90	12 890	889	179 910.00	125 842	35 826
南京	14 921.90	5 309	286	69 102.00	88 158	10 203
杭州	24 559.49	12 639	507	68 050.91	41 314	7 292
福州	4 390.09	2 229	91	39 406.85	61 185	9 011
武汉	11 931.40	3 219	249	79 471.64	65 635	13 167
广州	20 604.62	8 814	467	151 794.68	105 380	19 092
南宁	4 198.93	6 705	367	32 086.31	63 629	4 660
海口	597.78	156	13	15 471.46	6 439	2 957
重庆	19 303.55	15 606	1 111	181 252.34	235 812	33 606
成都	8 319.08	3 992	265	139 670.11	92 907	9 132
昆明	2 761.34	3 444	218	71 493.65	2 063	1 590
西安	4 247.57	1 247	77	72 020.99	23 684	2 556
乌鲁木齐	3 337.13	3 288	407	17 105.45	9 742	3 473

资料来源: 中华人民共和国国家统计局. 中国统计年鉴: 2018. 北京: 中国统计出版社, 2018.

6.7　(数据文件为 ex6.7) 我国 2017 年各地区城镇居民人均全年消费数据如表 6-10 所示, 这些指标分别从食品烟酒 (x_1)、衣着 (x_2)、居住 (x_3)、生活用品及服务 (x_4)、交通通信 (x_5)、教育文化娱乐 (x_6)、医疗保健 (x_7) 和其他用品及服务 (x_8) 八个方面来描述消费情况. 试对这些数据进行主成分分析.

表 6-10　2017 年我国分地区城镇居民人均消费支出数据　　单位: 元

地区	食品烟酒	衣着	居住	生活用品及服务	交通通信	教育文化娱乐	医疗保健	其他用品及服务
北京	8 003.3	2 428.7	13 347.4	2 633.0	5 395.5	4 325.2	3088.0	1 125.1
天津	9 456.2	2 118.9	6 469.9	1 773.8	3 924.2	2 979.0	2 599.5	962.2
河北	5 067.1	1 688.8	5 047.6	1 485.1	2 923.3	2 172.7	1 737.3	478.4
山西	4 244.2	1 774.4	3 866.6	1 093.8	2 658.2	2 559.4	1 741.4	465.9
内蒙古	6 468.8	2 576.7	4 108.0	1 670.2	3 511.3	2 636.7	1907.3	758.8
辽宁	6 988.3	2 167.9	4 510.6	1 536.8	3 770.7	3 164.3	2 380.1	860.6
吉林	5 168.7	1 954.1	3 800.0	1 114.9	2 785.2	2 445.4	2 164.0	619.0
黑龙江	5 247.0	1 920.8	3 644.1	1 030.8	2 563.9	2 289.5	1966.7	606.9
上海	10 456.5	1 827.0	14 749.0	1 927.9	4 253.5	5 087.2	2 734.7	1 268.5

续表

地区	食品烟酒	衣着	居住	生活用品及服务	交通通信	教育文化娱乐	医疗保健	其他用品及服务
江苏	7 616.2	1 838.5	6 773.5	1 708.6	3 971.6	3 450.5	1 573.7	793.6
浙江	8 906.1	1 925.7	8 413.5	1 617.4	4 955.8	3 521.1	1 871.8	713.0
安徽	6 665.3	1 544.1	4 234.6	1 215.0	2 914.3	2 372.2	1 274.5	520.1
福建	8 551.6	1 438.0	6 829.1	1 478.1	3 353.0	2 483.5	1 235.1	612.1
江西	5 994.0	1 531.2	4 588.8	1 196.2	2 156.9	2 235.4	1 044.3	497.7
山东	6 179.6	2 033.6	4 894.8	1 736.5	3 284.4	2 622.5	1 780.6	540.2
河南	5 187.8	1 779.3	4 226.6	1 572.1	2 269.6	2 226.9	1 611.5	548.5
湖北	6 542.5	1 544.8	4 669.4	1 287.2	2 131.7	2 420.9	2 165.5	513.6
湖南	6 585.0	1 682.4	4 353.2	1 492.6	2 904.6	3 972.9	1 693.0	478.9
广东	9 711.7	1 587.1	7 127.8	1 782.8	4 285.5	3 284.3	1 503.6	915.1
广西	6 098.5	908.1	3 884.6	1 093.3	2 607.3	2 151.5	1 254.2	351.0
海南	7 575.3	895.7	3 855.9	1 102.8	2 811.5	2 236.1	1 505.1	389.5
重庆	7 305.3	1 950.9	3 960.4	1 592.1	2 992.0	2 528.5	1 882.5	547.5
四川	7 329.3	1 723.3	3 906.2	1 403.8	3 198.3	2 221.9	1 595.6	612.1
贵州	6 242.6	1 570.0	3 819.8	1 359.2	2 889.0	2 731.3	1 244.0	491.9
云南	5 665.1	1 144.2	3 904.8	1 162.7	3 113.6	2 363.1	1 786.6	419.5
西藏	9 253.6	1 973.3	4 183.6	1 161.8	2 312.5	1 044.0	639.7	519.0
陕西	5 798.6	1 627.0	3 796.5	1 486.6	2 394.7	2 617.9	2 140.8	526.1
甘肃	6 032.6	1 905.8	3 828.3	1 358.0	2 952.6	2 341.9	1 741.2	499.1
青海	6 060.8	1 901.1	3 836.8	1 398.8	3 241.3	2 528.3	1 948.6	557.2
宁夏	4 952.2	1 768.1	3 680.3	1 257.1	3 470.9	2 629.7	1 936.6	524.5
新疆	6 359.6	2 025.3	3 954.7	1 590.0	3 545.2	2 629.5	2 065.6	627.1

资料来源: 中华人民共和国国家统计局. 中国统计年鉴: 2018. 北京: 中国统计出版社, 2018.

参考文献

[1] 孙文爽, 陈兰祥. 多元统计分析. 北京: 高等教育出版社, 1994.
[2] Robert I. Kabacoff. R 语言实战. 北京: 人民邮电出版社, 2013.
[3] 朱建平. 应用多元统计分析. 北京: 科学出版社, 2006.
[4] 薛毅, 陈立萍. 统计建模与 R 软件. 北京: 清华大学出版社, 2007.

C 第 7 章
Chapter 7　因子分析

因子分析 (factor analysis) 最早起源于 Karl Pearson 和 Charles Spearman 等人关于智力的定义和测量工作, 因子分析的基本目的是, 只要可能, 就用少数几个潜在的不能观察的随机变量 (称为因子) 去描述多个随机变量之间的协方差关系. 从这点上看, 因子分析与主成分分析有相似之处, 但因子分析中的因子是不可观察的, 也不必是相互正交的变量. **因子分析**可以视为主成分分析的一种推广, 它的基本思想是: 根据相关性大小把变量分组, 使得组内的变量相关性较高, 但不同组的变量相关性较低, 则每组变量可以代表一个基本结构, 称为**因子**, 它反映已经观测到的相关性. 因子分析可以用来研究变量之间的相关关系, 称为 **R 型因子分析**; 也可以用来研究样品之间的相关关系, 称为 **Q 型因子分析**. 二者虽然形式上有所不同, 但数学处理上是一样的, 所以本章只介绍 R 型因子分析.

7.1　正交因子模型

设 p 维随机向量 $\boldsymbol{X} = (x_1, x_2, \cdots, x_p)^{\mathrm{T}}$ 的期望为 $\boldsymbol{\mu} = (\mu_1, \mu_2, \cdots, \mu_p)^{\mathrm{T}}$, 协方差矩阵为 $\boldsymbol{\Sigma}$, 假定 $\boldsymbol{X}$ 线性地依赖于少数几个不可观测的随机变量 $f_1, f_2, \cdots, f_m (m < p)$ 和 p 个附加的方差 $\varepsilon_1, \varepsilon_2, \cdots, \varepsilon_p$, 一般称 $f_1, f_2, \cdots, f_m$ 为**公因子**, 称 $\varepsilon_1, \varepsilon_2, \cdots, \varepsilon_p$ 为**特殊因子**或误差. 那么, 因子模型为:

$$
\begin{aligned}
x_1 &= \mu_1 + a_{11}f_1 + a_{12}f_2 + \cdots + a_{1m}f_m + \varepsilon_1 \\
x_2 &= \mu_2 + a_{21}f_1 + a_{22}f_2 + \cdots + a_{2m}f_m + \varepsilon_2 \\
&\vdots \\
x_p &= \mu_p + a_{p1}f_1 + a_{p2}f_2 + \cdots + a_{pm}f_m + \varepsilon_p
\end{aligned}
\tag{7.1}
$$

引入矩阵符号, 记

$$
\boldsymbol{A} = \begin{bmatrix} a_{11} & a_{12} & \cdots & a_{1m} \\ a_{21} & a_{22} & \cdots & a_{2m} \\ \vdots & \vdots & & \vdots \\ a_{p1} & a_{p2} & \cdots & a_{pm} \end{bmatrix}, \quad \boldsymbol{F} = \begin{bmatrix} f_1 \\ f_2 \\ \vdots \\ f_m \end{bmatrix}, \quad \boldsymbol{\varepsilon} = \begin{bmatrix} \varepsilon_1 \\ \varepsilon_2 \\ \vdots \\ \varepsilon_p \end{bmatrix}
$$

那么因子模型 (7.1) 可以写为:

$$
\boldsymbol{X} = \boldsymbol{\mu} + \boldsymbol{A}\boldsymbol{F} + \boldsymbol{\varepsilon}
\tag{7.2}
$$

式中, a_{ij} 称为第 i 个变量在第 j 个因子上的**载荷**, 矩阵 A 称为**载荷矩阵**.

我们假定

$$E(F) = 0, \quad Cov(F) = I$$
$$E(\varepsilon) = 0, \quad Cov(\varepsilon) = \Phi = \text{diag}(\phi_1, \phi_2, \cdots, \phi_p) \tag{7.3}$$
$$Cov(F, \varepsilon) = 0$$

如果模型 (7.2) 满足假定, 则称该模型为**正交因子模型**, 如果 F 的各个分量相关, 即 $Cov(F)$ 不是单位阵, 则相应的模型称为**斜交因子模型**, 本书只讨论正交因子模型.

从正交因子模型容易求得 X 的协方差矩阵

$$\begin{aligned}
\Sigma &= Cov(X) \\
&= E(X - \mu)(X - \mu)^{\mathrm{T}} \\
&= E(AF + \varepsilon)(AF + \varepsilon)^{\mathrm{T}} \\
&= E(AFF^{\mathrm{T}}A^{\mathrm{T}} + \varepsilon F^{\mathrm{T}}A^{\mathrm{T}} + AF\varepsilon^{\mathrm{T}} + \varepsilon\varepsilon^{\mathrm{T}}) \\
&= AE(FF^{\mathrm{T}})A^{\mathrm{T}} + E(\varepsilon F^{\mathrm{T}})A^{\mathrm{T}} + AE(F\varepsilon^{\mathrm{T}}) + E(\varepsilon\varepsilon^{\mathrm{T}}) \\
&= AA^{\mathrm{T}} + \Phi
\end{aligned} \tag{7.4}$$

同样, 容易求得

$$Cov(X, F) = E(X - \mu)F^{\mathrm{T}} = E(AF + \varepsilon)F^{\mathrm{T}} = A \tag{7.5}$$

由式 (7.4) 可得

$$Var(x_i) = \sigma_{ii} = a_{i1}^2 + a_{i2}^2 + \cdots + a_{im}^2 + \phi_i, \quad i = 1, 2, \cdots, p \tag{7.6}$$

该式说明 x_i 的方差由两部分构成: m 个公因子和一个特殊因子, 其中 $a_{ij}^2(j = 1, 2, \cdots, m)$ 表示第 j 个公因子对 x_i 的方差贡献, 而 ϕ_i 是第 i 个特殊因子对 x_i 的方差贡献, 称为**特殊度**. 记 $h_i^2 = a_{i1}^2 + a_{i2}^2 + \cdots + a_{im}^2$, 它表示 m 个公因子对变量 x_i 的方差贡献总和, 称为第 i 个**共同度**, 它是载荷矩阵 A 的第 i 行元素的平方和.

由式 (7.5) 可得

$$Cov(x_i, f_j) = a_{ij}, \quad i = 1, 2, \cdots, p; j = 1, 2, \cdots, m \tag{7.7}$$

上式说明 a_{ij} 表示变量 x_i 与公因子 f_j 的协方差.

另外, 我们也可以考虑某个公因子 f_j 对各个变量 $x_1, x_2, \cdots, x_p$ 的影响, 采用

$$b_j^2 = a_{1j}^2 + a_{2j}^2 + \cdots + a_{pj}^2 \tag{7.8}$$

来度量这个影响的大小, b_j^2 是载荷矩阵 A 第 j 列元素的平方和, 称为公因子 f_j 对 p 个变量的方差贡献, b_j^2 越大, 表示 f_j 对 p 个变量的影响越大, 它可以作为公因子 f_j 重要性的一个度量.

需要指出的是, 当 $m > 1$ 时, 因子模型不是唯一的, 设 T 为 $m \times m$ 正交矩阵, 即 $TT^{\mathrm{T}} = T^{\mathrm{T}}T = I$, 模型 (7.2) 可改写为:

$$\begin{aligned} \boldsymbol{X} &= \boldsymbol{\mu} + \boldsymbol{AF} + \boldsymbol{\varepsilon} \\ &= \boldsymbol{\mu} + \boldsymbol{ATT}^{\mathrm{T}}\boldsymbol{F} + \boldsymbol{\varepsilon} \\ &= \boldsymbol{\mu} + \boldsymbol{A}^*\boldsymbol{F}^* + \boldsymbol{\varepsilon} \end{aligned} \tag{7.9}$$

其中, $\boldsymbol{A}^* = \boldsymbol{AT}, \boldsymbol{F}^* = \boldsymbol{T}^{\mathrm{T}}\boldsymbol{F}$, 注意到

$$\begin{aligned} E(\boldsymbol{F}^*) &= \boldsymbol{T}^{\mathrm{T}}E(\boldsymbol{F}) = \boldsymbol{0} \\ Cov(\boldsymbol{F}^*) &= \boldsymbol{T}^{\mathrm{T}}Cov(\boldsymbol{F})\boldsymbol{T} = \boldsymbol{T}^{\mathrm{T}}\boldsymbol{T} = \boldsymbol{I} \\ Cov(\boldsymbol{F}^*, \boldsymbol{\varepsilon}) &= E(\boldsymbol{F}^*\boldsymbol{\varepsilon}) = \boldsymbol{T}^{\mathrm{T}}E(\boldsymbol{F}\boldsymbol{\varepsilon}) = \boldsymbol{0} \end{aligned} \tag{7.10}$$

即 $\boldsymbol{F}^*$ 也满足式 (7.3), 显然因子 $\boldsymbol{F}$ 与 $\boldsymbol{F}^*$ 有相同的统计性质, 而相应的载荷矩阵 $\boldsymbol{A}$ 与 $\boldsymbol{A}^*$ 是不同的, 但它们产生相同的协方差矩阵 $\boldsymbol{\Sigma}$, 即

$$\boldsymbol{\Sigma} = \boldsymbol{AA}^{\mathrm{T}} + \boldsymbol{\Phi} = \boldsymbol{A}^*\boldsymbol{A}^{*\mathrm{T}} + \boldsymbol{\Phi} \tag{7.11}$$

一方面, 因为 $\boldsymbol{F}^* = \boldsymbol{T}^{\mathrm{T}}\boldsymbol{F}$, 即 $\boldsymbol{F}^*$ 是由 $\boldsymbol{F}$ 经正交变换得到的, 而 $\boldsymbol{A}^* = \boldsymbol{AT}$, 即 $\boldsymbol{A}^* = (a_{ij}^*)$ 是由 $\boldsymbol{A} = (a_{ij})$ 经正交变换得到的; 另一方面, 由式 (7.11) 易知, 变量 x_i 的共同度为:

$$h_i^2 = \sum_{j=1}^m a_{ij}^2 = \sum_{j=1}^m a_{ij}^{*2} \tag{7.12}$$

即正交变换不改变公因子的共同度.

7.2　因子模型的估计

7.2.1　主成分法

要建立因子模型, 首先要估计载荷矩阵 $\boldsymbol{A}$ 及特殊方差 $\phi_i(i = 1, 2, \cdots, p)$, 常用的估计方法有主成分法、主因子法和极大似然法等, 这里先介绍主成分法.

设 $\boldsymbol{\Sigma}$ 的特征值为 $\lambda_1, \lambda_2, \cdots, \lambda_p(\lambda_1 \geqslant \lambda_2 \geqslant \cdots \geqslant \lambda_p \geqslant 0)$, $e_1, e_2, \cdots, e_p$ 为对应的标准正交化特征向量, 那么 $\boldsymbol{\Sigma}$ 可以写为:

$$\begin{aligned} \boldsymbol{\Sigma} &= \lambda_1 e_1 e_1^{\mathrm{T}} + \lambda_2 e_2 e_2^{\mathrm{T}} + \cdots + \lambda_p e_p e_p^{\mathrm{T}} \\ &= (\sqrt{\lambda_1}e_1, \sqrt{\lambda_2}e_2, \cdots, \sqrt{\lambda_p}e_p) \begin{pmatrix} \sqrt{\lambda_1}e_1^{\mathrm{T}} \\ \sqrt{\lambda_2}e_2^{\mathrm{T}} \\ \vdots \\ \sqrt{\lambda_p}e_p^{\mathrm{T}} \end{pmatrix} \end{aligned} \tag{7.13}$$

这个分解是公因子个数为 p, 特殊因子方差为 0 的因子模型的协方差矩阵结构形式, 即

$$\boldsymbol{\Sigma} = \boldsymbol{AA}^{\mathrm{T}} + \boldsymbol{0} = \boldsymbol{AA}^{\mathrm{T}} \tag{7.14}$$

虽然上式给出的 $\boldsymbol{\Sigma}$ 因子分析表达式是精确的, 但实际应用中没有价值, 因为因子

分析的目的是要寻找少数 $m(m < p)$ 个公因子解释原来 p 个变量的协方差结构, 所以, 采用主成分分析的思想, 如果 $\boldsymbol{\Sigma}$ 的最后 $p - m$ 个特征值很小, 在式 (7.13) 中略去 $\lambda_{m+1}\boldsymbol{e}_{m+1}\boldsymbol{e}_{m+1}^{\mathrm{T}} + \cdots + \lambda_p\boldsymbol{e}_p\boldsymbol{e}_p^{\mathrm{T}}$ 对 $\boldsymbol{\Sigma}$ 的贡献, 于是得

$$\boldsymbol{\Sigma} \approx (\sqrt{\lambda_1}\boldsymbol{e}_1, \sqrt{\lambda_2}\boldsymbol{e}_2, \cdots, \sqrt{\lambda_m}\boldsymbol{e}_m)\begin{pmatrix} \sqrt{\lambda_1}\boldsymbol{e}_1^{\mathrm{T}} \\ \sqrt{\lambda_2}\boldsymbol{e}_2^{\mathrm{T}} \\ \vdots \\ \sqrt{\lambda_m}\boldsymbol{e}_m^{\mathrm{T}} \end{pmatrix} = \boldsymbol{A}\boldsymbol{A}^{\mathrm{T}} \tag{7.15}$$

这里假定了式 (7.2) 中的特殊因子是可以在 $\boldsymbol{\Sigma}$ 的分解中忽略的, 如果特殊因子不能忽略, 那么它们的方差可以取 $\boldsymbol{\Sigma} - \boldsymbol{A}\boldsymbol{A}^{\mathrm{T}}$ 的对角元, 此时有

$$\boldsymbol{\Sigma} \approx \boldsymbol{A}\boldsymbol{A}^{\mathrm{T}} + \mathrm{diag}(\boldsymbol{\Sigma} - \boldsymbol{A}\boldsymbol{A}^{\mathrm{T}})$$

$$= (\sqrt{\lambda_1}\boldsymbol{e}_1, \sqrt{\lambda_2}\boldsymbol{e}_2, \cdots, \sqrt{\lambda_m}\boldsymbol{e}_m)\begin{pmatrix} \sqrt{\lambda_1}\boldsymbol{e}_1^{\mathrm{T}} \\ \sqrt{\lambda_2}\boldsymbol{e}_2^{\mathrm{T}} \\ \vdots \\ \sqrt{\lambda_m}\boldsymbol{e}_m^{\mathrm{T}} \end{pmatrix} + \boldsymbol{\Phi} \tag{7.16}$$

式中, $\boldsymbol{\Phi} = \mathrm{diag}(\phi_1, \phi_2, \cdots, \phi_p), \phi_i = \sigma_{ii} - \sum_{j=1}^{m} a_{ij}^2 (i = 1, 2, \cdots, p)$.

实际应用中 $\boldsymbol{\Sigma}$ 是未知的, 通常用它的估计即样本协方差矩阵 $\boldsymbol{S}$ 来代替, 考虑到变量的量纲差别, 往往需要将数据标准化, 这样求得的样本协方差矩阵就是原来数据的相关系数矩阵 $\boldsymbol{R}$, 所以可以从 $\boldsymbol{R}$ 出发来估计因子载荷矩阵和特殊因子的方差.

设 $\boldsymbol{R}$ 的特征值为 $\widehat{\lambda}_1, \widehat{\lambda}_2, \cdots, \widehat{\lambda}_p(\widehat{\lambda}_1 \geqslant \widehat{\lambda}_2 \geqslant \cdots \geqslant \widehat{\lambda}_p \geqslant 0)$, $\widehat{\boldsymbol{e}}_1, \widehat{\boldsymbol{e}}_2, \cdots, \widehat{\boldsymbol{e}}_p$ 为对应的标准正交化特征向量, 设 $m < p$, 则由 $\boldsymbol{R}$ 出发因子模型的载荷矩阵的估计为:

$$\widehat{\boldsymbol{A}} = (\sqrt{\widehat{\lambda}_1}\widehat{\boldsymbol{e}}_1, \sqrt{\widehat{\lambda}_2}\widehat{\boldsymbol{e}}_2, \cdots, \sqrt{\widehat{\lambda}_m}\widehat{\boldsymbol{e}}_m) = (\widehat{a}_{ij}) \tag{7.17}$$

特殊因子的方差 ϕ_i 的估计为:

$$\widehat{\phi}_i = 1 - \sum_{j=1}^{m} \widehat{a}_{ij}^2 \tag{7.18}$$

这时, 共同度 h_i^2 的估计为:

$$\widehat{h}_i^2 = \sum_{j=1}^{m} \widehat{a}_{ij}^2, \quad i = 1, 2, \cdots, p \tag{7.19}$$

变量 x_i 与公因子 f_j 协方差的估计为 $\widehat{a}_{ij}$, 公因子 f_j 对各个变量的贡献 b_j^2 的估计为:

$$\widehat{b}_j^2 = \sum_{i=1}^{p} \widehat{a}_{ij}^2 = (\sqrt{\widehat{\lambda}_j}\widehat{\boldsymbol{e}}_j^{\mathrm{T}})(\sqrt{\widehat{\lambda}_j}\widehat{\boldsymbol{e}}_j) = \widehat{\lambda}_j, \quad j = 1, 2, \cdots, m \tag{7.20}$$

那么, 如何确定公因子数目 m 呢?

可以仿照主成分分析的思想, 比如寻找 m, 使得

$$\left(\frac{\sum\limits_{j=1}^{m} \widehat{\lambda}_j}{\sum\limits_{j=1}^{p} \widehat{\lambda}_j} \right) \times 100\% = \left(\frac{\sum\limits_{j=1}^{m} \widehat{\lambda}_j}{p} \right) \times 100\% \geqslant 80\% \tag{7.21}$$

来确定公因子数 m. 这里要注意的是主成分解, 当因子数增加时, 原来因子的估计载荷并不变, 第 j 个因子 f_j 对 $\boldsymbol{x}$ 的总方差贡献仍为 $\widehat{\lambda}_j$.

7.2.2　主因子法

假定原始向量 $\boldsymbol{X}$ 的各分量已作了标准化变换. 如果随机向量 $\boldsymbol{X}$ 满足正交因子模型, 则有

$$\boldsymbol{R} = \boldsymbol{A}\boldsymbol{A}^{\mathrm{T}} + \boldsymbol{\Phi} \tag{7.22}$$

其中, $\boldsymbol{R}$ 为 $\boldsymbol{X}$ 的相关矩阵. 令

$$\boldsymbol{R}^* = \boldsymbol{R} - \boldsymbol{\Phi} = \boldsymbol{A}\boldsymbol{A}^{\mathrm{T}} \tag{7.23}$$

则称 $\boldsymbol{R}^*$ 为 $\boldsymbol{X}$ 的约相关矩阵 (reduced correlation matrix).

$\boldsymbol{R}^*$ 中的对角线元素是 h_i^2, 而不是 1, 非对角线元素和 $\boldsymbol{R}$ 中是完全一样的, 并且 $\boldsymbol{R}^*$ 也是一个非负定矩阵.

设 $\widehat{\sigma}_i^2$ 是特殊方差 σ_i^2 的一个合适的初始估计, 则约相关矩阵可估计为:

$$\widehat{\boldsymbol{R}}^* = \widehat{\boldsymbol{R}} - \widehat{\boldsymbol{\Phi}} = \begin{pmatrix} \widehat{h}_1^2 & r_{12} & \cdots & r_{1p} \\ r_{21} & \widehat{h}_2^2 & \cdots & r_{2p} \\ \vdots & \vdots & & \vdots \\ r_{p1} & r_{p2} & \cdots & \widehat{h}_p^2 \end{pmatrix} \tag{7.24}$$

其中, $\widehat{\boldsymbol{R}} = (r_{ij})$, $\widehat{\boldsymbol{\Phi}} = \mathrm{diag}(\widehat{\sigma}_1^2, \widehat{\sigma}_2^2, \cdots, \widehat{\sigma}_p^2)$, $\widehat{h}_i^2 = 1 - \widehat{\sigma}_i^2$ 是 h_i^2 的初始估计. 又设 $\widehat{\boldsymbol{R}}^*$ 的前 m 个特征值依次为 $\widehat{\lambda}_1^*, \widehat{\lambda}_2^*, \cdots, \widehat{\lambda}_m^*(\widehat{\lambda}_1^* \geqslant \widehat{\lambda}_2^* \geqslant \cdots \geqslant \widehat{\lambda}_m^* > 0)$, 相应的正交单位特征向量为 $\widehat{\boldsymbol{t}}_1^*, \widehat{\boldsymbol{t}}_2^*, \cdots, \widehat{\boldsymbol{t}}_m^*$, 则 $\boldsymbol{A}$ 的主因子解为:

$$\widehat{\boldsymbol{A}} = \left(\sqrt{\widehat{\lambda}_1^*}\widehat{\boldsymbol{t}}_1^*, \sqrt{\widehat{\lambda}_2^*}\widehat{\boldsymbol{t}}_2^*, \cdots, \sqrt{\widehat{\lambda}_m^*}\widehat{\boldsymbol{t}}_m^* \right) \tag{7.25}$$

由此我们可以重新估计特殊方差, σ_i^2 的最终估计为:

$$\widehat{\sigma}_i^2 = 1 - \widehat{h}_i^2 = 1 - \sum_{j=1}^{m} \widehat{a}_{ij}^2, \quad i = 1, 2, \cdots, p \tag{7.26}$$

如果我们希望求得拟合程度更高的解, 则可以采用迭代的方法, 即利用式 (7.26) 中的 $\widehat{\sigma}_i^2$ 再作为特殊方差的初始估计, 重复上述步骤, 直至解稳定为止.

特殊 (或共性) 方差的常用初始估计方法有:

(1) 取 $\widehat{\sigma}_i^2 = 1/r^{ii}$, 其中 r^{ii} 是 $\widehat{\boldsymbol{R}}^{-1}$ 的第 i 个对角线元素, 此时共性方差的估计为 $\widehat{h}_i^2 = 1 - \widehat{\sigma}_i^2$, 它是 x_i 和其他 $p-1$ 个变量间样本复相关系数的平方, 该初始估计方法

最为常用.

(2) 取 $\widehat{h}_i^2 = \max\limits_{j \neq i} |r_{ij}|$, 此时 $\widehat{\sigma}_i^2 = 1 - \widehat{h}_i^2$.

(3) 取 $\widehat{h}_i^2 = 1$, 此时 $\widehat{\sigma}_i^2 = 0$, 得到的 $\widehat{A}$ 是一个主成分解.

7.2.3 极大似然法

设公因子 $F \sim N_m(\mathbf{0}, \mathbf{I})$, 特殊因子 $\varepsilon \sim N_p(\mathbf{0}, \boldsymbol{\Phi})$, 且相互独立, 则必然有原始向量 $x \sim N_p(\boldsymbol{\mu}, \boldsymbol{\Sigma})$. 由样本 $x_1, x_2, \cdots, x_n$ 计算得到的似然函数是 $\boldsymbol{\mu}$ 和 $\boldsymbol{\Sigma}$ 的函数 $L(\boldsymbol{\mu}, \boldsymbol{\Sigma})$. 由于 $\boldsymbol{\Sigma} = \boldsymbol{A}\boldsymbol{A}^{\mathrm{T}} + \boldsymbol{\Phi}$, 故似然函数可更清楚地表示为 $L(\boldsymbol{\mu}, \boldsymbol{A}, \boldsymbol{\Phi})$. 记 $(\boldsymbol{\mu}, \boldsymbol{A}, \boldsymbol{\Phi})$ 的极大似然估计为 $(\widehat{\boldsymbol{\mu}}, \widehat{\boldsymbol{A}}, \widehat{\boldsymbol{\Phi}})$, 即有

$$L(\widehat{\boldsymbol{\mu}}, \widehat{\boldsymbol{A}}, \widehat{\boldsymbol{\Phi}}) = \max L(\boldsymbol{\mu}, \boldsymbol{A}, \boldsymbol{\Phi}) \tag{7.27}$$

可以证明, $\widehat{\boldsymbol{\mu}} = \overline{\boldsymbol{x}}$, 而 $\widehat{\boldsymbol{A}}$ 和 $\widehat{\boldsymbol{\Phi}}$ 满足以下方程组:

$$\begin{cases} \widehat{\boldsymbol{A}}\widehat{\boldsymbol{\Phi}}^{-1}\widehat{\boldsymbol{A}} = \widehat{\boldsymbol{A}}(\boldsymbol{I}_m + \widehat{\boldsymbol{A}}^{\mathrm{T}}\widehat{\boldsymbol{\Phi}}^{-1}\widehat{\boldsymbol{A}}) \\ \widehat{\boldsymbol{\Phi}} = \mathrm{diag}(\widehat{\boldsymbol{A}} - \widehat{\boldsymbol{A}}\widehat{\boldsymbol{A}}^{\mathrm{T}}) \end{cases} \tag{7.28}$$

式中 $\widehat{\boldsymbol{\Sigma}} = \dfrac{1}{n}\sum\limits_{i=1}^{n}(x_i - \overline{x})(x_i - \overline{x})^{\mathrm{T}}$.

由于 $\boldsymbol{A}$ 的解是不唯一的, 故为了得到唯一解, 可附加计算上方便的唯一性条件:

$$\widehat{\boldsymbol{A}}^{\mathrm{T}}\widehat{\boldsymbol{\Phi}}^{-1}\widehat{\boldsymbol{A}} \text{ 是对角矩阵}$$

上述方程组中的 $\widehat{\boldsymbol{A}}$ 和 $\widehat{\boldsymbol{\Phi}}$ 一般可用迭代方法解得.

对极大似然解, 当因子数增加时, 原来因子的估计载荷及对 x 的贡献将发生变化, 这与主成分解及主因子解不同.

7.3 因子正交旋转

在 7.1 节我们已经看到, 满足方差结构 $\boldsymbol{\Sigma} = \boldsymbol{A}\boldsymbol{A}^{\mathrm{T}} + \boldsymbol{\Phi}$ 的因子模型并不唯一, 模型的公因子与载荷矩阵也不唯一. 如果 F 是模型的公因子, $\boldsymbol{A}$ 是相应的载荷矩阵, 而 $\boldsymbol{T}$ 是 $m \times m$ 正交矩阵, 则 $\boldsymbol{F}^* = \boldsymbol{T}^{\mathrm{T}}\boldsymbol{F}$ 也是公因子, 相应的载荷矩阵为 $\boldsymbol{A}^* = \boldsymbol{A}\boldsymbol{T}$, $\boldsymbol{A}^*$ 也满足 $\boldsymbol{\Sigma} = \boldsymbol{A}^*\boldsymbol{A}^{*\mathrm{T}} + \boldsymbol{\Phi}$. 这说明, 公因子和因子载荷矩阵作正交变换后, 并不改变共同度, 我们称因子载荷的正交变换和伴随的因子正交变换为**因子正交旋转**.

设 $\widehat{\boldsymbol{A}}$ 是用某种方法 (比如主成分法) 得到的因子载荷矩阵的估计, $\boldsymbol{T}$ 为 $m \times m$ 正交阵, 则

$$\widehat{\boldsymbol{A}}^* = \widehat{\boldsymbol{A}}\boldsymbol{T} \tag{7.29}$$

是 $p \times m$ 旋转载荷矩阵.

问题是: 为什么要进行因子旋转? 其目的是什么?

如果初始载荷不易解释, 就需要对载荷作旋转, 以便得到一个更简单的结构. 最理想的情况是这样的载荷结构, 每个变量仅在一个因子上有较大的载荷, 而在其余因子上的载荷比较小, 至多是中等大小, 这样公因子 f_i 的具体含义可由载荷较大的变量根据具体问题加以解释. 如何进行因子旋转寻找一个结构简单的载荷矩阵, 这里不作详细介绍.

7.4　因子得分

7.4.1　加权最小二乘法

在因子分析中, 虽然我们关心模型中载荷矩阵的估计和对公因子的解释, 但对于公因子的估计值, 即**因子得分**, 常常也是需要计算的. 但是因子得分的计算并不同于通常意义下的参数估计, 而是对不可观测的因子 f_j 取值的估计, 下面介绍如何用加权最小二乘法估计因子得分.

给定因子模型 $X = \mu + AF + \varepsilon$, 假定均值向量 μ、载荷矩阵 A 和特殊方差阵 Φ 已知, 把特殊因子 ε 看作误差, 因为 $Var(\varepsilon_i) = \phi_i(i = 1, 2, \cdots, p)$ 未必相等, 所以我们用加权最小二乘法估计公因子 F.

首先将因子模型 (7.2) 改写为:

$$X - \mu = AF + \varepsilon \tag{7.30}$$

两边左乘 $\Phi^{-1/2}$ 得

$$\Phi^{-1/2}(X - \mu) = (\Phi^{-1/2}A)F + \Phi^{-1/2}\varepsilon \tag{7.31}$$

记 $X^* = \Phi^{-1/2}(X - \mu)$, $A^* = \Phi^{-1/2}A$, $\varepsilon^* = \Phi^{-1/2}\varepsilon$, 则上式可以写成

$$X^* = A^*F + \varepsilon^* \tag{7.32}$$

注意到 $E(\varepsilon^*) = \Phi^{-1/2}E(\varepsilon) = 0$, $Cov(\varepsilon^*) = E(\varepsilon^*\varepsilon^{*\mathrm{T}}) = \Phi^{-1/2}E(\varepsilon\varepsilon^{\mathrm{T}})\Phi^{-1/2} = I$, 所以式 (7.32) 是经典的回归模型, 由最小二乘法知 F 的估计为:

$$\widehat{F} = (A^{*\mathrm{T}}A^*)^{-1}A^{*\mathrm{T}}X^* = (A^{\mathrm{T}}\Phi^{-1/2}\Phi^{-1/2}A)^{-1}A^{\mathrm{T}}\Phi^{-1/2}\Phi^{-1/2}(X - \mu)$$
$$= (A^{\mathrm{T}}\Phi^{-1}A)^{-1}A^{\mathrm{T}}\Phi^{-1}(X - \mu) \tag{7.33}$$

实际中, A, Φ 和 μ 都是未知的, 通常用它们的某种估计来代替, 比如我们采用正交旋转后的载荷矩阵 A 的估计 $\widehat{A}$, $\widehat{\Phi} = \mathrm{diag}(1 - \widehat{h}_1^2, 1 - \widehat{h}_2^2, \cdots, 1 - \widehat{h}_p^2)$ 和样本均值 $\overline{X} = \dfrac{1}{n}\sum\limits_{i=1}^{n}X_i$ 分别代替 A, Φ 和 μ, 于是可得对应于 x_j 的因子得分

$$\widehat{f}_j = (\widehat{A}^{\mathrm{T}}\widehat{\Phi}^{-1}\widehat{A})^{-1}\widehat{A}^{\mathrm{T}}\widehat{\Phi}^{-1}(x_j - \overline{x}) \tag{7.34}$$

7.4.2 回归法

在正交因子模型中, 假设 $\begin{pmatrix} F \\ X \end{pmatrix}$ 服从 $(m+p)$ 元正态分布, 用回归预测方法可将 $F = (f_1, f_2, \cdots, f_m)^{\mathrm{T}}$ 估计为:

$$F = A^{\mathrm{T}} \Sigma^{-1} (X - \mu) \tag{7.35}$$

在实际应用中, 可用 $\overline{X}$, $\widehat{A}$ 和 S 分别来代替上式中的 μ, A 和 Σ 来得到因子得分. 样品 x_j 的因子得分

$$\tilde{f}_j = \widehat{A}^{\mathrm{T}} S^{-1} (x_j - \overline{x}), \quad j = 1, 2, \cdots, n \tag{7.36}$$

7.4.3 综合因子得分

以各因子的方差贡献率为权重, 由各因子的线性组合得到综合评价指标函数:

$$f = \frac{\lambda_1 f_1 + \lambda_2 f_2 + \cdots + \lambda_m f_m}{\lambda_1 + \lambda_2 + \cdots + \lambda_m} = \sum_{i=1}^{m} \overline{\omega}_i f_i \tag{7.37}$$

式中, $\overline{\omega}_i = \dfrac{\lambda_i}{\lambda_1 + \lambda_2 + \cdots + \lambda_m}$.

例 7.1 (数据文件为 eg6.1) 前面第 6 章例 6.1 表 6–1 给出了 52 名学生的数学 (x_1)、物理 (x_2)、化学 (x_3)、语文 (x_4)、历史 (x_5) 和英语 (x_6) 成绩, 试进行学生成绩的因子分析.

解: 采用 R 软件对样本数据进行因子分析, 首先计算样本数据的相关系数矩阵, 观察各变量之间的相关性. R 程序及结果如下:

```
# 假设已经读取了 52 名学生成绩数据
> cor(X)    # 计算样本数据的相关系数矩阵
        x1      x2      x3      x4      x5      x6
x1    1.00    0.65    0.70   -0.56   -0.46   -0.44
x2    0.65    1.00    0.57   -0.50   -0.35   -0.46
x3    0.70    0.57    1.00   -0.38   -0.27   -0.24
x4   -0.56   -0.50   -0.38    1.00    0.81    0.83
x5   -0.46   -0.35   -0.27    0.81    1.00    0.82
x6   -0.44   -0.46   -0.24    0.83    0.82    1.00
```

从样本数据各变量的相关系数上可以看出, x_4, x_5 和 x_6 之间存在较强的相关性. 为了消除各变量之间的相关性, 下面分别采用 R 软件中基于极大似然法的因子分析函数 factanal() 和基于主成分法的因子分析函数 factpc() 对数据进行因子分析, 提取因子. R 程序及结果如下:

```
# 采用极大似然法作因子分析
> factanal(X,factors=2,rotation="none")
Call:
factanal(x = X, factors = 2, rotation = "none")
Uniquenesses:
   x1    x2    x3    x4    x5    x6
 0.23  0.46  0.33  0.15  0.21  0.15
Loadings:
      Factor1  Factor2
 x1    -0.68     0.56
 x2    -0.60     0.43
 x3    -0.49     0.66
 x4     0.92     0.10
 x5     0.86     0.24
 x6     0.88     0.27

                 Factor1    Factor2
 SS loadings       3.40       1.07
 Proportion Var    0.57       0.18
 Cumulative Var    0.57       0.74

Test of the hypothesis that 2 factors are sufficient.
The chi square statistic is 3.6 on 4 degrees of freedom.
The p-value is 0.46
# 采用主成分法作因子分析 ①
> library(mvstats)   # 加载 mvstats 包
> fac=factpc(X,2)
> fac
$Vars
 Vars           Vars.Prop   Vars.Cum
 Factor1  3.710   0.6183      61.83
 Factor2  1.262   0.2104      82.87

$loadings
      Factor1  Factor2
 x1   -0.7937   0.4224
 x2   -0.7342   0.4008
 x3   -0.6397   0.6322
 x4    0.8883   0.3129
 x5    0.8101   0.4661
 x6    0.8285   0.4567
```

从上述极大似然法和主成分法得出的因子分析结果可以看出，极大似然法前两个

---

①　主成分法采用了《多元统计分析及 R 语言建模》(王斌会编著, 暨南大学出版社, 2011) 中的程序包 mvstats 进行分析，该包可以到王斌会的网站 http://202.116.0.146/Rstat/mvstats.rar 下载.

因子的累积贡献率只有 74%, 而主成分法累积贡献率达到了 82.87%, 说明主成分法效果比极大似然法好, 其原因在于, 采用极大似然法作因子分析要求数据样本服从多元正态分布, 但在实际中大多数数据都很难满足服从多元正态分布的要求. 接下来, 为了更好地解释因子的含义, 我们基于主成分法采用方差最大化作因子正交旋转. R 程序及结果如下:

```
> fac1=factpc(X,2,rotation="varimax")
 # 基于主成分法采用方差最大化作因子正交旋转
 Factor Analysis for Princomp in Varimax:
> fac1
$Vars
 Vars           Vars.Prop   Vars.Cum
 Factor1  2.661      44.34      44.34
 Factor2  2.312      38.53      82.87
$loadings
      Factor1   Factor2
 x1   -0.3232    0.8390
 x2   -0.2925    0.7837
 x3   -0.0696    0.8967
 x4    0.8763   -0.3451
 x5    0.9174   -0.1782
 x6    0.9253   -0.1973
```

从上述因子正交旋转的结果可以看出, 方差累积贡献率达到了 82.87%. 第一个因子与语文 (x_4)、历史 (x_5) 和英语 (x_6) 三科有很强的正相关关系, 相关系数分别为 0.876 3, 0.917 4 和 0.925 3; 第二个因子与数学 (x_1)、物理 (x_2) 和化学 (x_3) 三科有很强的正相关关系, 相关系数分别为 0.839 0, 0.783 7 和 0.896 7. 所以第一个因子可称为 "文科因子", 第二个因子可称为 "理科因子". 可见, 作正交旋转后因子的含义更清楚.

在了解各个综合因子的具体含义后, 可采用回归估计等估计方法计算样本的因子得分. R 程序及结果如下:

```
> fac2=factpc(X,2,rotation="varimax",scores="regression")
 # 利用回归估计计算因子得分
> fac2$scores   # 输出因子得分情况
        Factor1    Factor2
 [1,]    0.66036   -0.68718
 [2,]   -1.07568   -0.15572
 [3,]   -1.60123   -1.88323
 [4,]   -0.72216    0.15234
 [5,]   -1.75198   -1.12791
 [6,]   -1.84006    0.63814
 [7,]   -1.30641    1.25308
 [8,]   -1.72435   -1.21908
```

[9,]	0.94801	-0.66987
[10,]	-0.83831	0.34764
[11,]	-0.89637	-0.11049
[12,]	0.57341	-0.24629
[13,]	-0.30356	1.17631
[14,]	0.57504	0.56148
[15,]	-0.77110	-0.81988
[16,]	-0.59997	0.58064
[17,]	0.06169	0.58222
[18,]	1.24824	0.09894
[19,]	1.60089	-0.36561
[20,]	0.88689	0.98857
[21,]	1.36281	0.20077
[22,]	-0.04998	1.41175
[23,]	0.12266	1.63081
[24,]	-0.10599	0.23836
[25,]	-0.72961	1.30735
[26,]	0.89506	1.69380
[27,]	-0.11143	-0.68414
[28,]	-0.15844	-1.72144
[29,]	0.35974	-0.35186
[30,]	2.14454	-1.04995
[31,]	0.50710	-1.73750
[32,]	0.24185	-1.45909
[33,]	1.39661	1.34088
[34,]	-0.78496	0.83028
[35,]	-0.03532	0.39990
[36,]	-0.79109	-0.63366
[37,]	-0.13213	-1.62997
[38,]	-1.20571	0.91632
[39,]	0.34822	-0.20507
[40,]	0.02133	1.40930
[41,]	0.77761	-0.03745
[42,]	-0.33883	-0.17510
[43,]	0.05096	1.12576
[44,]	-1.07908	-0.69823
[45,]	-0.93655	2.04025
[46,]	-0.56267	-0.99490
[47,]	0.57833	0.35968
[48,]	-0.16974	-1.00805
[49,]	2.37146	-0.89236
[50,]	0.09089	-0.83832

```
[51,]    1.60313    0.27088
[52,]    1.19589   -0.15308
> plot(fac2$loadings,xlab="Factor1",ylab="Factor2")   # 输出因子载荷图
```

原始变量在两个因子上的载荷图如图 7-1 所示. 从图 7-1 可以看出, x_4, x_5 和 x_6 离第一个因子所代表的横轴比较近, 而 x_1, x_2 和 x_3 离第二个因子所代表的纵轴比较近.

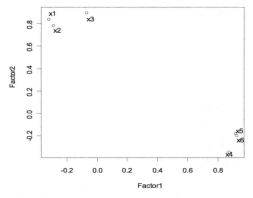

图 7-1   第一个因子和第二个因子的载荷图

分别以两个公因子为横纵坐标, 绘制出各个学生的因子得分图和原坐标在因子上的方向图 (见图 7-2), 绘图程序如下:

```
> biplot(fac2$scores,fac2$loadings)   # 画出各个学生的因子得分图和原坐标在因子上
的方向图, 全面反映了因子与原始数据的关系
```

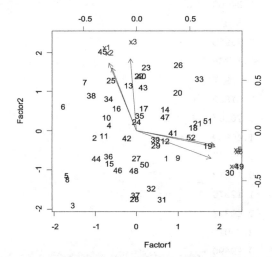

图 7-2   各个学生的因子得分图和原坐标在因子上的方向图

这个图直观地反映了以上分析的基本结果.

7.5　因子分析小结

(1) 因子分析是主成分分析的推广, 也是一种降维技术, 其目的是用几个潜在的、不可观测的因子来描述原始变量间的协方差或相关关系. 主成分分析法所获得的主成分数目和原来的变量的个数是一样多的, 最终选择多少个主成分是由主成分的累积方差贡献率来决定, 但主成分的解几乎是唯一的. 而因子分析模型不但要看解释的样本方差的比例, 还可以作方差最大化旋转, 即 $\boldsymbol{\Sigma} \approx \boldsymbol{A}\boldsymbol{A}^{\mathrm{T}} + \boldsymbol{D}$ 中因子载荷矩阵 $\boldsymbol{A}$ 是不唯一的, 可以通过旋转得到更优的解.

(2) 因子载荷矩阵的元素、行平方和、列平方和以及元素平方和都有很明确的统计意义.

(3) 在因子分析的应用中, 确定 m 的初步方法是前 m 个包含的因子方差贡献率不低于 80%, 且明显要小于 p.

(4) 正交因子模型中常用的参数估计方法有主成分法、主因子法和极大似然法. 对主成分解和主因子解, 当因子数 m 增加时, 原来因子的估计载荷并不变, 以致原来因子对 x 的总方差贡献也不变, 但这一点对极大似然解并不成立. 然而, 无论何种解, 选取的因子数不同, 经旋转后的因子一般是不同的. 主成分法和主因子法是在求解的过程中确定因子数 m 的, 而极大似然法却必须在求解之前确定 m.

(5) 因子旋转不改变共性方差和残差矩阵, 旋转后的因子往往会更有实际意义.

(6) 从样本数据得到的样本协方差矩阵 $\boldsymbol{S}$ 出发得到的因子分析模型解与从样本相关矩阵 $\boldsymbol{R}$ 出发得到的因子分析模型解结果不一样, 前者受量纲的影响. 在实际应用中, 当各变量的单位不全相同或虽然单位相同但数值变异性相差较大时, 一般应对各变量作合适的标准化变换, 最常见的是从样本相关矩阵 $\boldsymbol{R}$ 出发进行因子分析.

(7) 常用的因子得分估计方法有加权最小二乘法和回归法, 在条件意义上前者是无偏的, 而后者是有偏的.

7.6　案例: 汽车零部件行业业绩的因子分析

案例 7.1　(数据文件 case7.1) 上市公司的经营业绩是多种因素共同作用的结果, 各种财务指标为上市公司的经营业绩提供了丰富的信息, 同时也提高了分析问题的复杂程度. 由于指标间存在一定的相关关系, 因此可以通过因子分析方法用较少的综合指标分别分析存在于各单项指标的信息, 而且互不相关, 即各综合指标代表的信息不重叠, 代表各类信息的综合指标即为公因子. 本案例以 2017 年上市公司中的汽车零配件行业为例, 应用因子分析模型评价分析公司经营业绩, 选取了财务报表中的 12 个主要财务指标如下: x_1 为存货周转率 (%); x_2 为总资产周转率 (%); x_3 为流动资产周转率 (%); x_4 为营业利润率 (%); x_5 为毛利率 (%); x_6 为成本费用利润率 (%); x_7 为总资产报酬率 (%); x_8 为净资产收益率 – 加权 (扣除非经常性损益) (%); x_9 为每股收益

率 (%); x_4 为营业利润率 (%); x_5 为毛利率 (%); x_6 为成本费用利润率 (%); x_7 为总资产报酬率 (%); x_8 为净资产收益率 – 加权 (扣除非经常性损益) (%); x_9 为每股收益 (元); x_{10} 为扣除非经常性损益每股收益 (元); x_{11} 为每股未分配利润 (元); x_{12} 为每股净资产 (元). 具体数据如表 7–1 所示.

表 7-1 2017 年上市公司中的汽车零配件行业财务数据

证券名称	x_1	x_2	x_3	x_4	x_5	x_6	x_7	x_8	x_9	x_{10}	x_{11}	x_{12}
亚太股份	4.65	0.71	1.25	2.69	14.93	2.77	1.49	2.41	0.11	0.09	0.87	3.61
贝斯特	2.83	0.52	1.02	24.08	37.91	30.39	10.87	10.32	0.70	0.61	1.64	6.27
长鹰信质	4.72	0.79	1.14	13.47	23.07	15.34	8.39	13.75	0.64	0.62	2.42	4.82
万向钱潮	5.22	0.97	1.58	9.10	20.67	9.97	7.65	17.31	0.32	0.29	0.59	1.83
湖南天雁	3.36	0.43	0.55	−15.15	14.03	−12.88	−6.21	−15.12	−0.09	−0.10	−0.88	0.59
蓝黛传动	3.75	0.52	0.92	11.91	25.23	13.63	5.40	9.88	0.29	0.27	0.76	2.88
越博动力	5.76	0.60	0.69	9.79	26.78	10.89	6.27	12.06	1.60	1.35	3.12	11.70
富奥 B	9.12	0.74	1.48	12.81	18.51	12.85	8.56	14.76	0.64	0.62	2.63	4.45
中原内配	3.07	0.46	1.04	22.57	41.55	27.01	8.50	10.72	0.46	0.44	1.88	3.95
日上集团	1.34	0.55	0.76	3.84	14.21	3.92	1.86	2.41	0.10	0.06	0.55	2.61
远东传动	4.86	0.58	0.97	14.50	30.04	16.45	7.14	7.16	0.33	0.29	1.35	4.18
西菱动力	2.58	0.60	1.25	18.43	36.23	23.07	9.84	16.23	0.84	0.77	2.59	5.19
美力科技	3.18	0.56	1.06	14.05	33.41	16.01	6.64	6.61	0.27	0.23	1.11	3.77
北特科技	3.47	0.48	0.86	8.96	25.57	10.30	3.86	4.36	0.22	0.17	0.89	4.13
凌云股份	6.26	1.08	1.89	5.88	18.65	6.29	3.03	8.23	0.73	0.67	3.17	8.32
新坐标	2.74	0.55	0.90	44.68	63.91	79.20	21.46	19.87	1.72	1.73	4.14	9.55
猛狮科技	4.56	0.45	0.85	−5.69	20.54	−4.04	−1.56	−7.24	−0.24	−0.35	0.17	4.96
宗申动力	10.51	0.76	1.28	7.55	19.34	7.85	4.12	6.03	0.24	0.19	1.50	3.29
西仪股份	3.00	0.80	1.39	1.55	18.35	2.49	1.75	0.95	0.06	0.03	0.15	3.05
云意电气	3.02	0.31	0.46	24.18	35.98	29.82	6.86	6.85	0.16	0.13	0.51	1.96
德尔股份	4.26	0.82	1.54	6.57	30.47	7.04	4.21	7.33	1.25	1.25	4.17	15.80
隆盛科技	2.19	0.37	0.57	11.10	29.57	14.87	4.47	4.21	0.27	0.19	1.26	4.99
东安动力	6.90	0.44	0.92	2.32	13.46	2.36	1.05	1.44	0.09	0.06	0.66	4.06
常熟汽饰	5.72	0.43	0.97	17.46	22.03	18.97	7.23	10.03	0.81	0.77	2.63	8.00
亚普股份	5.67	1.34	2.41	5.34	16.14	5.58	6.34	16.34	0.74	0.74	2.82	4.69
宁波华翔	6.13	1.00	1.86	9.75	21.11	10.55	5.37	13.51	1.27	1.40	5.51	12.48
金麒麟	4.27	0.65	1.07	13.90	30.72	16.61	7.54	9.18	0.83	0.79	2.88	10.10
均胜电子	6.55	0.73	1.57	3.94	16.39	3.79	1.09	−0.36	0.42	−0.05	1.99	13.37
光洋股份	4.07	0.62	1.25	1.08	23.60	1.67	0.51	0.09	0.03	0.00	0.55	3.21
鹏翎股份	3.46	0.67	1.07	12.30	25.94	13.37	6.94	7.45	0.59	0.55	3.46	7.91
兴民智通	1.48	0.45	0.82	6.09	19.87	6.43	1.51	2.57	0.12	0.10	1.01	4.05
东风科技	14.81	1.20	1.91	5.15	16.32	5.35	2.74	11.17	0.44	0.43	2.50	3.99
万里扬	4.51	0.53	1.21	15.62	22.93	17.46	6.77	8.01	0.48	0.35	1.09	4.51
万通智控	5.21	0.82	1.20	12.54	31.14	14.80	9.00	9.27	0.18	0.17	0.34	2.06

续表

证券名称	x_1	x_2	x_3	x_4	x_5	x_6	x_7	x_8	x_9	x_{10}	x_{11}	x_{12}
潍柴动力	6.59	0.86	1.72	6.85	21.84	7.43	3.86	19.25	0.85	0.81	3.49	4.41
腾龙股份	2.87	0.66	1.05	18.19	35.07	22.10	9.47	13.48	0.60	0.58	2.20	4.56
继峰股份	3.70	0.92	1.31	18.84	33.00	22.92	14.20	17.62	0.46	0.45	1.22	2.74
斯太尔	0.75	0.06	0.17	−70.13	3.61	−16.63	−6.26	−23.22	−0.22	−0.57	−0.48	2.30
交运股份	8.21	1.04	1.80	6.42	10.43	6.69	4.96	4.72	0.43	0.25	1.79	5.47
众泰汽车	8.34	1.12	1.96	6.58	18.77	7.06	6.10	9.05	0.56	0.69	0.72	8.24
湘油泵	3.76	0.79	1.40	15.99	32.76	18.02	10.66	13.88	1.37	1.11	4.47	8.61
联明股份	3.79	0.73	1.56	14.65	21.04	17.34	8.21	12.36	0.59	0.57	2.81	4.80
苏威孚 B	4.78	0.48	0.82	31.32	25.01	35.00	13.72	16.73	2.55	2.30	9.72	14.70
双林股份	4.24	0.71	1.45	6.26	24.03	7.10	3.01	7.33	0.45	0.48	2.68	6.87
兆丰股份	5.74	0.44	0.53	39.11	53.63	62.77	14.95	23.72	3.07	3.54	7.17	24.42
渤海汽车	4.17	0.37	0.68	11.72	20.87	11.80	3.54	4.55	0.25	0.21	0.86	4.74
今飞凯达	3.66	0.77	1.56	2.85	16.57	2.89	1.81	3.87	0.27	0.15	1.58	4.10
恒立实业	2.42	0.14	0.16	−61.46	16.20	−35.98	−6.35	−15.44	−0.06	−0.07	−1.02	0.44
浙江仙通	4.32	0.63	0.87	27.04	43.69	36.71	14.72	17.23	0.63	0.59	1.34	3.67
岱美股份	2.69	1.02	1.44	20.88	37.05	26.82	18.25	25.48	1.43	1.45	3.64	7.58
浙江世宝	3.62	0.55	0.92	2.81	17.75	2.83	1.56	0.94	0.04	0.02	0.46	1.87
合力科技	1.63	0.58	0.90	16.96	33.97	21.18	8.82	15.09	0.73	0.82	2.95	7.41
隆基机械	3.27	0.58	0.98	3.50	17.22	3.59	1.87	2.91	0.13	0.14	0.94	5.36
华域汽车	13.90	1.22	1.92	7.34	14.47	7.81	5.68	15.89	2.08	2.00	6.76	13.09
富奥股份	9.12	0.74	1.48	12.81	18.51	12.85	8.56	14.76	0.64	0.62	2.63	4.45
秦安股份	2.52	0.49	1.07	17.95	26.30	21.91	7.48	8.55	0.43	0.44	2.70	5.60
长春一东	3.69	0.78	1.05	5.04	31.02	5.76	1.81	3.59	0.13	0.10	0.90	2.80
双环传动	2.54	0.46	0.88	10.08	22.72	11.06	4.26	6.95	0.35	0.32	1.41	4.57
圣龙股份	6.88	0.86	2.00	8.57	22.18	9.05	5.16	10.72	0.46	0.40	1.37	4.03
金固股份	3.70	0.53	0.91	1.19	16.44	1.10	0.95	−1.11	0.08	−0.05	0.05	6.81

资料来源: http://www.webapi.cninfo.com.cn.

先读取数据, 求财务指标间的相关系数矩阵, R 程序如下:

```
> case7.1<-read.table("clipboard",header=T)
  # 将 case7.1.xls 中的数据读入到 R 中
> data<-case7.1[,-1]
> name<-case7.1[,1]
> da<-scale(data)
> da
> dat<-cor(da)
> dat
```

财务指标间的相关系数矩阵如表 7-2 所示.

表 7-2 12 个财务指标的样本相关矩阵

	x_1	x_2	x_3	x_4	x_5	x_6	x_7	x_8	x_9	x_{10}	x_{11}	x_{12}
x_1	1.000											
x_2	0.609	1.000										
x_3	0.589	0.922	1.000									
x_4	0.090	0.244	0.212	1.000								
x_5	−0.285	−0.130	−0.213	0.678	1.000							
x_6	−0.069	0.011	−0.039	0.855	0.852	1.000						
x_7	0.013	0.239	0.154	0.822	0.770	0.896	1.000					
x_8	0.262	0.509	0.443	0.821	0.569	0.732	0.874	1.000				
x_9	0.246	0.240	0.157	0.529	0.482	0.638	0.654	0.680	1.000			
x_{10}	0.237	0.246	0.153	0.555	0.522	0.660	0.664	0.706	0.985	1.000		
x_{11}	0.297	0.306	0.279	0.512	0.328	0.539	0.569	0.652	0.923	0.895	1.000	
x_{12}	0.209	0.150	0.123	0.385	0.328	0.455	0.381	0.409	0.846	0.829	0.800	1.000

由上面的相关系数矩阵可知, 财务指标之间存在较强的线性相关关系, 适合用因子分析模型进行分析. 下面分别用主成分法、主因子法、极大似然估计法进行因子分析.

下面用 R 软件 (由于对应三种方法的代码较长, 以下分析结果的代码详见教材对应的文件名为 case7.1 的相关代码及其输出结果的 txt 文档 (见网上)) 分别作主成分法、主因子法和极大似然估计法因子分析, 比较结果如表 7-3 所示.

表 7-3 三种方法旋转后的因子载荷估计

变量	主成分			主因子			极大似然		
	Factor1	Factor2	Factor3	Factor1	Factor2	Factor3	Factor1	Factor2	Factor3
存货周转率	−0.155	0.261	0.758	−0.113	−0.640	0.228	−0.112	0.235	0.628
总资产周转率	0.135	0.070	0.942	0.123	−0.945	0.078	0.117	0.089	0.949
流动资产周转率	0.075	0.025	0.947	0.062	−0.943	0.034	0.063	0.020	0.956
营业利润率	0.877	0.220	0.165	0.839	−0.158	0.236	0.862	0.196	0.150
毛利率	0.846	0.208	−0.316	0.817	0.299	0.214	0.813	0.221	−0.280
成本费用利润率	0.892	0.347	−0.117	0.897	0.120	0.343	0.892	0.336	−0.121
总资产报酬率	0.910	0.296	0.101	0.906	−0.102	0.297	0.901	0.316	0.105
净资产收益率−加权 (扣除非经常性损益)	0.791	0.340	0.420	0.780	−0.420	0.345	0.771	0.363	0.413
每股收益	0.397	0.895	0.118	0.387	−0.120	0.914	0.390	0.911	0.120
扣除非经常性损益每股收益	0.434	0.869	0.116	0.427	−0.119	0.878	0.424	0.884	0.118
每股未分配利润	0.311	0.866	0.231	0.311	−0.237	0.848	0.312	0.847	0.233
每股净资产	0.147	0.918	0.044	0.172	−0.062	0.850	0.161	0.852	0.066
所解释的总方差的比例	0.354	0.303	0.231	0.341	0.216	0.295	0.341	0.296	0.216
所解释的总方差的累积比例	0.354	0.657	0.888	0.341	0.557	0.852	0.341	0.637	0.853

由表 7-3 可知, 主成分法提取的因子方差贡献率最大, 因此本案例选用主成分法作因子分析.

主成分法的 R 程序如下:

```
> library(mvstats)   # 加载 mvstats 包
> fac=factpc(da,3)
> fac
> fac1=factpc(da,3,rotation="varimax")   # 用主成分采用方差最大化作因子正交旋转
> fac1
```

结果如表 7-4 所示.

表 7-4　当 $m=3$ 时的主成分解 (旋转后)

变量	Factor 1	Factor 2	Factor 3	共性方差	特殊因子方差
存货周转率	−0.155	0.261	0.758	0.667	0.333
总资产周转率	0.135	0.070	0.942	0.911	0.089
流动资产周转率	0.075	0.025	0.947	0.903	0.097
营业利润率	0.877	0.220	0.165	0.845	0.155
毛利率	0.846	0.208	−0.316	0.858	0.142
成本费用利润率	0.892	0.347	−0.117	0.930	0.070
总资产报酬率	0.910	0.296	0.101	0.925	0.075
净资产收益率−加权 (扣除非经常性损益)	0.791	0.340	0.420	0.918	0.082
每股收益	0.397	0.895	0.118	0.972	0.028
扣除非经常性损益每股收益	0.434	0.869	0.116	0.957	0.043
每股未分配利润	0.311	0.866	0.231	0.901	0.099
每股净资产	0.147	0.918	0.044	0.867	0.133
所解释的总方差的比例	0.354	0.303	0.231		
所解释的总方差的累积比例	0.354	0.657	0.888		

由表 7-4 可知, 营业利润率、毛利率、成本费用利润率、总资产报酬率、净资产收益率−加权 (扣除非经常性损益) 在因子 f_1 上的载荷分别是 0.877, 0.846, 0.892, 0.910, 0.791, 这五个财务指标都是反映企业盈利能力的, 因此我们将 f_1 命名为企业盈利能力因子; 每股收益、扣除非经常性损益每股收益、每股未分配利润、每股净资产在因子 f_2 上的载荷分别是 0.895, 0.869, 0.866, 0.918, 这四个财务指标都是反映股东回报的, 因此我们将 f_2 命名为股东回报因子; 存货周转率、总资产周转率、流动资产周转率在因子 f_3 上的载荷分别是 0.758, 0.942, 0.947, 这三个财务指标都是反映企业运营能力的, 因此我们将 f_3 命名为企业运营能力因子.

由主成分法旋转得到的因子分析模型解为:

$$\begin{cases}
x_1^* \approx -0.155f_1 + 0.261f_2 + 0.758f_3 + \varepsilon_1 \\
x_2^* \approx 0.135f_1 + 0.070f_2 + 0.942f_3 + \varepsilon_2 \\
x_3^* \approx 0.075f_1 + 0.025f_2 + 0.947f_3 + \varepsilon_3 \\
x_4^* \approx 0.877f_1 + 0.220f_2 + 0.165f_3 + \varepsilon_4 \\
x_5^* \approx 0.846f_1 + 0.208f_2 - 0.316f_3 + \varepsilon_5 \\
x_6^* \approx 0.892f_1 + 0.347f_2 - 0.117f_3 + \varepsilon_6 \\
x_7^* \approx 0.910f_1 + 0.296f_2 + 0.101f_3 + \varepsilon_7 \\
x_8^* \approx 0.791f_1 + 0.340f_2 + 0.420f_3 + \varepsilon_8 \\
x_9^* \approx 0.397f_1 + 0.895f_2 + 0.118f_3 + \varepsilon_9 \\
x_{10}^* \approx 0.434f_1 + 0.869f_2 + 0.116f_3 + \varepsilon_{10} \\
x_{11}^* \approx 0.311f_1 + 0.866f_2 + 0.231f_3 + \varepsilon_{11} \\
x_{12}^* \approx 0.147f_1 + 0.918f_2 + 0.044f_3 + \varepsilon_{12}
\end{cases}$$

绘制前两个因子载荷、得分及信息重叠图, R 程序如下:

```
> plot(fac1$loadings,type="n",xlab="Factor1",ylab="Factor2")   # 输出因子载荷图
> text(fac1$loadings,paste("x",1:12,sep=""),cex=1.5)
> fac1_plotdata<-fac1$scores
> rownames(fac1_plotdata)<-unlist(name)
> plot.text(fac1_plotdata)   # 输出因子得分图
> biplot(fac1_plotdata,fac1$loadings)   # 输出信息重叠图
```

因子载荷图如图 7-3 所示.

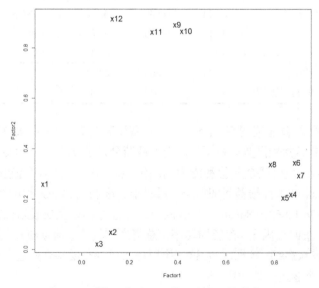

图 7-3　第一个因子和第二个因子的载荷图

因子得分图如图 7-4 所示.

由因子得分图可知, 新坐标的盈利能力和兆丰股份、苏威孚 B 、华域汽车的股东回报大大领先于其他企业.

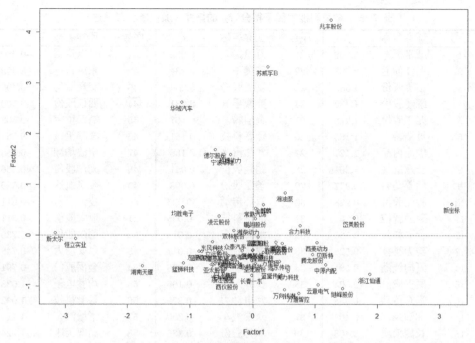

图 7-4　第一个因子和第二个因子得分图

信息重叠图如图 7-5 所示.

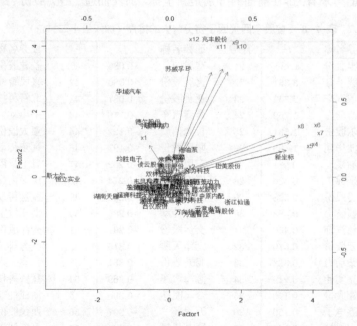

图 7-5　各上市公司的因子得分图和原坐标在因子方向上的图

因此, 我们可以得到下面各种排序, 包括单因子排序和综合因子排序 (代码和输出结果详见文件名为 case7.1 的相关代码及其输出结果的 txt 文档) 如表 7–5 至表 7–8 所示.

表 7-5　按盈利能力因子得分 f_1 的排序 (加权最小二乘法)

序号	证券名称	f_1	序号	证券名称	f_1	序号	证券名称	f_1
1	新坐标	3.298	21	万里扬	0.322	41	日上集团	−0.480
2	浙江仙通	1.967	22	富奥 B	0.234	42	东风科技	−0.495
3	岱美股份	1.583	23	富奥股份	0.234	43	交运股份	−0.496
4	继峰股份	1.480	24	苏威孚 B	0.231	44	西仪股份	−0.500
5	兆丰股份	1.278	25	金麒麟	0.167	45	浙江世宝	−0.502
6	贝斯特	1.165	26	隆盛科技	0.161	46	隆基机械	−0.551
7	中原内配	1.121	27	常熟汽饰	0.138	47	宁波华翔	−0.558
8	云意电气	1.091	28	鹏翎股份	0.041	48	光洋股份	−0.566
9	西菱动力	0.957	29	圣龙股份	0.008	49	今飞凯达	−0.589
10	腾龙股份	0.928	30	双环传动	−0.026	50	凌云股份	−0.611
11	万通智控	0.761	31	北特科技	−0.005	51	亚太股份	−0.611
12	合力科技	0.730	32	渤海汽车	−0.013	52	德尔股份	−0.739
13	美力科技	0.525	33	亚普股份	−0.017	53	东安动力	−0.748
14	万向钱潮	0.521	34	潍柴动力	−0.066	54	金固股份	−0.791
15	秦安股份	0.504	35	长春一东	−0.166	55	均胜电子	−1.038
16	远东传动	0.458	36	宗申动力	−0.279	56	猛狮科技	−1.092
17	湘油泵	0.404	37	众泰汽车	−0.300	57	华域汽车	−1.119
18	长鹰信质	0.403	38	双林股份	−0.336	58	湖南天雁	−1.924
19	联明股份	0.386	39	兴民智通	−0.360	59	恒立实业	−2.870
20	蓝黛传动	0.328	40	越博动力	−0.383	60	斯太尔	−2.927

从盈利能力来看, 排在前面的分别是新坐标、浙江仙通、岱美股份、继峰股份.

表 7-6　按股东回报因子得分 f_2 的排序 (加权最小二乘法)

序号	证券名称	f_2	序号	证券名称	f_2	序号	证券名称	f_2
1	兆丰股份	4.236	21	富奥 B	−0.086	41	圣龙股份	−0.462
2	苏威孚 B	3.381	22	富奥股份	−0.086	42	兴民智通	−0.475
3	华域汽车	2.742	23	亚普股份	−0.087	43	北特科技	−0.517
4	越博动力	1.769	24	众泰汽车	−0.116	44	宗申动力	−0.526
5	德尔股份	1.591	25	长鹰信质	−0.122	45	亚太股份	−0.559
6	宁波华翔	1.498	26	联明股份	−0.197	46	远东传动	−0.564
7	湘油泵	0.971	27	东风科技	−0.252	47	日上集团	−0.583
8	新坐标	0.636	28	秦安股份	−0.274	48	中原内配	−0.588
9	岱美股份	0.538	29	贝斯特	−0.282	49	蓝黛传动	−0.628
10	金麒麟	0.483	30	双环传动	−0.285	50	浙江世宝	−0.690
11	常熟汽饰	0.456	31	交运股份	−0.297	51	光洋股份	−0.695
12	凌云股份	0.370	32	湖南天雁	−0.315	52	美力科技	−0.716
13	潍柴动力	0.323	33	腾龙股份	−0.351	53	长春一东	−0.729
14	恒立实业	0.219	34	渤海汽车	−0.369	54	猛狮科技	−0.740
15	鹏翎股份	0.179	35	今飞凯达	−0.396	55	浙江仙通	−0.784
16	均胜电子	0.150	36	万里扬	−0.397	56	西仪股份	−0.788
17	合力科技	0.140	37	隆基机械	−0.404	57	万向钱潮	−0.954
18	双林股份	0.031	38	隆盛科技	−0.411	58	继峰股份	−1.001
19	斯太尔	0.028	39	东安动力	−0.413	59	云意电气	−1.012
20	西菱动力	−0.031	40	金固股份	−0.438	60	万通智控	−1.123

从股东回报来看, 排在前面的分别是兆丰股份、苏威孚 B、华域汽车、越博动力.

表 7-7　按运营能力因子得分 f_3 的排序 (加权最小二乘法)

序号	证券名称	f_3	序号	证券名称	f_3	序号	证券名称	f_3
1	亚普股份	2.629	21	双林股份	0.358	41	合力科技	−0.527
2	东风科技	2.185	22	长鹰信质	0.324	42	浙江仙通	−0.536
3	华域汽车	2.115	23	湘油泵	0.323	43	常熟汽饰	−0.559
4	众泰汽车	1.689	24	万通智控	0.289	44	越博动力	−0.569
5	凌云股份	1.529	25	亚太股份	0.259	45	日上集团	−0.570
6	交运股份	1.487	26	长春一东	−0.013	46	双环传动	−0.651
7	宁波华翔	1.337	27	光洋股份	−0.052	47	北特科技	−0.670
8	圣龙股份	1.274	28	鹏翎股份	−0.143	48	贝斯特	−0.691
9	万向钱潮	1.190	29	西菱动力	−0.164	49	猛狮科技	−0.731
10	潍柴动力	1.182	30	万里扬	−0.204	50	苏威孚 B	−0.733
11	岱美股份	0.817	31	金麒麟	−0.244	51	中原内配	−0.741
12	富奥 B	0.780	32	腾龙股份	−0.248	52	兴民智通	−0.757
13	富奥股份	0.780	33	隆基机械	−0.294	53	渤海汽车	−0.961
14	今飞凯达	0.612	34	远东传动	−0.394	54	湖南天雁	−1.119
15	继峰股份	0.586	35	浙江世宝	−0.395	55	隆盛科技	−1.250
16	宗申动力	0.565	36	东安动力	−0.427	56	新坐标	−1.309
17	联明股份	0.554	37	美力科技	−0.444	57	云意电气	−1.522
18	均胜电子	0.508	38	蓝黛传动	−0.450	58	兆丰股份	−1.637
19	德尔股份	0.429	39	金固股份	−0.505	59	恒立实业	−1.934
20	西仪股份	0.417	40	秦安股份	−0.513	60	斯太尔	−2.260

从运营能力来看, 排在前面的分别是亚普股份、东风科技、华域汽车、众泰汽车.

表 7-8　按因子综合得分的排序 (加权最小二乘法)

序号	证券名称	综合得分	序号	证券名称	综合得分	序号	证券名称	综合得分
1	兆丰股份	1.358	21	长鹰信质	0.180	41	均胜电子	−0.205
2	新坐标	1.058	22	合力科技	0.179	42	双环传动	−0.246
3	苏威孚 B	0.938	23	万向钱潮	0.170	43	云意电气	−0.272
4	华域汽车	0.924	24	贝斯特	0.167	44	长春一东	−0.276
5	岱美股份	0.912	25	腾龙股份	0.165	45	西仪股份	−0.320
6	宁波华翔	0.566	26	圣龙股份	0.157	46	北特科技	−0.322
7	亚普股份	0.539	27	金麒麟	0.149	47	亚太股份	−0.326
8	湘油泵	0.512	28	交运股份	0.077	48	隆盛科技	−0.356
9	继峰股份	0.355	29	常熟汽饰	0.058	49	渤海汽车	−0.373
10	浙江仙通	0.335	30	中原内配	0.047	50	隆基机械	−0.385
11	潍柴动力	0.323	31	鹏翎股份	0.035	51	光洋股份	−0.423
12	德尔股份	0.320	32	万通智控	−0.005	52	兴民智通	−0.458
13	西菱动力	0.291	33	秦安股份	−0.023	53	浙江世宝	−0.478
14	众泰汽车	0.268	34	双林股份	−0.036	54	日上集团	−0.478
15	越博动力	0.259	35	万里扬	−0.053	55	东安动力	−0.488
16	东风科技	0.253	36	远东传动	−0.100	56	金固股份	−0.529
17	凌云股份	0.249	37	宗申动力	−0.114	57	猛狮科技	−0.780
18	富奥 B	0.237	38	美力科技	−0.134	58	湖南天雁	−1.035
19	富奥股份	0.237	39	蓝黛传动	−0.178	59	恒立实业	−1.396
20	联明股份	0.205	40	今飞凯达	−0.187	60	斯太尔	−1.549

从综合指标来看, 排在前面的分别是兆丰股份、新坐标、苏威孚 B、华域汽车.

以上因子得分是用加权最小二乘法得出的, 读者还可以用回归法来估计因子得分.

习题

7.1 简述因子分析的思想.

7.2 什么是正交因子模型?

7.3 什么是共同度?

7.4 因子正交旋转的含义是什么?

7.5 什么是因子得分?

7.6 (数据文件为 ex6.3) 表 6–6 给出了全国 28 个省市 19~22 岁年龄组城市男生身体形态指标 (身高 x_1、坐高 x_2、体重 x_3、胸围 x_4、肩宽 x_5 和骨盆宽 x_6) 数据, 试对这六个指标进行因子分析.

7.7 (数据文件为 ex6.6) 表 6–9 给出了 2017 年我国部分主要城市废水中主要污染物排放量数据. 它们分别是: 工业废水排放量 x_1 (万吨)、工业化学需氧量排放量 x_2 (吨)、工业氨氮排放量 x_3 (吨)、城镇生活污水排放量 x_4 (万吨)、生活化学需氧量排放量 x_5 (吨) 和生活氨氮排放量 x_6 (吨). 请根据这 16 个城市的废水中污染物排放量数据对这六个指标进行因子分析.

7.8 (数据文件为 ex6.7) 我国 2017 年各地区城镇居民人均全年消费数据如表 6–10 所示, 这些指标分别从食品烟酒 (x_1)、衣着 (x_2)、居住 (x_3)、生活用品及服务 (x_4)、交通通信 (x_5)、教育文化娱乐 (x_6)、医疗保健 (x_7) 和其他用品及服务 (x_8) 八个方面来描述消费情况, 试对这些数据进行因子分析.

参考文献

[1] 高惠璇. 应用多元统计分析. 北京: 北京大学出版社, 2005.

[2] 王学民. 应用多元统计分析. 上海: 上海财经大学出版社, 2017.

[3] 王斌会. 多元统计分析及 R 语言建模. 广州: 暨南大学出版社, 2016.

[4] 理查德·A. 约翰逊, 迪安·W. 威克恩. 实用多元统计分析. 北京: 清华大学出版社, 2008.

[5] 何晓群. 应用多元统计分析. 北京: 中国统计出版社, 2010.

[6] 薛毅, 陈立萍. 统计建模与 R 软件. 北京: 清华大学出版社, 2007.

C 第 8 章

对应分析

第 7 章介绍的因子分析分为 R 型因子分析和 Q 型因子分析, **R 型因子分析**是研究变量之间的相关关系, 而 **Q 型因子分析**是研究样品之间的相关关系. 本章讨论的**对应分析** (correspondence analysis) 是 R 型因子分析和 Q 型因子分析的结合, 它利用降维的思想来达到简化数据结构的目的, 它同时对数据表中的行和列进行处理, 寻求以低维图表表示数据表中行与列之间的关系, 所以对应分析本质上是一种图方法.

8.1 对应分析的基本思想

对应分析的主要目的是构造一些简单的指标来反映行和列之间的关系, 这些指标同时告诉我们在一行里哪些列的权重更大以及在一列里哪些行的权重更大. 对应分析是将 R 型因子分析和 Q 型因子分析结合起来进行统计分析. R 型因子分析是对变量 (指标) 作因子分析, 研究的是变量 (指标) 之间的相关关系; Q 型因子分析是对样品作因子分析, 研究的是样品之间的相关关系.

对应分析是从 R 型因子分析出发, 直接获得 Q 型因子分析的结果, 从而克服由于样本容量大所带来的作 Q 型因子分析计算上的困难, 并且根据 R 型因子分析和 Q 型因子分析的内在联系, 将变量和样品同时反映在相同坐标轴上, 以便对问题进行分析. 对应分析由原数据矩阵 $\boldsymbol{X}_{n \times p}$ 出发构建一个过渡矩阵 $\boldsymbol{Z}_{n \times p}$, 然后得到变量之间的协方差矩阵 $\boldsymbol{S}_R = \boldsymbol{Z}^{\mathrm{T}} \boldsymbol{Z}$ 和样品之间的协方差矩阵 $\boldsymbol{S}_Q = \boldsymbol{Z} \boldsymbol{Z}^{\mathrm{T}}$. 由矩阵代数知识可知, $\boldsymbol{Z}^{\mathrm{T}} \boldsymbol{Z}$ 和 $\boldsymbol{Z} \boldsymbol{Z}^{\mathrm{T}}$ 有相同的非零特征值, 记为 $\lambda_1, \lambda_2, \cdots, \lambda_m (\lambda_1 \geqslant \lambda_2 \geqslant \cdots \geqslant \lambda_m; 0 < m < \min(n, p))$. 如果 $\boldsymbol{S}_R$ 的特征值 λ_i 对应的特征向量为 $\boldsymbol{u}_i$, 而 $\boldsymbol{S}_Q$ 的特征值 λ_i 对应的特征向量为 $\boldsymbol{v}_i = \boldsymbol{Z} \boldsymbol{u}_i$, 由式 (7.13) 可知变量点对应的因子载荷阵为:

$$\boldsymbol{A}_R = \begin{bmatrix} \sqrt{\lambda_1} u_{11} & \sqrt{\lambda_2} u_{12} & \cdots & \sqrt{\lambda_m} u_{1m} \\ \sqrt{\lambda_1} u_{21} & \sqrt{\lambda_2} u_{22} & \cdots & \sqrt{\lambda_m} u_{2m} \\ \vdots & \vdots & & \vdots \\ \sqrt{\lambda_1} u_{p1} & \sqrt{\lambda_2} u_{p2} & \cdots & \sqrt{\lambda_m} u_{pm} \end{bmatrix} \tag{8.1}$$

而样品点对应的因子载荷阵为:

$$\boldsymbol{A}_Q = \begin{bmatrix} \sqrt{\lambda_1}v_{11} & \sqrt{\lambda_2}v_{12} & \cdots & \sqrt{\lambda_m}v_{1m} \\ \sqrt{\lambda_1}v_{21} & \sqrt{\lambda_2}v_{22} & \cdots & \sqrt{\lambda_m}v_{2m} \\ \vdots & \vdots & & \vdots \\ \sqrt{\lambda_1}v_{n1} & \sqrt{\lambda_2}v_{n2} & \cdots & \sqrt{\lambda_m}v_{nm} \end{bmatrix} \tag{8.2}$$

由于 $\boldsymbol{S}_R$ 和 $\boldsymbol{S}_Q$ 的特征值正好是各个公因子的方差, 因此可以用相同的因子轴来同时表示变量点和样品点, 即把变量点和样品点同时反映在具有相同坐标轴的平面上, 以便对变量点和样品点一起进行分析.

8.2 对应分析的原理

设有 n 个样品, 每个样品有 p 个变量, 即数据矩阵为:

$$\boldsymbol{X} = \begin{bmatrix} x_{11} & x_{12} & \cdots & x_{1p} \\ x_{21} & x_{22} & \cdots & x_{2p} \\ \vdots & \vdots & & \vdots \\ x_{n1} & x_{n2} & \cdots & x_{np} \end{bmatrix} = (x_{ij})_{n \times p} \tag{8.3}$$

对 $\boldsymbol{X}$ 的元素要求都大于 0 (否则, 对所有数据同加上一个数使其满足大于 0 的条件), 用 $x_{i\cdot}$, $x_{\cdot j}$ 和 $x_{\cdot\cdot}$ 分别表示 $\boldsymbol{X}$ 的行和、列和与总和, 即

$$x_{i\cdot} = \sum_{j=1}^{p} x_{ij}, x_{\cdot j} = \sum_{i=1}^{n} x_{ij}, x_{\cdot\cdot} = \sum_{i=1}^{n} \sum_{j=1}^{p} x_{ij}$$

令 $\boldsymbol{P} = \boldsymbol{X}/x_{\cdot\cdot} = (p_{ij})$, 即 $p_{ij} = x_{ij}/x_{\cdot\cdot}$, 不难看出, $0 < p_{ij} < 1$, 且 $\displaystyle\sum_{i=1}^{n} \sum_{j=1}^{p} p_{ij} = 1$, 因而 p_{ij} 可解释为 "概率"; 类似地, $p_{i\cdot} = \displaystyle\sum_{j=1}^{p} p_{ij}$ 可理解为第 i 个样品的边缘概率 $(i = 1, 2, \cdots, n)$, $p_{\cdot j} = \displaystyle\sum_{i=1}^{n} p_{ij}$ 可理解为第 j 个变量的边缘概率 $(j = 1, 2, \cdots, p)$, 并称 $\boldsymbol{P}$ 为对应阵.

记

$$\boldsymbol{r} = \boldsymbol{P}\boldsymbol{1}_p = (p_{1\cdot}, p_{2\cdot}, \cdots, p_{n\cdot})^{\mathrm{T}} \tag{8.4}$$

式中, $\boldsymbol{1}_p = (1, 1, \cdots, 1)^{\mathrm{T}}$ 是元素均为 1 的 p 维向量.

记

$$\boldsymbol{c}^{\mathrm{T}} = \boldsymbol{P}^{\mathrm{T}}\boldsymbol{1}_n = (p_{\cdot 1}, p_{\cdot 2}, \cdots, p_{\cdot p}) \tag{8.5}$$

式中, $\boldsymbol{1}_n = (1, 1, \cdots, 1)^{\mathrm{T}}$ 是元素均为 1 的 n 维向量. 向量 $\boldsymbol{r}$ 和 $\boldsymbol{c}$ 的元素有时称为行和列密度 (masses).

在此我们考虑 R 型因子分析, 从对应阵 $\boldsymbol{P}$ 出发计算变量的协方差矩阵, 称 $\boldsymbol{R}_i^{\mathrm{T}} = \left(\dfrac{p_{i1}}{p_{i\cdot}}, \dfrac{p_{i2}}{p_{i\cdot}}, \cdots, \dfrac{p_{ip}}{p_{i\cdot}}\right)(i = 1, 2, \cdots, n)$ 为 p 个变量在第 i 样品上的分布轮廓 (条件分布),

显然有

$$\boldsymbol{R}_i^{\mathrm{T}} = \left(\frac{p_{i1}}{p_{i\cdot}}, \frac{p_{i2}}{p_{i\cdot}}, \cdots, \frac{p_{ip}}{p_{i\cdot}}\right) = \left(\frac{x_{i1}}{x_{i\cdot}}, \frac{x_{i2}}{x_{i\cdot}}, \cdots, \frac{x_{ip}}{x_{i\cdot}}\right), \quad i = 1, 2, \cdots, n$$

即坐标是用变量在该样品中的相对比例来表示的, 于是对 n 个样品的研究转化为对 n 个样品点的相对关系的研究. 如果对样品进行分类, 就可以用样品点的距离远近来刻画. 我们用欧氏距离来刻画两个样品点 i 与 i' 之间的距离:

$$D^2(i, i') = \sum_{j=1}^{p} \left(\frac{p_{ij}}{p_{i\cdot}} - \frac{p_{i'j}}{p_{i'\cdot}}\right)^2 \tag{8.6}$$

这样定义的距离有一个缺点, 如果第 j 个变量的概率较大, 式 (8.6) 定义的 $\left(\frac{p_{ij}}{p_{i\cdot}} - \frac{p_{i'j}}{p_{i'\cdot}}\right)$ 就会偏高, 因此我们用 $\frac{1}{p_{\cdot j}}$ 作权重, 得到如下加权的距离公式:

$$D^2(i, i') = \sum_{j=1}^{p} \left(\frac{p_{ij}}{p_{i\cdot}} - \frac{p_{i'j}}{p_{i'\cdot}}\right)^2 \Big/ p_{\cdot j} = \sum_{j=1}^{p} \left(\frac{p_{ij}}{\sqrt{p_{\cdot j}}p_{i\cdot}} - \frac{p_{i'j}}{\sqrt{p_{\cdot j}}p_{i'\cdot}}\right)^2 \tag{8.7}$$

也可以认为上式是坐标为 $\left(\frac{p_{i1}}{\sqrt{p_{\cdot j}}p_{i\cdot}}, \frac{p_{i2}}{\sqrt{p_{\cdot j}}p_{i\cdot}}, \cdots, \frac{p_{ip}}{\sqrt{p_{\cdot j}}p_{i\cdot}}\right)(i = 1, 2, \cdots, n)$ 的 n 个样品点中样品点 i 与 i' 之间的距离, 而且这样定义的样品点的第 j 个变量用概率 $p_{i\cdot}$ 加权的均值为 $\sum_{i=1}^{n} \frac{p_{ij}}{\sqrt{p_{\cdot j}}p_{i\cdot}} p_{i\cdot} = \frac{1}{\sqrt{p_{\cdot j}}} \sum_{i=1}^{n} p_{ij} = \frac{p_{\cdot j}}{\sqrt{p_{\cdot j}}} = \sqrt{p_{\cdot j}}(j = 1, 2, \cdots, p).$ 于是可以写出样品空间中变量点的协方差矩阵为:

$$\boldsymbol{S}_R = (a_{ij})_{p \times p} \tag{8.8}$$

式中

$$\begin{aligned}
a_{ij} &= \sum_{k=1}^{n} \left(\frac{p_{ki}}{\sqrt{p_{\cdot i}}p_{k\cdot}} - \sqrt{p_{\cdot i}}\right)\left(\frac{p_{kj}}{\sqrt{p_{\cdot j}}p_{k\cdot}} - \sqrt{p_{\cdot j}}\right) p_{k\cdot} \\
&= \sum_{k=1}^{n} \left(\frac{p_{ki}}{\sqrt{p_{\cdot i}}\sqrt{p_{k\cdot}}} - \sqrt{p_{\cdot i}}\sqrt{p_{k\cdot}}\right)\left(\frac{p_{kj}}{\sqrt{p_{\cdot j}}\sqrt{p_{k\cdot}}} - \sqrt{p_{\cdot j}}\sqrt{p_{k\cdot}}\right) \\
&= \sum_{k=1}^{n} \left(\frac{p_{ki} - p_{\cdot i}p_{k\cdot}}{\sqrt{p_{\cdot i}}\sqrt{p_{k\cdot}}}\right)\left(\frac{p_{kj} - p_{\cdot j}p_{k\cdot}}{\sqrt{p_{\cdot j}}\sqrt{p_{k\cdot}}}\right)
\end{aligned}$$

若定义

$$z_{ki} = \frac{p_{ki} - p_{\cdot i}p_{k\cdot}}{\sqrt{p_{\cdot i}}\sqrt{p_{k\cdot}}} = \frac{\frac{x_{ki}}{x_{\cdot\cdot}} - \frac{x_{\cdot i}}{x_{\cdot\cdot}} \cdot \frac{x_{k\cdot}}{x_{\cdot\cdot}}}{\sqrt{\frac{x_{\cdot i}}{x_{\cdot\cdot}} \cdot \frac{x_{k\cdot}}{x_{\cdot\cdot}}}} = \frac{x_{ki} - x_{\cdot i}x_{k\cdot}/x_{\cdot\cdot}}{\sqrt{x_{\cdot i}x_{k\cdot}}}$$

$$i = 1, 2, \cdots, n; j = 1, 2, \cdots, p \tag{8.9}$$

令 $\boldsymbol{Z} = (z_{ij})$, 则有 $\boldsymbol{S}_R = \boldsymbol{Z}^{\mathrm{T}}\boldsymbol{Z}$, 即变量点的协方差矩阵可以表示为 $\boldsymbol{Z}^{\mathrm{T}}\boldsymbol{Z}$, 同理, 样本点的协方差矩阵 $\boldsymbol{S}_Q$ 可以表示为 $\boldsymbol{Z}\boldsymbol{Z}^{\mathrm{T}}$. 由矩阵代数知, $\boldsymbol{S}_R = \boldsymbol{Z}^{\mathrm{T}}\boldsymbol{Z}$ 与 $\boldsymbol{S}_Q = \boldsymbol{Z}\boldsymbol{Z}^{\mathrm{T}}$ 有相同的非零特征值, 这些相同的特征值恰好表示各个公因子所提供的方差, 因此, 变量空间 R^p 上的第一公因子与样本空间 R^n 上的第一公因子相对应, 变量空间 R^p 上的第二公因子与样本空间 R^n 上的第二公因子相对应 …… 变量空间 R^p 上的第 m 公因

子与样本空间 R^n 上的第 m 公因子相对应, 且各对公因子在总方差中的百分比全部相同.

另外, 如果把所研究的 p 个变量看成一个属性变量的 p 个类目, 而把 n 个样品看成另一个属性变量的 n 个类目, 这时原始数据阵 $\boldsymbol{X}$ 就可以看成一张由观测得到的频数表或计数表. 首先由双向频数表 $\boldsymbol{X}$ 矩阵得到对应阵 $\boldsymbol{P}$:

$$\boldsymbol{P} = (p_{ij}), p_{ij} = \frac{1}{x_{..}} x_{ij}, \quad i = 1, 2, \cdots, n; j = 1, 2, \cdots, p$$

设 $n > p$, 且 $\mathrm{rank}(\boldsymbol{P}) = p$. 下面我们从代数学角度由对应阵 $\boldsymbol{P}$ 来导出数据对应变换的公式:

(1) 对 $\boldsymbol{P}$ 中心化, 令

$$\widetilde{p}_{ij} = p_{ij} - p_{i\cdot}p_{\cdot j} = p_{ij} - m_{ij}/x_{..}$$

式中, $m_{ij} = \dfrac{x_{i\cdot}x_{\cdot j}}{x_{..}} = x_{..}p_{i\cdot}p_{\cdot j}$, 它是假定行与列两个属性变量不相关时在第 (i, j) 单元上的期望频数值.

记 $\widetilde{\boldsymbol{P}} = (\widetilde{p}_{ij})_{n \times p}$, 由式 (8.4) 可得

$$\widetilde{\boldsymbol{P}} = \boldsymbol{P} - \boldsymbol{r}\boldsymbol{c}^{\mathrm{T}} \tag{8.10}$$

因 $\widetilde{\boldsymbol{P}}\boldsymbol{1}_p = \boldsymbol{P}\boldsymbol{1}_p - \boldsymbol{r}\boldsymbol{c}^{\mathrm{T}}\boldsymbol{1}_p = \boldsymbol{r} - \boldsymbol{r} = \boldsymbol{0}$, 所以 $\mathrm{rank}(\widetilde{\boldsymbol{P}}) \leqslant p - 1$. 令

$$\boldsymbol{D}_r = \mathrm{diag}(p_{1\cdot}, p_{2\cdot}, \cdots, p_{n\cdot}) \tag{8.11}$$

(2) 对 $\boldsymbol{P}$ 标准化得 $\boldsymbol{Z}$, 令

$$\boldsymbol{Z} = \boldsymbol{D}_r^{-1/2} \widetilde{\boldsymbol{P}} \boldsymbol{D}_c^{-1/2} \xlongequal{\text{def}} (z_{ij})_{n \times p} \tag{8.12}$$

式中, $z_{ij} = \dfrac{p_{ij} - p_{i\cdot}p_{\cdot j}}{\sqrt{p_{i\cdot}p_{\cdot j}}} = \dfrac{x_{ij} - x_{i\cdot}x_{\cdot j}/x_{..}}{\sqrt{x_{i\cdot}x_{\cdot j}}}$.

故经对应变换后所得到的过渡矩阵 $\boldsymbol{Z}$, 可以看成是由对应阵 $\boldsymbol{P}$ 经中心化和标准化后所得到的矩阵.

设用于检验行与列两个属性变量是否不相关的 χ^2 统计量为:

$$\chi^2 = \sum_{i=1}^{n} \sum_{j=1}^{p} \frac{(x_{ij} - m_{ij})^2}{m_{ij}} = \sum_{i=1}^{n} \sum_{j=1}^{p} \chi_{ij}^2 \tag{8.13}$$

式中, χ_{ij}^2 表示第 (i, j) 单元在检验行与列两个属性变量是否不相关时对总 χ^2 统计量的贡献 (cellchi2):

$$\chi_{ij}^2 = \frac{(x_{ij} - m_{ij})^2}{m_{ij}} = x_{..}z_{ij}^2$$

故

$$\chi^2 = x_{..} \sum_{i=1}^{n} \sum_{j=1}^{p} z_{ij}^2 = x_{..}\mathrm{tr}(\boldsymbol{Z}^{\mathrm{T}}\boldsymbol{Z}) = x_{..}\mathrm{tr}(\boldsymbol{S}_R) = x_{..}\mathrm{tr}(\boldsymbol{S}_Q) \tag{8.14}$$

从几何上看, R^p 空间中所有样品点与 R^p 中各因子轴的距离平方和, 以及 R^n 空间中所有变量点与 R^n 中相对应的各因子轴的距离平方和完全相同, 因此, 可以把变

量点和样品点同时反映在同一因子轴所确定的平面上, 即取在同一坐标系中, 根据变量点与变量点的接近程度, 样品点与样品点的接近程度, 变量点与样品点的接近程度, 来对样品点和变量点同时进行分类.

8.3　对应分析的计算步骤

设有 p 个变量的 n 个样品观测数据矩阵 $\boldsymbol{X} = (x_{ij})_{n \times p}$, 其中 $x_{ij} > 0$ (否则, 对所有数据同加上一个数使其满足大于 0 的条件), 对数据矩阵 $\boldsymbol{X}$ 作对应分析的具体步骤如下:

(1) 由数据矩阵 $\boldsymbol{X}$ 计算规格化的对应阵 $\boldsymbol{P} = (p_{ij})_{n \times p}$.

(2) 计算过渡矩阵

$$\boldsymbol{Z} = (z_{ij}) = [(p_{ij} - p_{i\cdot}p_{\cdot j})/\sqrt{p_{i\cdot}p_{\cdot j}}]_{n \times p} = \left(\frac{x_{ij} - x_{i\cdot}x_{\cdot j}/x_{\cdot\cdot}}{\sqrt{x_{i\cdot}x_{\cdot j}}} \right)_{n \times p}$$

(3) 计算 χ^2 统计量, 计算公式见式 (8.14), 用来检验行的样品点和列的变量点是否相关, 如果不相关就不适合作对应分析.

(4) 进行因子分析.

1) R 型因子分析: 计算协方差矩阵 $\boldsymbol{S}_R = \boldsymbol{Z}^{\mathrm{T}}\boldsymbol{Z}$ 的特征值 $\lambda_1, \lambda_2, \cdots, \lambda_p(\lambda_1 \geqslant \lambda_2 \geqslant \cdots \geqslant \lambda_p)$, 按照累积百分比 $\sum\limits_{i=1}^{m} \lambda_i / \sum\limits_{i=1}^{p} \lambda_i \geqslant 85\%$, 取前 m 个特征值 $\lambda_1, \lambda_2, \cdots, \lambda_m$, 并计算对应的单位特征向量 $\boldsymbol{u}_1, \boldsymbol{u}_2, \cdots, \boldsymbol{u}_m$, 得到因子载荷矩阵

$$\boldsymbol{A}_R = \begin{bmatrix} \sqrt{\lambda_1}u_{11} & \sqrt{\lambda_2}u_{12} & \cdots & \sqrt{\lambda_m}u_{1m} \\ \sqrt{\lambda_1}u_{21} & \sqrt{\lambda_2}u_{22} & \cdots & \sqrt{\lambda_m}u_{2m} \\ \vdots & \vdots & & \vdots \\ \sqrt{\lambda_1}u_{p1} & \sqrt{\lambda_2}u_{p2} & \cdots & \sqrt{\lambda_m}u_{pm} \end{bmatrix}$$

2) Q 型因子分析: 有上述求得的特征值, 计算 $\boldsymbol{S}_Q = \boldsymbol{Z}\boldsymbol{Z}^{\mathrm{T}}$ 所对应的单位特征向量 $\boldsymbol{v}_i = \boldsymbol{Z}\boldsymbol{u}_i$, 得到因子载荷矩阵

$$\boldsymbol{A}_Q = \begin{bmatrix} \sqrt{\lambda_1}v_{11} & \sqrt{\lambda_2}v_{12} & \cdots & \sqrt{\lambda_m}v_{1m} \\ \sqrt{\lambda_1}v_{21} & \sqrt{\lambda_2}v_{22} & \cdots & \sqrt{\lambda_m}v_{2m} \\ \vdots & \vdots & & \vdots \\ \sqrt{\lambda_1}v_{n1} & \sqrt{\lambda_2}v_{n2} & \cdots & \sqrt{\lambda_m}v_{nm} \end{bmatrix}$$

3) 在同一坐标轴上作变量点图与样品点图: 分析变量点之间的关系; 分析样品点之间的关系; 同时综合分析变量点和样品点之间的关系.

例 8.1　在 R 基本包 MASS 中有一个自带数据集 caith, 它是苏格兰北部的凯斯内斯郡的居民的头发和眼睛颜色的调查数据, 见表 8–1. 每一行对应一种眼睛的颜色, 分别是蓝色 (blue)、浅色 (light)、中色 (medium) 和深色 (dark). 每一列代表一种头发的颜色, 分别是金色 (fair)、红色 (red)、中色 (medium)、深色 (dark) 和黑色 (black).

数值代表人数 (如第 1 行第 2 列的 38 表示蓝眼睛红头发的人数为 38). 对表中数据进行对应分析.

表 8-1　苏格兰北部的凯斯内斯郡的居民头发和眼睛颜色的调查数据

	fair	red	medium	dark	black
blue	326	38	241	110	3
light	688	116	584	188	4
medium	343	84	909	412	26
dark	98	48	403	681	85

要求:　(1) 先从 MASS 中读入数据 caith, 并用中文对数据集的行和列重新命名; (2) 利用重新命名后的数据集作对应分析; (3) 作对应分析图 (注意选择适当的 xlim 和 ylim); (4) 对分析结果和图形意义作出合理的评价和解释.

解: (1) 读入数据, R 命令如下:

```
> library(MASS)  # 加载 MASS 包
> data(caith);caith   # 读入并展示数据 caith
          Fair  red  medium  dark  black
 blue      326   38    241    110     3
 light     688  116    584    188     4
 medium    343   84    909    412    26
 dark       98   48    403    681    85
> rownames(caith)=c("蓝色","浅色","中色","深色")    # 用中文命名行 (眼睛颜色)
> colnames(caith)=c("金发","红发","中色发","深发","黑发")
  # 用中文命名列 (头发颜色)
> caith   # 展示用中文命名后的数据 caith
          金发   红发  中色发  深发  黑发
 蓝色      326    38    241    110     3
 浅色      688   116    584    188     4
 中色      343    84    909    412    26
 深色       98    48    403    681    85
```

(2) 作对应分析. R 命令如下:

```
> EyeHair=corresp(caith,nf=2)   # 用函数 corresp 作对应分析
> EyeHair   # 展示对应分析结果
First canonical correlation(s):  0.446  0.173
Row scores:
          [,1]      [,2]
 蓝色    -0.897     0.954
 浅色    -0.987     0.510
 中色     0.075    -1.412
 深色     1.574     0.772
```

```
Column scores:
          [,1]      [,2]
  金发    -1.219    1.002
  红发    -0.523    0.278
  中色发  -0.094   -1.201
  深发     1.319    0.599
  黑发     2.452    1.651
```

(3) 作对应分析图 (见图 8–1), R 命令如下:

```
> biplot(EyeHair,xlim=c(-1,1),ylim=c(-0.3,0.3))   # 画对应分析图
> abline(v=0,h=0)   # 划分象限
```

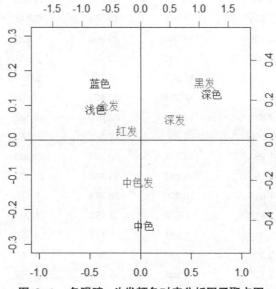

图 8-1　各眼睛、头发颜色对应分析因子聚点图

(4) 分析结果和图形意义的解释. 从对应分析图可以发现: 深色眼睛和黑色头发距离很近; 浅色眼睛和金色头发距离很近, 蓝色眼睛和金色头发距离也很近; 中色眼睛和中色头发距离较近; 而红发大致居中偏向于浅色眼睛. 这说明人类眼睛颜色和头发颜色确实存在对应关系, 其原因可以从遗传学的角度予以解释.

8.4　案例: 31 个地区人口文化程度分布的对应分析

案例 8.1　(数据文件为 case8.1) 不同省市 (或不同经济区域) 因经济、观念等因素的不同而教育程度不一. 表 8–2 给出了 2016 年各省市 6 岁及 6 岁以上人口中未上过学、小学、初中、高中、大专及以上文化程度人口数, 根据这些数据进行对应分析.

表 8-2　2016 年各省市 6 岁及 6 岁以上人口中不同文化程度人口数　　单位: 人

地区	未上过学	小学	初中	高中	大专及以上
北京	313	1 631	4 070	3 258	7 729
天津	333	1 902	4 169	2 821	3 176
河北	2 752	14 776	25 765	8 625	5 966
山西	909	5 620	12 675	5 907	3 941
内蒙古	1 013	4 312	7 552	3 395	3 640
辽宁	782	6 838	15 399	5 787	6 331
吉林	675	5 106	9 333	3 653	3 093
黑龙江	1 295	6 952	13 491	4 972	4 159
上海	651	2 528	6 199	4 104	5 791
江苏	3 908	14 012	22 540	12 036	10 458
浙江	2 916	12 079	15 554	6 890	6 705
安徽	3 549	13 091	20 802	6 226	4 515
福建	1 953	9 407	10 337	4 570	3 421
江西	1 830	10 875	13 502	6 011	3 177
山东	5 230	18 766	30 835	13 025	9 499
河南	4 323	17 933	32 979	12 638	5 870
湖北	2 690	10 885	17 461	8 563	6 406
湖南	1 984	13 315	20 403	11 213	6 184
广东	3 194	18 686	33 330	18 179	11 779
广西	1 697	10 350	16 376	5 616	2 954
海南	332	1 570	3 197	1 253	685
重庆	1 070	7 581	8 112	4 287	3 038
四川	5 508	21 287	23 637	8 958	5 869
贵州	3 117	9 233	9 951	2 967	1 905
云南	3 219	14 306	12 135	4 060	3 210
西藏	982	786	466	146	132
陕西	1 685	6 847	11 835	5 701	3 822
甘肃	1 793	6 813	6 337	3 310	2 191
青海	605	1 602	1 390	540	444
宁夏	350	1 394	1 821	844	801
新疆	790	5 455	6 743	2 618	2 483

解: 先读取数据, 作卡方检验. R 程序及结果如下:

```
#case8.1 我国各省市不同文化程度人数的对应分析
# 打开数据文件 case8.1.xls, 选取 A1:F32 区域, 然后复制
> case8.1<-read.table("clipboard",header=T)
# 将 case8.1.xls 数据读入到 case8.1 中
> Z= case8.1[,-1]    # 第一列为样本名称, 不宜代入作分析
> chisq.test(Z)    # 卡方检验
```

```
        Pearson's Chi-squared test
data:  Z
X-squared = 63730, df = 120, p-value < 2.2e-16
```

p 值为 2.2×10^{-16}, 远小于 0.05, 所以拒绝原假设 H_0, 认为因素 A 和因素 B 不独立, 即文化程度与省市有密切联系, 可以进一步进行对应分析.

作对应分析, 计算行和列得分, R 程序和运行结果如下:

```
> library(MASS)
> ca1=corresp(Z,nf=2)
> ca1
First canonical correlation(s):  0.198 0.115

Row scores:
          [,1]      [,2]
 [1,]  -4.6751    3.1840
 [2,]  -2.2752    0.4422
 [3,]   0.2973   -0.8407
 [4,]  -0.6360   -1.2970
 [5,]  -0.8126    0.3657
 [6,]  -1.0572   -0.8048
 [7,]  -0.4093   -0.8159
 [8,]  -0.2659   -0.7309
 [9,]  -2.7629    1.1880
[10,]  -0.5948    0.5048
[11,]  -0.0700    0.8674
[12,]   0.7291   -0.1019
[13,]   0.5252    0.6707
[14,]   0.6138   -0.3019
[15,]   0.0972    0.0262
[16,]   0.5104   -1.0438
[17,]  -0.2425    0.0419
[18,]  -0.1706   -0.7829
[19,]  -0.5519   -0.7301
[20,]   0.6366   -1.0329
[21,]   0.1222   -1.2665
[22,]   0.1532    0.2811
[23,]   1.0423    0.8098
[24,]   1.6405    1.4197
[25,]   1.4453    1.4888
[26,]   3.8972    8.8081
[27,]  -0.1770   -0.3131
[28,]   0.8114    1.3804
```

```
[29,]    1.4724   2.5808
[30,]   -0.1290   0.8790
[31,]    0.0893   0.2299
Column scores:
              [,1]      [,2]
未上过学     1.545     2.528
小学         0.932     0.487
初中         0.122    -0.874
高中        -0.597    -0.581
大专及以上  -2.109     1.306
```

绘制对应分析图, R 程序和运行结果如下:

```
> rownames(ca1$rscore)= case8.1[,1]    # 将 ca1$rscore 的行命名为 case8.1 的第一
列样本名称
> biplot(ca1,cex=0.55);abline(v=0,h=0,lty=3)    # 作对应分析图 (见图 8-2), 并分好
象限
```

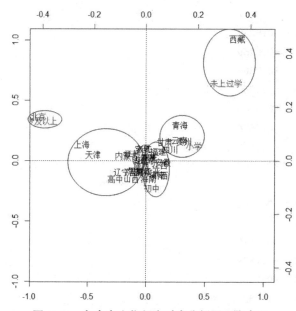

图 8-2   各省市文化程度对应分析因子聚点图

根据图 8-2 可将样品点和变量分为五类:

第一类:

变量: 大专及以上;

样品: 北京.

第二类:

变量: 高中;

样品: 上海、天津、江苏、辽宁、内蒙古、山西、广东、吉林.

第三类:

变量: 初中;

样品: 宁夏、浙江、重庆、山东、湖北、陕西、黑龙江、湖南、河北、海南、河南、江西、安徽、福建、新疆、广西.

第四类:

变量: 小学;

样品: 青海、甘肃、云南、贵州、四川.

第五类:

变量: 未上过学;

样品: 西藏.

第一类和第五类的样品中都是只有一个省市. 北京作为首都, 经济发展、人员素质、家庭观念都提倡教育, 大专及以上文化程度人数相对较多; 而西藏受自然环境、师资力量、教育观念影响, 未上过学的人数相对较多. 第四类的样品为西南云贵川地区和西北青海、甘肃地区, 属于边穷、民族地区, 文化程度为小学的人数偏多.

用对应分析的方法综合评价我国各省市文化程度人数分布情况, 结果与实际情况基本上是一致的. 由于各省市地理位置不同, 经济发展快慢不一, 师资力量分布不均, 教育观念差异明显, 各省市文化程度人数分布不是很均衡. 本案例考虑到的因素非常有限, 但大体上反映了我国当前的现状, 这说明用对应分析的方法来评价我国各省市文化程度分布情况是可行的.

将各省市按八大经济区域进行划分, 汇总不同受教育程度人数, 结果如表 8-3 (数据文件为 case8.2) 所示. 根据这些数据进行对应分析.

表 8-3 2016 年八大经济区域 6 岁及 6 岁以上人口中不同文化程度人口数 单位: 人

地区	未上过学	小学	初中	高中	大专及以上
北部沿海	8 628	37 075	64 839	27 729	26 370
大西北地区	4 520	16 050	16 757	7 458	6 051
东北地区	2 752	18 896	38 223	14 412	13 583
东部沿海	7 475	28 619	44 293	23 030	22 954
黄河中游	7 930	34 712	65 041	27 641	17 273
南部沿海	5 479	29 663	46 864	24 002	15 885
西南地区	14 611	62 757	70 211	25 888	16 976
长江中游	10 053	48 166	72 168	32 013	20 282

先读取数据, 作卡方检验. R 程序及结果如下:

```
#case8.2 我国八大经济区域不同文化程度人数的对应分析
# 打开数据文件 case8.2.xls, 选取 A1:F9 区域, 然后复制
> case8.2<-read.table("clipboard",header=T)
# 将 case8.2.xls 数据读入到 case8.2 中
> Z= case8.2[,-1]   # 第一列为样本名称, 不宜代入作分析
> chisq.test(Z)   # 卡方检验
```

```
      Pearson's Chi-squared test
data:  Z
X-squared = 22611, df = 28, p-value <2.2e-16
```

p 值为 2.2×10^{-16}, 远小于 0.05, 所以文化程度与八大经济区域有密切联系, 可以进一步进行对应分析.

作对应分析, 计算行和列得分, R 程序和运行结果如下:

```
> library(MASS)
> ca2=corresp(Z,nf=2)
> ca2
First canonical correlation(s):  0.1233   0.0658

 Row scores:
          [,1]      [,2]
 [1,]   -0.783    0.556
 [2,]    1.425    1.730
 [3,]   -1.163   -0.756
 [4,]   -0.942    1.895
 [5,]   -0.302   -1.313
 [6,]   -0.456   -0.426
 [7,]    1.764    0.117
 [8,]    0.237   -0.671

Column scores:
                [,1]      [,2]
 未上过学       1.679     1.714
 小学          1.266     0.284
 初中         -0.253    -0.926
 高中         -0.693    -0.325
 大专及以上   -1.580     1.887
```

绘制对应分析图, R 程序和运行结果如下:

```
> rownames(ca2$rscore)= case8.2[,1]   # 将 ca2$rscore 的行命名为 case8.2 的第一
列样本名称
> biplot(ca2,cex=0.55);abline(v=0,h=0,lty=3)   # 作对应分析图 (见图 8-3), 并分好
象限
```

根据图 8-3 可将样品点和变量分为五类:

第一类:

变量: 大专及以上;

样品: 东部沿海、北部沿海.

第二类:

变量: 高中;

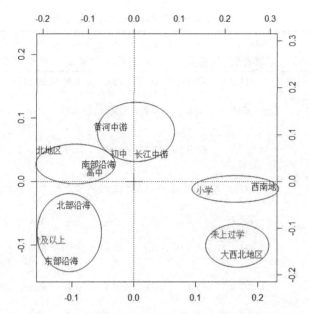

图 8-3 各经济区域文化程度对应分析因子聚点图

样品: 南部沿海、东北地区.

第三类:

变量: 初中;

样品: 长江中游、黄河中游.

第四类:

变量: 小学;

样品: 西南地区.

第五类:

变量: 未上过学;

样品: 大西北地区.

　　显然, 从以八大经济区域对各省市进行划分的角度来看文化程度人数分布情况可知, 类别更加清晰, 说明经济发展对文化程度有很大的影响.

习题

8.1　对应分析的原因及背景是什么?

8.2　对应分析的基本思想是什么?

8.3　试述对应分析与因子分析的区别和联系.

8.4　(数据文件为 ex8.4) 表 8–4 给出了 2011 年我国各行业能源消费量数据. 表中一共有 9 个变量, 分别是煤炭消费量、焦炭消费量、原油消费量、汽油消费量、煤油消费量、柴油消费量、燃料油消费量、天然气消费量、电力消费量. 对表 8–4 中的数据进行对应分析.

表 8-4　我国各行业能源消费量表

行业	煤炭消费量	焦炭消费量	原油消费量	汽油消费量	煤油消费量	柴油消费量	燃料油消费量	天然气消费量	电力消费量
纺织服装、鞋、帽制造业	211.9	5.2	0.1	13.6	0.5	26.0	7.4	0.5	163.7
皮革、毛皮、羽毛(绒)及其制品业	69.0	0.9	0.1	6.9	0.2	8.5	3.9	0.1	88.4
石油加工、炼焦及核燃料加工业	34 087.2	83.9	39 157.7	41.4	2.5	25.4	1 191.8	68.3	607.1
化学原料及化学制品制造业	16 177.2	2 271.6	3 696.0	45.2	2.9	79.9	452.0	233.5	3 528.3
塑料制品业	353.1	3.9	0.1	15.6	0.2	31.0	10.9	1.9	532.4
黑色金属冶炼及压延加工业	29 971.1	32 906.3	0.2	11.1	0.3	84.1	9.1	28.6	5 248.3
有色金属冶炼及压延加工业	6 227.2	583.4	0.6	9.1	1.8	60.8	79.0	13.9	3 501.8
交通运输设备制造业	798.6	176.0	0.2	48.1	11.4	99.6	18.0	18.5	861.4
电气机械及器材制造业	519.1	24.8	0.1	29.2	0.3	40.4	4.1	5.4	584.4

资料来源：中华人民共和国国家统计局. 中国统计年鉴: 2012. 北京: 中国统计出版社,2012.

8.5　(数据文件为 ex8.5) 表 8–5 给出了我国 2017 年八大经济区域按机构类型分法人单位数据, 表中一共有 5 个变量, 分别是企业法人、事业法人、机关法人、社会团体、其他. 对表 8–5 中的数据进行对应分析.

表 8-5　我国八大经济区域按机构类型分法人单位数

地区	企业法人	事业法人	机关法人	社会团体	其他
北部沿海	3 721 864	98 770	28 301	36 947	440 703
大西北地区	453 732	46 872	26 371	17 734	153 356
东北地区	907 941	70 340	24 998	16 419	179 966
东部沿海	4 201 038	79 511	20 412	55 578	276 455
黄河中游	1 682 287	140 576	40 483	29 715	464 296
南部沿海	2 577 819	79 715	23 065	44 182	200 754
西南地区	2 131 584	161 584	50 099	55 162	396 058
长江中游	2 421 417	137 348	41 631	43 511	430 498

资料来源：中华人民共和国国家统计局年度数据, http://www.stats.gov.cn/tjsj/.

参考文献

[1]　高惠璇. 应用多元统计分析. 北京: 北京大学出版社, 2005.

[2]　王学民. 应用多元统计分析. 上海: 上海财经大学出版社, 2017.

[3]　王斌会. 多元统计分析及 R 语言建模. 广州: 暨南大学出版社, 2016.

[4] 理查德·A. 约翰逊, 迪安·W. 威克恩. 实用多元统计分析. 北京: 清华大学出版社, 2008.

[5] 何晓群. 应用多元统计分析. 北京: 中国统计出版社, 2010.

[6] 薛毅, 陈立萍. 统计建模与 R 软件. 北京: 清华大学出版社, 2007.

相关系数可以衡量两个变量间的相关关系, 但两组变量之间的相关关系如何来度量呢? 本章讨论的 **典型相关分析** (canonical correlation analysis) 就是研究两组变量之间相关关系的一种多元统计分析方法, 它利用主成分的思想来讨论两组随机变量的相关性问题, 分别对两组变量提取主成分, 通过它们的相关性来度量两组变量整体的线性相关关系. 典型相关分析的思想首先由 Hotelling 于 1936 年提出, 现在其已经成为一种常用的分析两组变量相关性的多元分析方法, 在实际中应用广泛.

9.1 典型相关分析基本理论

典型相关分析是研究两组变量整体之间的相关关系, 它将每一组变量作为一个整体来进行研究, 所研究的两组变量可以一组是自变量, 另一组是因变量. 当然, 也可以处于同等地位.

典型相关分析的基本原理是: 借助主成分分析的思想, 在每组变量中找出变量的线性组合 —— 新的综合变量, 使生成的综合变量能代表原始变量的主要信息, 同时, 与由另一组变量的线性组合生成的新的综合变量的相关程度最大, 这样得到的一组新变量称为第一对典型相关变量; 用同样的方法可以找到第二对典型相关变量 …… 要求各对典型相关变量之间互不相关. 典型相关变量间的相关系数称为典型相关系数, 它度量了这两组变量之间关系的强度. 此项最大化技术是努力将两组变量间的一个高维关系浓缩到用少数几个典型变量来表现.

9.2 总体典型相关变量的概念及其解法

假设有两组变量, 第一组变量为 $\boldsymbol{x} = (x_1, x_2, \cdots, x_p)^{\mathrm{T}}$, 第二组变量为 $\boldsymbol{y} = (y_1, y_2, \cdots, y_q)^{\mathrm{T}}$. 在理论研究中, 不妨设 $p \leqslant q$, 变量 $\boldsymbol{x}$ 与变量 $\boldsymbol{y}$ 的协方差矩阵为:

$$\boldsymbol{\Sigma} = Var \begin{pmatrix} \boldsymbol{x} \\ \boldsymbol{y} \end{pmatrix} = \begin{pmatrix} Var(\boldsymbol{x}) & Cov(\boldsymbol{x}, \boldsymbol{y}) \\ Cov(\boldsymbol{y}, \boldsymbol{x}) & Var(\boldsymbol{y}) \end{pmatrix} = \begin{pmatrix} \boldsymbol{\Sigma}_{11} & \boldsymbol{\Sigma}_{12} \\ \boldsymbol{\Sigma}_{21} & \boldsymbol{\Sigma}_{22} \end{pmatrix} \tag{9.1}$$

为研究变量 $\boldsymbol{x}$ 与变量 $\boldsymbol{y}$ 之间的线性相关关系, 我们考虑它们之间的线性组合

$$\begin{cases} u = a_1x_1 + a_2x_2 + \cdots + a_px_p = \boldsymbol{a}^{\mathrm{T}}\boldsymbol{x} \\ v = b_1y_1 + b_2y_2 + \cdots + b_qy_q = \boldsymbol{b}^{\mathrm{T}}\boldsymbol{y} \end{cases} \tag{9.2}$$

u 和 v 的方差和协方差分别为:

$$\begin{aligned} Var(u) &= Var(\boldsymbol{a}^{\mathrm{T}}\boldsymbol{x}) = \boldsymbol{a}^{\mathrm{T}}Var(\boldsymbol{x})\boldsymbol{a} = \boldsymbol{a}^{\mathrm{T}}\boldsymbol{\Sigma}_{11}\boldsymbol{a} \\ Var(v) &= Var(\boldsymbol{b}^{\mathrm{T}}\boldsymbol{y}) = \boldsymbol{b}^{\mathrm{T}}Var(\boldsymbol{y})\boldsymbol{b} = \boldsymbol{b}^{\mathrm{T}}\boldsymbol{\Sigma}_{22}\boldsymbol{b} \\ Cov(u,v) &= Cov(\boldsymbol{a}^{\mathrm{T}}\boldsymbol{x},\boldsymbol{b}^{\mathrm{T}}\boldsymbol{y}) = \boldsymbol{a}^{\mathrm{T}}Cov(\boldsymbol{x},\boldsymbol{y})\boldsymbol{b} = \boldsymbol{a}^{\mathrm{T}}\boldsymbol{\Sigma}_{12}\boldsymbol{b} \end{aligned} \tag{9.3}$$

于是, 两个新变量 u 和 v 之间的相关系数 (即典型相关系数) 为:

$$\rho = Corr(u,v) = Corr(\boldsymbol{a}^{\mathrm{T}}\boldsymbol{x},\boldsymbol{b}^{\mathrm{T}}\boldsymbol{y}) = \frac{\boldsymbol{a}^{\mathrm{T}}\boldsymbol{\Sigma}_{12}\boldsymbol{b}}{\sqrt{(\boldsymbol{a}^{\mathrm{T}}\boldsymbol{\Sigma}_{11}\boldsymbol{a})(\boldsymbol{b}^{\mathrm{T}}\boldsymbol{\Sigma}_{22}\boldsymbol{b})}} \tag{9.4}$$

由于变量 u 和 v 乘以不为零的常数不改变它们之间的相关性, 即对任意常数 $c \neq 0, d \neq 0$, 有 $Corr(cu,dv) = Corr(u,v)$, 所以通常需对 $\boldsymbol{a}$ 和 $\boldsymbol{b}$ 附加约束条件, 使变量 u 和 v 避免重复, 最好的约束条件是

$$\begin{cases} Var(u) = Var(\boldsymbol{a}^{\mathrm{T}}\boldsymbol{x}) = \boldsymbol{a}^{\mathrm{T}}Var(\boldsymbol{x})\boldsymbol{a} = \boldsymbol{a}^{\mathrm{T}}\boldsymbol{\Sigma}_{11}\boldsymbol{a} = 1 \\ Var(v) = Var(\boldsymbol{b}^{\mathrm{T}}\boldsymbol{y}) = \boldsymbol{b}^{\mathrm{T}}Var(\boldsymbol{y})\boldsymbol{b} = \boldsymbol{b}^{\mathrm{T}}\boldsymbol{\Sigma}_{22}\boldsymbol{b} = 1 \end{cases} \tag{9.5}$$

于是, 我们的问题就变成在上述约束条件下求 $\boldsymbol{a}$ 和 $\boldsymbol{b}$, 使得

$$\rho = Corr(u,v) = Corr(\boldsymbol{a}^{\mathrm{T}}\boldsymbol{x},\boldsymbol{b}^{\mathrm{T}}\boldsymbol{y}) = \boldsymbol{a}^{\mathrm{T}}\boldsymbol{\Sigma}_{12}\boldsymbol{b} \tag{9.6}$$

达到最大, 于是有以下定义.

定义 9.1 设 $\boldsymbol{x} = (x_1, x_2, \cdots, x_p)^{\mathrm{T}}$, $\boldsymbol{y} = (y_1, y_2, \cdots, y_q)^{\mathrm{T}}$, $p+q$ 维随机向量 $\begin{pmatrix} \boldsymbol{x} \\ \boldsymbol{y} \end{pmatrix}$ 的均值向量为 $\boldsymbol{0}$, 协方差矩阵 $\boldsymbol{\Sigma} > 0$ (不妨设 $p \leqslant q$). 如果存在 $\boldsymbol{a}_1 = (a_{11}, a_{21}, \cdots, a_{p1})^{\mathrm{T}}$ 和 $\boldsymbol{b}_1 = (b_{11}, b_{21}, \cdots, b_{q1})^{\mathrm{T}}$, 令 $u_1 = \boldsymbol{a}_1^{\mathrm{T}}\boldsymbol{x}$, $v_1 = \boldsymbol{b}_1^{\mathrm{T}}\boldsymbol{y}$, 使得

$$\rho = Corr(u_1, v_1) = Corr(\boldsymbol{a}_1^{\mathrm{T}}\boldsymbol{x}, \boldsymbol{b}_1^{\mathrm{T}}\boldsymbol{y}) = \max_{Var(\boldsymbol{a}^{\mathrm{T}}\boldsymbol{x})=1, Var(\boldsymbol{b}^{\mathrm{T}}\boldsymbol{y})=1} Corr(\boldsymbol{a}^{\mathrm{T}}\boldsymbol{x}, \boldsymbol{b}^{\mathrm{T}}\boldsymbol{y})$$

这样得出的 $\boldsymbol{a}_1^{\mathrm{T}}\boldsymbol{x}$ 和 $\boldsymbol{b}_1^{\mathrm{T}}\boldsymbol{y}$ 称为 $\boldsymbol{x}, \boldsymbol{y}$ 的第一对 (组) 典型相关变量, ρ 称为第一个典型相关系数. 如果存在 $\boldsymbol{a}_i = (a_{1i}, a_{2i}, \cdots, a_{pi})^{\mathrm{T}}$ 和 $\boldsymbol{b}_i = (b_{1i}, b_{2i}, \cdots, b_{qi})^{\mathrm{T}}$ 使得

(1) $\boldsymbol{a}_i^{\mathrm{T}}\boldsymbol{x}, \boldsymbol{b}_i^{\mathrm{T}}\boldsymbol{y}$ 和前面 $i-1$ 对典型相关变量不相关;

(2) $Var(\boldsymbol{a}_i^{\mathrm{T}}\boldsymbol{x}) = 1, Var(\boldsymbol{b}_i^{\mathrm{T}}\boldsymbol{y}) = 1$;

(3) $\boldsymbol{a}_i^{\mathrm{T}}\boldsymbol{x}$ 与 $\boldsymbol{b}_i^{\mathrm{T}}\boldsymbol{y}$ 的相关系数最大,

则称 $\boldsymbol{a}_i^{\mathrm{T}}\boldsymbol{x}, \boldsymbol{b}_i^{\mathrm{T}}\boldsymbol{y}$ 是 $\boldsymbol{x}, \boldsymbol{y}$ 的第 i 对 (组) 典型相关变量, 它们之间的相关系数称为第 i 个典型相关系数 $(i = 1, 2, \cdots, p)$.

由拉格朗日乘数法, 上述问题等价于求 $\boldsymbol{a}$ 和 $\boldsymbol{b}$ 使

$$G = \boldsymbol{a}^{\mathrm{T}}\boldsymbol{\Sigma}_{12}\boldsymbol{b} - \frac{\mu_1}{2}(\boldsymbol{a}^{\mathrm{T}}\boldsymbol{\Sigma}_{11}\boldsymbol{a} - 1) - \frac{\mu_2}{2}(\boldsymbol{b}^{\mathrm{T}}\boldsymbol{\Sigma}_{22}\boldsymbol{b} - 1) \tag{9.7}$$

达到最大, 其中 μ_1 和 μ_2 是拉格朗日乘数. 将式 (9.7) 两边分别对向量 $\boldsymbol{a}$ 和 $\boldsymbol{b}$ 求导, 并令其为 $\boldsymbol{0}$, 得方程组

$$\begin{cases} \dfrac{\partial G}{\partial \boldsymbol{a}} = \boldsymbol{\Sigma}_{12}\boldsymbol{b} - \mu_1\boldsymbol{\Sigma}_{11}\boldsymbol{a} = \boldsymbol{0} \\[2mm] \dfrac{\partial G}{\partial \boldsymbol{b}} = \boldsymbol{\Sigma}_{21}\boldsymbol{a} - \mu_2\boldsymbol{\Sigma}_{22}\boldsymbol{b} = \boldsymbol{0} \end{cases} \tag{9.8}$$

以 $\boldsymbol{a}^{\mathrm{T}}$ 和 $\boldsymbol{b}^{\mathrm{T}}$ 分别左乘式 (9.8) 中两式得

$$\begin{cases} \boldsymbol{a}^{\mathrm{T}}\boldsymbol{\Sigma}_{12}\boldsymbol{b} = \mu_1 \cdot \boldsymbol{a}^{\mathrm{T}}\boldsymbol{\Sigma}_{11}\boldsymbol{a} = \mu_1 \\[2mm] \boldsymbol{b}^{\mathrm{T}}\boldsymbol{\Sigma}_{21}\boldsymbol{a} = \mu_2 \cdot \boldsymbol{b}^{\mathrm{T}}\boldsymbol{\Sigma}_{22}\boldsymbol{b} = \mu_2 \end{cases} \tag{9.9}$$

但 $(\boldsymbol{b}^{\mathrm{T}}\boldsymbol{\Sigma}_{21}\boldsymbol{a})^{\mathrm{T}} = \boldsymbol{a}^{\mathrm{T}}\boldsymbol{\Sigma}_{12}\boldsymbol{b} = \rho$, 所以 $\mu_1 = \mu_2 = \rho$, 即 μ_1 恰好就是 u 和 v 的相关系数.

另外, 由方程组 (9.8) 的第二式得 $\boldsymbol{b} = \dfrac{1}{\mu_2}\boldsymbol{\Sigma}_{22}^{-1}\boldsymbol{\Sigma}_{21}\boldsymbol{a} = \dfrac{1}{\mu_1}\boldsymbol{\Sigma}_{22}^{-1}\boldsymbol{\Sigma}_{21}\boldsymbol{a}$, 将其代入方程组 (9.8) 的第一式得 $\boldsymbol{\Sigma}_{12}\boldsymbol{\Sigma}_{22}^{-1}\boldsymbol{\Sigma}_{21}\boldsymbol{a} - \mu_1^2\boldsymbol{\Sigma}_{11}\boldsymbol{a} = \boldsymbol{\Sigma}_{12}\boldsymbol{\Sigma}_{22}^{-1}\boldsymbol{\Sigma}_{21}\boldsymbol{a} - \rho^2\boldsymbol{\Sigma}_{11}\boldsymbol{a} = \boldsymbol{0}$, 两边左乘 $\boldsymbol{\Sigma}_{11}^{-1}$ 得 $\boldsymbol{\Sigma}_{11}^{-1}\boldsymbol{\Sigma}_{12}\boldsymbol{\Sigma}_{22}^{-1}\boldsymbol{\Sigma}_{21}\boldsymbol{a} - \rho^2\boldsymbol{a} = \boldsymbol{0}$.

同理可得 $\boldsymbol{\Sigma}_{22}^{-1}\boldsymbol{\Sigma}_{21}\boldsymbol{\Sigma}_{11}^{-1}\boldsymbol{\Sigma}_{12}\boldsymbol{b} - \rho^2\boldsymbol{b} = \boldsymbol{0}$.

记 $\boldsymbol{M}_1 = \boldsymbol{\Sigma}_{11}^{-1}\boldsymbol{\Sigma}_{12}\boldsymbol{\Sigma}_{22}^{-1}\boldsymbol{\Sigma}_{21}, \boldsymbol{M}_2 = \boldsymbol{\Sigma}_{22}^{-1}\boldsymbol{\Sigma}_{21}\boldsymbol{\Sigma}_{11}^{-1}\boldsymbol{\Sigma}_{12}$, 则得

$$\begin{cases} \boldsymbol{M}_1\boldsymbol{a} = \rho^2\boldsymbol{a} \\[2mm] \boldsymbol{M}_2\boldsymbol{b} = \rho^2\boldsymbol{b} \end{cases} \tag{9.10}$$

由式 (9.10) 知 $\boldsymbol{M}_1$ 和 $\boldsymbol{M}_2$ 的非零特征值皆为正数, 可以用矩阵代数知识证明其个数为 $m = \mathrm{rank}(\boldsymbol{\Sigma}_{12})$, 且 ρ^2 既是 $\boldsymbol{M}_1$ 的特征值又是 $\boldsymbol{M}_2$ 的特征值, $\boldsymbol{a}$ 和 $\boldsymbol{b}$ 分别是 $\boldsymbol{M}_1$ 和 $\boldsymbol{M}_2$ 对应的特征向量, 于是求 $\rho = Corr(u, v)$ 和 $\boldsymbol{a}, \boldsymbol{b}$ 的问题就转化为求矩阵 $\boldsymbol{M}_1$ 和 $\boldsymbol{M}_2$ 的特征值和特征向量的问题.

设 $\boldsymbol{a}_i$ 是 $\boldsymbol{M}_1$ 的属于 ρ_i^2 的特征向量, 令

$$\boldsymbol{b}_i = \frac{1}{\rho_i}\boldsymbol{\Sigma}_{22}^{-1}\boldsymbol{\Sigma}_{21}\boldsymbol{a}_i, \quad i = 1, 2\cdots, m \tag{9.11}$$

有 $\boldsymbol{\Sigma}_{22}^{-1}\boldsymbol{\Sigma}_{21}\boldsymbol{\Sigma}_{11}^{-1}\boldsymbol{\Sigma}_{12}\boldsymbol{b}_i = \dfrac{1}{\rho_i}\boldsymbol{\Sigma}_{22}^{-1}\boldsymbol{\Sigma}_{21}\boldsymbol{\Sigma}_{11}^{-1}\boldsymbol{\Sigma}_{12}\left(\boldsymbol{\Sigma}_{22}^{-1}\boldsymbol{\Sigma}_{21}\boldsymbol{a}_i\right) = \dfrac{1}{\rho_i}\boldsymbol{\Sigma}_{22}^{-1}\boldsymbol{\Sigma}_{21}\left(\rho_i^2\boldsymbol{a}_i\right) = \rho_i^2\boldsymbol{b}_i$, 则 $\boldsymbol{b}_1, \boldsymbol{b}_2, \cdots \boldsymbol{b}_m$ 是 $\boldsymbol{M}_2$ 的属于 $\rho_1^2, \rho_2^2, \cdots, \rho_m^2$ 的特征向量.

设 $\boldsymbol{M}_1$ 的 m 个正特征值为 $\rho_1^2, \rho_2^2, \cdots, \rho_m^2(\rho_1 \geqslant \rho_2 \geqslant \cdots \geqslant \rho_m > 0)$, 相对应的特征向量 $\boldsymbol{a}_1, \boldsymbol{a}_2, \cdots, \boldsymbol{a}_m$ 由式 (9.10) 得出且正交化, $\boldsymbol{b}_1, \boldsymbol{b}_2, \cdots, \boldsymbol{b}_m$ 由式 (9.11) 得出且正交化, 从而可得 m 对线性组合

$$\begin{cases} u_i = a_{i1}x_1 + a_{i2}x_2 + \cdots + a_{ip}x_p = \boldsymbol{a}_i^{\mathrm{T}}\boldsymbol{x} \\[2mm] v_i = b_{i1}y_1 + b_{i2}y_2 + \cdots + b_{iq}y_q = \boldsymbol{b}_i^{\mathrm{T}}\boldsymbol{y} \end{cases}, \quad i = 1, 2, \cdots, m \tag{9.12}$$

每一对变量称为一对典型变量, 其中 u_1 和 v_1 为第一对典型变量, 它们之间的相关系数 ρ_1 即为第一典型相关系数. u_i 和 v_i 为第 i 对典型变量, 它们之间的相关系数 ρ_i 为第 i 个典型相关系数.

9.3 典型相关变量的性质

我们给出典型变量的以下四条性质 (证明见本章附录):

(1) 每一对典型变量 u_i 及 $v_i(i=1,2,\cdots,m)$ 的标准差为 1.

(2) 同一组的任意两个典型变量 $u_i(i=1,2,\cdots,m)$ 彼此不相关, 典型变量 $v_i(i=1,2,\cdots,m)$ 彼此不相关, 即 $Corr(u_i,u_j)=0(1\leqslant i<j\leqslant m)$, $Corr(v_i,v_j)=0(1\leqslant i<j\leqslant m)$.

(3) 不同组的任意两个典型变量 $u_i,v_j(i=1,2,\cdots,m;j=1,2,\cdots,m)$ 的关系为:

$$Corr(u_i,v_j)=Cov(u_i,v_j)=Cov\left(\boldsymbol{a}_i^{\mathrm{T}}\boldsymbol{x},\boldsymbol{b}_j^{\mathrm{T}}\boldsymbol{y}\right)$$
$$=\begin{cases}\rho_i, & i=j\\ 0, & i\neq j\end{cases}.$$

(4) 典型变量 u_i 及 v_i 的相关系数为 $\rho_i(i=1,2,\cdots,m)$, 典型相关系数满足关系式 $\rho_1\geqslant\rho_2\geqslant\cdots\geqslant\rho_m>0$.

理论上, 典型变量的对数和相对应的典型相关系数的个数可以等于两组变量中数目较少的那一组变量的个数, 其中, u_1 及 v_1 的相关系数 ρ_1 反映的相关成分最多, 所以称 u_1, v_1 为第一对典型变量; u_2 及 v_2 的相关系数 ρ_2 反映的相关成分次之, 所以称 u_2, v_2 为第二对典型变量; 依此类推.

9.4　原始变量与典型相关变量的相关系数

记

$$\boldsymbol{A}=(\boldsymbol{a}_1,\boldsymbol{a}_2,\cdots,\boldsymbol{a}_m)=\begin{bmatrix}a_{11} & a_{12} & \cdots & a_{1m}\\ a_{21} & a_{22} & \cdots & a_{2m}\\ \vdots & \vdots & & \vdots\\ a_{p1} & a_{p2} & \cdots & a_{pm}\end{bmatrix}$$

$$\boldsymbol{B}=(\boldsymbol{b}_1,\boldsymbol{b}_2,\cdots,\boldsymbol{b}_m)=\begin{bmatrix}b_{11} & b_{12} & \cdots & b_{1m}\\ b_{21} & b_{22} & \cdots & b_{2m}\\ \vdots & \vdots & & \vdots\\ b_{q1} & b_{q2} & \cdots & b_{qm}\end{bmatrix}$$

$$\boldsymbol{\Sigma}=\begin{pmatrix}\boldsymbol{\Sigma}_{11} & \boldsymbol{\Sigma}_{12}\\ \boldsymbol{\Sigma}_{21} & \boldsymbol{\Sigma}_{22}\end{pmatrix}=\begin{pmatrix}\sigma_{11} & \cdots & \sigma_{1p} & \sigma_{1,p+1} & \cdots & \sigma_{1,p+q}\\ \vdots & & \vdots & \vdots & & \vdots\\ \sigma_{p1} & \cdots & \sigma_{pp} & \sigma_{p,p+1} & \cdots & \sigma_{p,p+q}\\ \sigma_{p+1,1} & \cdots & \sigma_{p+1,p} & \sigma_{p+1,p+1} & \cdots & \sigma_{p+1,p+q}\\ \vdots & & \vdots & \vdots & & \vdots\\ \sigma_{p+q,1} & \cdots & \sigma_{p+q,p} & \sigma_{p+q,p+1} & \cdots & \sigma_{p+q,p+q}\end{pmatrix}$$

则

$$\begin{cases}Cov(\boldsymbol{x},\boldsymbol{u})=Cov(\boldsymbol{x},\boldsymbol{A}^{\mathrm{T}}\boldsymbol{x})=\boldsymbol{\Sigma}_{11}\boldsymbol{A}\\ Cov(\boldsymbol{x},\boldsymbol{v})=Cov(\boldsymbol{x},\boldsymbol{B}^{\mathrm{T}}\boldsymbol{y})=\boldsymbol{\Sigma}_{12}\boldsymbol{B}\end{cases} \tag{9.13}$$

$$\begin{cases} Cov(\boldsymbol{y}, \boldsymbol{u}) = Cov(\boldsymbol{y}, \boldsymbol{A}^{\mathrm{T}}\boldsymbol{x}) = \boldsymbol{\Sigma}_{21}\boldsymbol{A} \\ Cov(\boldsymbol{y}, \boldsymbol{v}) = Cov(\boldsymbol{y}, \boldsymbol{B}^{\mathrm{T}}\boldsymbol{y}) = \boldsymbol{\Sigma}_{22}\boldsymbol{B} \end{cases} \tag{9.14}$$

上面四个等式可以表示为:

$$Cov(x_i, u_j) = (\sigma_{i1}, \cdots, \sigma_{ip}) \begin{pmatrix} a_{1j} \\ \vdots \\ a_{pj} \end{pmatrix} = \sum_{k=1}^{p} \sigma_{ik}a_{kj}$$

$$i = 1, 2, \cdots, p; j = 1, 2, \cdots, m \tag{9.15}$$

$$Cov(x_i, v_j) = (\sigma_{i,p+1}, \cdots, \sigma_{i,p+q}) \begin{pmatrix} b_{1j} \\ \vdots \\ b_{qj} \end{pmatrix} = \sum_{k=1}^{q} \sigma_{i,p+k}b_{kj}$$

$$i = 1, 2, \cdots, p; j = 1, 2, \cdots, m \tag{9.16}$$

$$Cov(y_i, u_j) = (\sigma_{p+i,1}, \cdots, \sigma_{p+i,p}) \begin{pmatrix} a_{1j} \\ \vdots \\ a_{pj} \end{pmatrix} = \sum_{k=1}^{p} \sigma_{p+i,k}a_{kj}$$

$$i = 1, 2, \cdots, q; j = 1, 2, \cdots, m \tag{9.17}$$

$$Cov(y_i, v_j) = (\sigma_{p+i,p+1}, \cdots, \sigma_{p+i,p+q}) \begin{pmatrix} b_{1j} \\ \vdots \\ b_{qj} \end{pmatrix} = \sum_{k=1}^{q} \sigma_{p+i,p+k}b_{kj}$$

$$i = 1, 2, \cdots, q; j = 1, 2, \cdots, m \tag{9.18}$$

所以

$$Corr(x_i, u_j) = \sum_{k=1}^{p} \sigma_{ik}a_{kj}/\sqrt{\sigma_{ii}}, \quad i = 1, 2, \cdots, p; j = 1, 2, \cdots, m \tag{9.19}$$

$$Corr(x_i, v_j) = \sum_{k=1}^{q} \sigma_{i,p+k}b_{kj}/\sqrt{\sigma_{ii}}, \quad i = 1, 2, \cdots, p; j = 1, 2, \cdots, m \tag{9.20}$$

$$Corr(y_i, u_j) = \sum_{k=1}^{p} \sigma_{p+i,k}a_{kj}/\sqrt{\sigma_{p+i,p+i}}, \quad i = 1, 2, \cdots, q; j = 1, 2, \cdots, m \tag{9.21}$$

$$Corr(y_i, v_j) = \sum_{k=1}^{q} \sigma_{p+i,p+k}b_{kj}/\sqrt{\sigma_{p+i,p+i}}$$

$$i = 1, 2, \cdots, q; j = 1, 2, \cdots, m \tag{9.22}$$

9.5　简单相关、复相关和典型相关之间的关系

当 $p = q = 1$ 时, $\boldsymbol{x}$ 与 $\boldsymbol{y}$ 之间的 (唯一) 典型相关就是它们之间的简单相关; 当 $p = 1$ 或 $q = 1$ 时, $\boldsymbol{x}$ 与 $\boldsymbol{y}$ 之间的 (唯一) 典型相关就是它们之间的复相关; 可见, 复相关是典型相关的一个特例, 而简单相关是复相关的一个特例.

第一个典型相关系数至少同 $\boldsymbol{x}$ (或 $\boldsymbol{y}$) 的任一分量与 $\boldsymbol{y}$ (或 $\boldsymbol{x}$) 的复相关系数一样大, 即使所有这些复相关系数都较小, 第一个典型相关系数仍可能很大; 同样, 从复相关的定义也可以看出, 当 $p = 1$ (或 $q = 1$) 时, $\boldsymbol{x}$ (或 $\boldsymbol{y}$) 与 $\boldsymbol{y}$ (或 $\boldsymbol{x}$) 之间的复相关系数

也不会小于 x (或 y) 与 y (或 x) 的任一分量之间的相关系数, 即使所有这些相关系数都较小, 复相关系数仍可能很大.

9.6 分量的标准化处理

一般来说, 典型变量是人为定义的, 也就是说它没有实质意义. 如果使用原始变量, 那么典型系数 a, b 的单位与 x 和 y 的单位成比例. 而 x 和 y 的各分量的单位往往不全相同. 我们希望在对各分量作标准化变换之后再作典型相关分析, 这样原始变量就有零均值和单位方差, 典型变量就没有测量值单位.

记 $\mu_1 = E(x)$, $\mu_2 = E(y)$, $D_1 = \mathrm{diag}(\sqrt{\sigma_{11}}, \sqrt{\sigma_{22}}, \cdots, \sqrt{\sigma_{pp}})$, $D_2 = \mathrm{diag}(\sqrt{\sigma_{p+1,p+1}},$ $\sqrt{\sigma_{p+2,p+2}}, \cdots, \sqrt{\sigma_{p+q,p+q}})$. $R = \begin{pmatrix} R_{11} & R_{12} \\ R_{21} & R_{22} \end{pmatrix}$ 为 $\begin{pmatrix} x \\ y \end{pmatrix}$ 的相关矩阵. 对 x 和 y 的各分量作标准化变换, 即令 $x^* = D_1^{-1}(x - \mu_1)$, $y^* = D_2^{-1}(y - \mu_2)$. 现在来求 x^* 和 y^* 的典型相关变量:

$$Var\,(x^*) = D_1^{-1}Var\,(x)\,D_1^{-1} = D_1^{-1}\Sigma_{11}D_1^{-1} = R_{11}$$
$$Var\,(y^*) = D_2^{-1}Var\,(y)\,D_2^{-1} = D_2^{-1}\Sigma_{22}D_2^{-1} = R_{22}$$
$$Cov\,(x^*,y^*) = D_1^{-1}Cov\,(x,y)\,D_2^{-1} = D_1^{-1}\Sigma_{12}D_2^{-1} = R_{12}$$
$$Cov\,(y^*,x^*) = D_2^{-1}Cov\,(y,x)\,D_1^{-1} = D_2^{-1}\Sigma_{21}D_1^{-1} = R_{21}$$

于是

$$\begin{aligned} & R_{11}^{-1}R_{12}R_{22}^{-1}R_{21} \\ = {} & \left(D_1^{-1}\Sigma_{11}D_1^{-1}\right)^{-1} D_1^{-1}\Sigma_{12}D_2^{-1} \left(D_2^{-1}\Sigma_{22}D_2^{-1}\right)^{-1} D_2^{-1}\Sigma_{21}D_1^{-1} \\ = {} & D_1 \Sigma_{11}^{-1}\Sigma_{12}\Sigma_{22}^{-1}\Sigma_{21}D_1^{-1} \end{aligned}$$

因为 $\Sigma_{11}^{-1}\Sigma_{12}\Sigma_{22}^{-1}\Sigma_{21}a_i = \rho_i^2 a_i$, $D_1\Sigma_{11}^{-1}\Sigma_{12}\Sigma_{22}^{-1}\Sigma_{21}D_1^{-1}(D_1 a_i) = \rho_i^2(D_1 a_i)$
所以

$$R_{11}^{-1}R_{12}R_{22}^{-1}R_{21}a_i^* = \rho_i^2 a_i^* \tag{9.23}$$

其中, $a_i^* = D_1 a_i$, $a_i^{*\mathrm{T}}R_{11}a_i^* = a_i^{\mathrm{T}}D_1 R_{11}D_1 a_i = a_i^{\mathrm{T}}\Sigma_{11}a_i = 1$.

同理

$$R_{22}^{-1}R_{21}R_{11}^{-1}R_{12}b_i^* = \rho_i^2 b_i^* \tag{9.24}$$

其中, $b_i^* = D_2 b_i$, $b_i^{*\mathrm{T}}R_{22}b_i^* = b_i^{\mathrm{T}}D_2 R_{22}D_2 b_i = b_i^{\mathrm{T}}\Sigma_{22}b_i = 1$.

由此可见, a_i^*, b_i^* 为 x^* 和 y^* 的第 i 对典型系数, 其第 i 个典型相关系数仍为 ρ_i, 在标准化变换下具有不变性, 这一点与主成分分析有所不同.

x^* 和 y^* 的第 i 对典型变量具有零均值, 且与 x 和 y 的第 i 对典型变量 $u_i = a_i^{\mathrm{T}}x, v_i = b_i^{\mathrm{T}}y$ 只相差一个常数.

9.7 样本典型相关系数及其对应典型相关变量的计算

前面我们是从变量 x 与变量 y 的协方差矩阵 Σ 出发考虑 x 与 y 的典型相关变量, 这称为总体典型相关变量, 但在实际例子中一般并不知道 Σ, 因此通常采用样本协方差矩阵 S 代替 Σ. 由 9.6 节的分析可知, 在大多数情况下, 我们在进行典型相关分析时, 需将数据标准化, 这时样本协方差矩阵 S 即为样本相关阵 $\widehat{R}$. 根据样本相关阵 $\widehat{R}$ 计算得到的典型相关变量称为样本典型相关变量, 具体计算过程如下.

设容量为 n 的样本来自正态总体, 两组变量的观测值分别记为 $x = (x_1, x_2, \cdots, x_p)^{\mathrm{T}}$ 和 $y = (y_1, y_2, \cdots, y_q)^{\mathrm{T}}$, 不妨设 $p \leqslant q$, 则样本数据矩阵为:

$$[x, y] = \begin{bmatrix} x_{11} & x_{12} & \cdots & x_{1p} & y_{11} & y_{12} & \cdots & y_{1q} \\ x_{21} & x_{22} & \cdots & x_{2p} & y_{21} & y_{22} & \cdots & y_{2q} \\ \vdots & \vdots & & \vdots & \vdots & \vdots & & \vdots \\ x_{n1} & x_{n2} & \cdots & x_{np} & y_{n1} & y_{n2} & \cdots & y_{nq} \end{bmatrix} \tag{9.25}$$

(1) 计算样本相关阵 $\widehat{R}$, 并将 $\widehat{R}$ 剖分为:

$$\widehat{R} = \begin{bmatrix} \widehat{R}_{11} & \widehat{R}_{12} \\ \widehat{R}_{21} & \widehat{R}_{22} \end{bmatrix}$$

其中, $\widehat{R}_{11}$ 是第一组变量 x 的相关系数阵, $\widehat{R}_{22}$ 是第二组变量 y 的相关系数阵, 而 $\widehat{R}_{21}$, $\widehat{R}_{12}$ $(\widehat{R}_{21} = \widehat{R}_{12}^{\mathrm{T}})$ 为变量 x 与变量 y 的相关系数阵.

(2) 计算典型相关系数及典型变量.

设 $\mathrm{rank}(\widehat{R}_{12}) = m$, 首先求 $\widehat{M}_1 = R_{11}^{-1}\widehat{R}_{12}\widehat{R}_{22}^{-1}\widehat{R}_{21}$ 的特征值 $\widehat{r}_1^2, \widehat{r}_2^2, \cdots, \widehat{r}_m^2(\widehat{r}_1^2 \geqslant \widehat{r}_2^2 \geqslant \cdots \geqslant \widehat{r}_m^2 > 0)$, 并求 $\widehat{r}_1^2, \widehat{r}_2^2, \cdots, \widehat{r}_m^2$ 对应的特征向量 $\widehat{a}_1, \widehat{a}_2, \cdots, \widehat{a}_m$, 它们是 $a_1, a_2, \cdots, a_m$ 的估计值; 再求 $\widehat{M}_2 = \widehat{R}_{22}^{-1}\widehat{R}_{21}\widehat{R}_{11}^{-1}\widehat{R}_{12}$ 的 $\widehat{r}_1^2, \widehat{r}_2^2, \cdots, \widehat{r}_m^2$ $(\widehat{r}_1^2 \geqslant \widehat{r}_2^2 \geqslant \cdots \geqslant \widehat{r}_m^2 > 0)$ 对应的特征向量 $\widehat{b}_1, \widehat{b}_2, \cdots, \widehat{b}_m$, 它们是 $b_1, b_2, \cdots, b_m$ 的估计值. 这里 $\widehat{r}_1, \widehat{r}_2, \cdots, \widehat{r}_m$ 称为样本典型相关系数, 而 $\widehat{u}_1 = \widehat{a}_1^{\mathrm{T}}x, \widehat{v}_1 = \widehat{b}_1^{\mathrm{T}}y, \cdots, \widehat{u}_p = \widehat{a}_p^{\mathrm{T}}x, \widehat{v}_p = \widehat{b}_p^{\mathrm{T}}y$ 称为样本典型相关变量.

(3) 记 $\widehat{A} = (\widehat{a}_1, \widehat{a}_2, \cdots, \widehat{a}_m)$, $\widehat{B} = (\widehat{b}_1, \widehat{b}_2, \cdots, \widehat{b}_m)$, 由式 (9.13) 第一等式和式 (9.14) 第二等式得

$$Cov(x, \widehat{u}) = Cov(x, \widehat{A}^{\mathrm{T}}x) = \widehat{R}_{11}\widehat{A} \tag{9.26}$$

$$Cov(y, \widehat{v}) = Cov(y, \widehat{B}^{\mathrm{T}}y) = \widehat{R}_{22}\widehat{B} \tag{9.27}$$

9.8 典型相关系数的显著性检验

典型相关系数是否显著不为零, 可以通过 Bartlett 大样本卡方检验来确定. 设 $M_1 = \Sigma_{11}^{-1}\Sigma_{12}\Sigma_{22}^{-1}\Sigma_{21}$ 的 m 个特征值为 $\lambda_1^2, \lambda_2^2, \cdots, \lambda_m^2$, 则典型相关系数 λ_1 的显著

性检验等价于以下检验:

$$H_0 : \lambda_1 = 0, \quad H_1 : \lambda_1 \neq 0$$

检验统计量为:

$$Q_1 = -\left[n - 1 - \frac{1}{2}(p + q + 1)\right] \ln \Lambda_1 \sim \chi^2(pq) \tag{9.28}$$

式中,

$$\Lambda_1 = \prod_{i=1}^{m}(1 - \lambda_i^2) \tag{9.29}$$

在检验水平 α 下, 如果 $Q_1 > \chi_\alpha^2(pq)$, 则拒绝原假设, 认为第一对典型变量显著相关.

一般, 若前 $j - 1$ 个典型相关系数在水平 α 下是显著的, 则当检验第 j 个典型相关系数的显著性时, 检验统计量为:

$$Q_j = -\left[n - j - \frac{1}{2}(p + q + 1)\right] \ln \Lambda_j \sim \chi^2[(p - j + 1)(q - j + 1)] \tag{9.30}$$

式中,

$$\Lambda_j = \prod_{i=j}^{m}(1 - \lambda_i^2) \tag{9.31}$$

需要指出的是, 在实际应用中, 通常通过对典型相关系数的显著性检验以及对典型变量和典型相关系数的实际解释来确定究竟保留几对典型变量. 所求得的典型变量的对数越少越容易解释, 最好是第一对典型变量就能反映足够多的相关成分, 这样只保留一对典型变量便比较理想.

9.9　被解释样本方差的比例

在进行样本典型相关分析时, 我们也想了解每组变量提取出的典型变量所能解释的该组样本总方差的比例, 由此定量出典型变量所包含的原始信息量的大小.

对于经标准化变换后的样本数据, 第一组变量的样本总方差为 $\mathrm{tr}(\widehat{\boldsymbol{R}}_{11}) = p$, 第二组变量的样本总方差为 $\mathrm{tr}(\widehat{\boldsymbol{R}}_{22}) = q$.

$\widehat{u}_1 = \widehat{\boldsymbol{a}}_1^{\mathrm{T}} \boldsymbol{x}^*, \widehat{v}_1 = \widehat{\boldsymbol{b}}_1^{\mathrm{T}} \boldsymbol{y}^*, \cdots, \widehat{u}_m = \widehat{\boldsymbol{a}}_m^{\mathrm{T}} \boldsymbol{x}^*, \widehat{v}_m = \widehat{\boldsymbol{b}}_m^{\mathrm{T}} \boldsymbol{y}^*$, 称为样本典型相关变量, 其中 $\boldsymbol{x}^*, \boldsymbol{y}^*$ 分别是原始变量 $\boldsymbol{x}, \boldsymbol{y}$ 的标准化结果.

前 r 对典型相关变量对样本总方差的贡献为:

$$\sum_{i=1}^{r} \sum_{k=1}^{p} [Corr(x_k^*, \widehat{u}_i)]^2 \tag{9.32}$$

其中, $Corr(x_k^*, \widehat{u}_i)$ 可依据式 (9.19) 计算. 则第一组变量样本方差由前 r 个典型变量解释的比例为:

$$\frac{\sum_{i=1}^{r}\sum_{k=1}^{p}[Corr(x_k^*, \widehat{u}_i)]^2}{p} \tag{9.33}$$

同理, 第二组变量样本方差由前 r 个典型变量解释的比例为:

$$\frac{\sum_{i=1}^{r}\sum_{k=1}^{q}[Corr(y_k^*, \widehat{v}_i)]^2}{q} \tag{9.34}$$

其中, $Corr(y_k^*, \widehat{v}_i)$ 可依据式 (9.22) 计算.

例 9.1 (数据文件为 eg9.1) 康复俱乐部对 20 名中年人测量了体重 (x_1)、腰围 (x_2)、脉搏 (x_3) 三个生理指标和引体向上次数 (y_1)、仰卧起坐次数 (y_2)、跳高 (y_3) 三个训练指标, 数据详见表 9–1, 分析生理指标与训练指标的相关性.

表 9–1 康复俱乐部数据

序号	x_1	x_2	x_3	y_1	y_2	y_3	序号	x_1	x_2	x_3	y_1	y_2	y_3
1	191	36	50	5	162	60	11	169	34	50	17	120	38
2	189	37	52	2	110	60	12	166	33	52	13	210	115
3	193	38	58	12	101	101	13	154	34	64	14	215	105
4	162	35	62	12	105	37	14	247	46	50	1	50	50
5	189	35	46	13	155	58	15	193	36	46	6	70	31
6	182	36	56	4	101	42	16	202	37	62	12	210	120
7	211	38	56	8	101	38	17	176	37	54	4	60	25
8	167	34	60	6	125	40	18	157	32	52	11	230	80
9	176	31	74	15	200	40	19	156	33	54	15	225	73
10	154	33	56	17	251	250	20	138	33	68	2	110	43

解: 先读取数据, 求样本相关系数矩阵. R 程序和运行结果如下:

```
#eg9.1 康复俱乐部数据的典型相关分析
# 打开数据文件 eg9.1.xls, 选取 B1:G21 区域, 然后复制
> data9.1<-read.table("clipboard",header=T)
 # 将 eg9.1.xls 数据读入到 data9.1 中
> R=round(cor(data9.1),3);R   # 求样本相关系数矩阵, 保留三位小数
          x1      x2      x3      y1      y2      y3
    x1   1.000   0.870  -0.366  -0.390  -0.493  -0.226
    x2   0.870   1.000  -0.353  -0.552  -0.646  -0.191
    x3  -0.366  -0.353   1.000   0.151   0.225   0.035
    y1  -0.390  -0.552   0.151   1.000   0.696   0.496
    y2  -0.493  -0.646   0.225   0.696   1.000   0.669
    y3  -0.226  -0.191   0.035   0.496   0.669   1.000
```

生理指标和训练指标之间的相关性强度中等, 其中腰围和仰卧起坐次数的相关系数最大, 为 –0.646. 组内较大的是: 体重和腰围的相关系数, 为 0.87; 引体向上次数和

仰卧起坐次数的相关系数, 为 0.696; 仰卧起坐次数和跳高的相关系数, 为 0.669.

作典型相关分析, 求典型相关系数和对应的典型变量的系数, R 程序和运行结果如下:

```
> X=scale(data9.1)   # 对数据进行标准化处理
> x=X[,1:3]   # 指定一组变量数据
> y=X[,4:6]   # 指定另一组变量数据
> library(CCA)   # 载入典型相关分析所用 CCA 包
> CCA=cc(x,y)   # 进行典型相关分析
> CCA$cor   # 输出典型相关系数
[1] 0.7956   0.2006   0.0726
> CCA$xcoef   # 输出 x 的典型载荷
         [,1]      [,2]      [,3]
 x1    0.7754    1.8844   -0.1910
 x2   -1.5793   -1.1806    0.5060
 x3    0.0591    0.2311    1.0508
> CCA$ycoef   # 输出 y 的典型载荷
         [,1]      [,2]      [,3]
 y1    0.3495    0.3755   -1.2966
 y2    1.0540   -0.1235    1.2368
 y3   -0.7164   -1.0621   -0.4188
```

因六个变量没有用相同单位测量, 这里用标准化后的系数进行分析. 第一典型相关系数为 0.796, 它比生理指标和训练指标两组间的任一其他对的典型相关系数都大.

调用相关系数检验脚本进行典型相关系数检验, 确定典型变量对数, R 程序和运行结果如下:

```
> source('corcoef_test.R')   # 调用典型相关系数检验脚本, 若该脚本不在 R 的当前工作
路径下, 则要将路径设置清晰, 如 source('C:/Program Files/corcoef_test.R')
> corcoef_test(r=CCA$cor,n=nrow(x),p=ncol(x),q=ncol(y))   # 进行典型相关系数检验
          r        Q         P
 [1,]   0.7956   16.2550   0.0617
 [2,]   0.2006    0.7450   0.9457
 [3,]   0.0726    0.2109   0.6461
```

检验总体中所有典型相关系数均为 0 的原假设时概率水平为 0.061 7, 故在 $\alpha = 0.1$ (或 $\alpha > 0.061\ 7$) 的显著性水平下, 拒绝所有典型相关系数均为 0 的假设, 也就是至少有一对典型相关是显著的. 从后面的检验结果可知, 只有一对典型相关是显著的.

结合前面输出的典型相关载荷结果可知, 生理指标的第一典型变量 $\hat{u}_1$ 为:

$$\hat{u}_1 = 0.775\ 4x_1^* - 1.579\ 3x_2^* + 0.059\ 1x_3^*$$

它近似地是腰围与体重的加权和, 在腰围上的权数更大些, 在脉搏上的权数近似为 0. 来自训练指标的第一典型变量 $\hat{v}_1$ 为:

$$\hat{v}_1 = 0.349\,5y_1^* + 1.054\,0y_2^* - 0.716\,4y_3^*$$

其在仰卧起坐次数上的权数最大. 这对典型变量主要反映腰围和仰卧起坐的负相关关系.

输出原始变量和典型变量的相关系数. R 程序和运行结果如下:

```
> CCA$scores$corr.X.xscores    # 输出第一组典型变量与 X 组原始变量之间的相关系数
        [,1]      [,2]      [,3]
  x1  -0.6206    0.7724   -0.1350
  x2  -0.9254    0.3777   -0.0310
  x3   0.3328   -0.0415    0.9421
> CCA$scores$corr.Y.xscores    # 输出第一组典型变量与 Y 组原始变量之间的相关系数
        [,1]      [,2]      [,3]
  y1   0.5789   -0.0475   -0.0467
  y2   0.6506   -0.1149    0.0040
  y3   0.1290   -0.1923   -0.0170
> CCA$scores$corr.X.yscores    # 输出第二组典型变量与 X 组原始变量之间的相关系数
        [,1]      [,2]      [,3]
  x1  -0.4938    0.15498  -0.0098
  x2  -0.7363    0.07578  -0.0022
  x3   0.2648   -0.0083    0.0684
> CCA$scores$corr.Y.yscores    # 输出第二组典型变量与 Y 组原始变量之间的相关系数
        [,1]      [,2]      [,3]
  y1   0.7276   -0.2370   -0.6438
  y2   0.8177   -0.5730    0.0544
  y3   0.1622   -0.9586   -0.2339
```

整理后得表 9-2.

表 9-2　原始变量与第一对典型变量的相关系数

x^* 变量	样本典型变量		y^* 变量	样本典型变量	
	$\hat{u}_1$	$\hat{v}_1$		$\hat{u}_1$	$\hat{v}_1$
1. 体重	−0.620 6	−0.493 8	1. 引体向上	0.578 9	0.727 6
2. 腰围	−0.925 4	−0.736 3	2. 起坐次数	0.650 6	0.817 7
3. 脉搏	0.332 8	0.264 8	3. 跳高	0.129 0	0.162 2

由表 9-2 可知来自生理指标的第一典型变量 $\hat{u}_1$ 与腰围的相关系数为 −0.925 4, 与体重的相关系数为 −0.620 6, 它们都是负的. 但在典型变量 $\hat{u}_1$ 中体重的载荷为正 (0.775 4), 即体重在 $\hat{u}_1$ 中的载荷和它与 $\hat{u}_1$ 的相关系数反号. 来自训练指标的第一典型变量 $\hat{v}_1$ 与三个训练指标的相关系数都是正数, 其中跳高在 $\hat{v}_1$ 中的载荷 (−0.716 4) 和它与 $\hat{v}_1$ 的相关系数 (0.162 2) 反号; 因此, 体重和跳高在这组变量中分别是一个校正 (或抑制) 变量.

一个变量具有与典型变量的相关系数符号相反的载荷似乎不合理. 为了理解这是怎样发生的, 考虑简单的情况: 用多元回归方法由腰围和体重来预测仰卧起坐次数. 一般来说, 胖的人比瘦的人仰卧起坐次数少, 这似乎是有道理的. 假定这组样本中没有非常高的人, 于是腰围和体重之间的相关系数 (0.870) 是很大的. 检验肥胖同自变量之间的相关性:

腰围大的人倾向于比腰围小的人胖, 因此腰围与仰卧起坐次数之间的相关为负相关.

体重大的人倾向于比体重小的人胖, 于是体重与仰卧起坐次数之间的相关为负相关.

固定体重的值, 腰围大的人倾向于较强壮和较胖, 于是腰围的多元回归系数应是负的.

固定腰围的值, 体重大的人倾向于比较高, 因此体重的多元回归系数应为正的, 它与体重和仰卧起坐次数间的相关反号.

因此, 第一典型相关一般解释为以体重和跳高作为抑制变量来提高腰围和起坐次数之间的相关性, 但样本对于得出确定的结论还不够大.

计算典型变量解释原始变量方差的比例, R 程序和运行结果如下:

```
> apply(CCA$scores$corr.X.xscores,2,function(x)mean(x^2))   # 第一组典型变量解释
原第一组变量方差的比例
[1] 0.4508   0.2470   0.3022
> apply(CCA$scores$corr.Y.xscores,2,function(x)mean(x^2))   # 第一组典型变量解释
原第二组变量方差的比例
[1] 0.2584   0.0175   0.0008
> apply(CCA$scores$corr.X.yscores,2,function(x)mean(x^2))   # 第二组典型变量解释
原第一组变量方差的比例
[1] 0.2854   0.0099   0.0016
> apply(CCA$scores$corr.Y.yscores,2,function(x)mean(x^2))   # 第二组典型变量解释
原第二组变量方差的比例
[1] 0.4081   0.4345   0.1574
```

第一对典型变量中 u_1 解释生理指标的标准方差的比例为 0.451, 第一对典型变量中 v_1 解释训练指标的标准方差的比例为 0.408, 但两者都不能很好地全面预测对应的那组变量. 因为来自生理指标的标准方差被对方第一个典型变量 v_1 解释的方差比例为 0.285, 而来自训练指标的标准方差被对方第一个典型变量 u_1 解释的方差比例为 0.258.

计算得分, 并绘制得分等值平面图.R 程序如下:

```
> u<-as.matrix(x)%*%CCA$xcoef   # 计算得分
> v<-as.matrix(y)%*%CCA$ycoef   # 计算得分
> plot(u[,1],v[,1],xlab="u1",ylab="v1")   # 绘制第一对典型变量得分的散点图,x 轴名
称为 u1,y 轴名称为 v1, 见图 9-1
> abline(0,1)   # 在散点图上添加一条 y 等于 x 的线, 以查看散点分布情况
```

通过作第一对典型相关变量得分等值平面图可以看出, 散点在一条近似直线上, 虽然有偏离情况发生, 但总体还是呈现出了线性相关关系.综合来看, 生理指标与训练

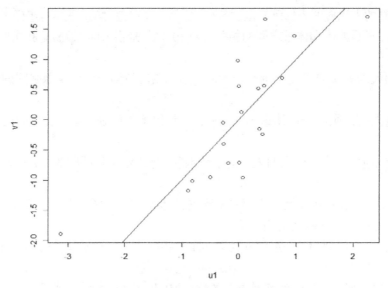

图 9-1   康复俱乐部数据第一对典型相关变量得分等值平面图

指标之间的关系虽有波动, 但从整体来看较为明显.

9.10   案例: 科技活动和经济发展的典型相关分析

案例 9.1   (数据文件为 case9.1) 表 9–3 给出了 2008—2016 年我国科技活动和经济发展的部分代表指标. 其中, 科技活动指标: x_1 为 R&D 人员全时当量 (单位: 万人年) , x_2 为 R&D 经费支出 (单位: 亿元), x_3 为 R&D 项目 (课题) 数 (单位: 项), x_4 为发表科技论文数 (单位: 篇) , x_5 为专利申请授权数 (单位: 件); 经济发展指标: y_1 为国内生产总值 (单位: 亿元), y_2 为城镇居民家庭人均可支配收入 (单位: 元), y_3 为农村居民家庭人均纯收入 (单位: 元). 利用这些数据进行典型相关分析来分析我国科技活动和经济发展的关系.

表 9-3   2008—2016 年我国科技活动和经济发展数据

年份	x_1	x_2	x_3	x_4	x_5	y_1	y_2	y_3
2008	26.00	811	54 900	132 072	5 048	319 516	15 781	4 761
2009	27.70	996	61 135	138 119	6 391	349 081	17 175	5 153
2010	29.30	1 186	67 050	140 818	8 698	413 030	19 109	5 919
2011	31.57	1 307	70 967	148 039	12 126	489 301	21 810	6 977
2012	34.40	1 549	79 343	158 647	16 551	540 367	24 565	7 917
2013	36.37	1 781	85 069	164 440	20 095	595 244	26 467	9 430
2014	37.40	1 926	91 465	171 928	24 870	643 974	28 844	10 489
2015	38.36	2 136	99 559	169 989	30 104	689 052	31 195	11 422
2016	39.01	2 260	100 925	175 169	32 442	744 127	33 616	12 363

解: 先读取数据, 求样本相关系数矩阵. R 程序和结果如下:

```
# case9.1 我国科技活动和经济发展的典型相关分析
# 打开数据文件 case9.1.xls, 选取 B1:I10 区域, 然后复制
> case9.1<-read.table("clipboard",header=T)
                            # 将 case9.1.xls 数据读入到 case9.1 中
> R=round(cor(case9.1), 3) ;R  # 求样本相关系数矩阵, 保留三位小数
         x1     x2     x3     x4     x5     y1     y2     y3
  x1  1.000  0.988  0.987  0.995  0.969  0.990  0.984  0.979
  x2  0.988  1.000  0.999  0.984  0.992  0.995  0.997  0.995
  x3  0.987  0.999  1.000  0.981  0.992  0.993  0.995  0.993
  x4  0.995  0.984  0.981  1.000  0.969  0.985  0.982  0.979
  x5  0.969  0.992  0.992  0.969  1.000  0.987  0.995  0.997
  y1  0.990  0.995  0.993  0.985  0.987  1.000  0.998  0.993
  y2  0.984  0.997  0.995  0.982  0.995  0.998  1.000  0.997
  y3  0.979  0.995  0.993  0.979  0.997  0.993  0.997  1.000
```

科技活动指标和经济发展指标之间的相关性很强, 组内相关性也很强.

作典型相关分析, 求典型相关系数和对应的典型变量的系数, R 程序和运行结果如下:

```
> X=scale(case9.1)  # 对数据进行标准化处理
> x=X[,1:5]  # 指定一组变量数据
> y=X[,6:8]  # 指定另一组变量数据
> library(CCA)  # 载入作典型相关分析所用 CCA 包
> CCAc9.2=cc(x,y) # 进行典型相关分析
> CCAc9.2$cor  # 输出典型相关系数
[1] 0.99998  0.86706  0.29489
> CCAc9.2$xcoef  # 输出 x 的典型载荷
        [,1]      [,2]       [,3]
 x1    0.1188   -7.590     0.1671
 x2   -0.7634   -1.440    13.9738
 x3    0.6538    2.655   -19.2193
 x4   -0.1652    3.641     1.6708
 x5   -0.8457    2.645     3.3987
> CCAc9.2$ycoef  # 输出 y 的典型载荷
        [,1]      [,2]       [,3]
 y1    0.6016  -13.118     7.092
 y2   -0.8936    9.993   -19.181
 y3   -0.7058    3.036    12.106
```

因六个变量没有用相同单位测量, 这里用标准化后的系数进行分析. 第一典型相关系数为 0.999 98, 它比科技活动指标和经济发展指标间的任一相关系数都大.

调用相关系数检验脚本进行典型相关系数检验, 确定典型变量对数, R 程序和运行结果如下:

```
> source('corcoef_test.R')    # 调用典型相关系数检验脚本, 若该脚本不在 R 的当前工作
路径下, 则要将路径设置清晰, 如 source('C:/Program Files/corcoef_test.R')
> corcoef_test(r=CCAc9.2$cor,n=nrow(x),p=ncol(x),q=ncol(y))    # 进行典型相关系数
检验
           r          Q          P
  [1,]  0.99998  40.49141    0.00038
  [2,]  0.86706   5.19575    0.73646
  [3,]  0.29489   0.34846    0.95067
```

检验总体中所有典型相关系数均为 0 的原假设时概率水平远小于 $\alpha = 0.05$, 否定所有典型相关系数均为 0 的假设, 也就是至少有一对典型相关是显著的; 典型相关系数检验 p 值的第二个值为 0.736、第三个值为 0.951, 因此在显著性水平为 0.05 的情况下只有一对典型相关是显著的.

结合前面输出的典型相关载荷结果来看, 科技活动指标的第一典型变量 $\hat{u}_1$ 为:

$$\hat{u}_1 = 0.118\,8x_1^* - 0.763\,4x_2^* + 0.653\,8x_3^* - 0.165\,2x_4^* - 0.845\,7x_5^*$$

它近似地是专利申请授权数、R&D 经费支出和 R&D 项目 (课题) 数的加权和. 在专利申请授权数上的权数最大, 其次是 R&D 经费支出, 在 R&D 项目 (课题) 数上的权数也较大.

来自经济发展指标的第一典型变量 $\hat{v}_1$ 为:

$$\hat{v}_1 = 0.601\,6y_1^* - 0.893\,6y_2^* - 0.705\,8y_3^*$$

它在城镇居民家庭人均可支配收入上的权数最大, 其次为农村居民家庭人均纯收入.

输出原始变量和典型变量的相关系数, R 程序和运行结果如下:

```
> CCAc9.2$scores$corr.X.xscores
                              # 输出第一组典型变量与 X 组原始变量之间的相关系数
         [,1]       [,2]        [,3]
  x1  -0.97482   -0.20944   -0.02677
  x2  -0.99413   -0.08663   -0.04131
  x3  -0.99275   -0.07465   -0.08732
  x4  -0.97608   -0.15772    0.01888
  x5  -0.99878    0.02189   -0.03766
> CCAc9.2$scores$corr.Y.xscores
                              # 输出第一组典型变量与 Y 组原始变量之间的相关系数
         [,1]       [,2]        [,3]
  y1  -0.99059   -0.11673   -0.00708
  y2  -0.99682   -0.05889   -0.01212
  y3  -0.99907   -0.02493    0.00931
> CCAc9.2$scores$corr.X.yscores
                              # 输出第二组典型变量与 X 组原始变量之间的相关系数
```

```
        [,1]       [,2]       [,3]
x1   -0.97480   -0.18160   -0.00790
x2   -0.99411   -0.07511   -0.01218
x3   -0.99273   -0.06472   -0.02575
x4   -0.97606   -0.13675    0.00557
x5   -0.99875    0.01898   -0.01111
> CCAc9.2$scores$corr.Y.yscores
                    # 输出第二组典型变量与 Y 组原始变量之间的相关系数
        [,1]       [,2]       [,3]
y1   -0.99061   -0.13463   -0.02399
y2   -0.99684   -0.06792   -0.04108
y3   -0.99909   -0.02875    0.03156
```

整理后得到表 9–4.

表 9-4　原始变量与第一对典型变量的相关系数

x^* 变量	样本典型变量		y^* 变量	样本典型变量	
	$\hat{u}_1$	$\hat{v}_1$		$\hat{u}_1$	$\hat{v}_1$
R&D 人员全时当量	-0.974 82	-0.974 80	国内生产总值	-0.990 59	-0.990 61
R&D 经费支出	-0.994 13	-0.994 11	城镇居民家庭人均可支配收入	-0.996 82	-0.996 84
R&D 项目 (课题) 数	-0.992 75	-0.992 73	农村居民家庭人均纯收入	-0.999 07	-0.999 09
发表科技论文数	-0.976 08	-0.976 06			
专利申请授权数	-0.998 78	-0.998 75			

来自科技活动指标的第一典型变量 u_1 与 R&D 经费支出、发表科技论文数、专利申请授权数的相关系数分别为 $-0.994\,13$, $-0.976\,08$, $-0.998\,78$, u_1 与 R&D 人员全时当量、R&D 项目 (课题) 数的相关系数分别为 $-0.974\,82$, $-0.992\,75$, 它们都是负的, 因此 R&D 人员全时当量、R&D 项目 (课题) 数是抑制变量, 其含义是它们在 $\hat{u}_1$ 中的载荷 $(0.118\,8, 0.653\,8)$ 和它们与 $\hat{u}_1$ 的相关系数 $(-0.974\,82, -0.992\,75)$ 反号.

来自经济发展指标的第一典型变量 v_1 与三个经济发展指标的相关系数是负值, 因国内生产总值在 $\hat{v}_1$ 中的载荷和它与 $\hat{v}_1$ 的相关系数是反号, 故国内生产总值也是一个抑制变量.

计算典型变量解释原始变量方差的比例, 第一对典型变量能很好地全面预测对应的那组变量, 来自科技活动指标的标准方差被第一个典型变量 u_1 解释的方差比例为 $0.974\,9$, 第一个典型变量 v_1 解释经济发展指标的标准方差的比例为 $0.991\,1$; 而来自科技活动指标的标准方差被第一个典型变量 v_1 解释的方差比例为 $0.974\,8$, 经济发展指标的标准方差被对方第一个典型变量 u_1 解释的方差比例为 $0.991\,0$. R 程序和运行结果如下:

```
> apply(CCAc9.2$scores$corr.X.xscores,2,function(x)mean(x^2))
                    # 第一组典型变量解释原第一组变量方差的比例
[1] 0.9749   0.0165   0.0024
```

```
> apply(CCAc9.2$scores$corr.Y.xscores,2,function(x)mean(x^2))
                    # 第一组典型变量解释原第二组变量方差的比例
[1] 0.9910    0.0059    0.000009
> apply(CCAc9.2$scores$corr.X.yscores,2,function(x)mean(x^2))
                    # 第二组典型变量解释原第一组变量方差的比例
[1] 0.9748    0.0124    0.0002
> apply(CCAc9.2$scores$corr.Y.yscores,2,function(x)mean(x^2))
                    # 第二组典型变量解释原第二组变量方差的比例
[1] 0.9911    0.0079    0.0011
```

计算得分, 并绘制得分等值平面图. R 程序如下:

```
> u<-as.matrix(x)%*%CCAc9.2$xcoef    # 计算得分
> v<-as.matrix(y)%*%CCAc9.2$ycoef    # 计算得分
> plot(u[,1],v[,1],xlab="u1",ylab="v1")   # 绘制第一对典型变量得分的散点图, x 轴名
称为 u1,y 轴名称为 v1, 见图 9-2
> abline(0,1)   # 在散点图上添加一条 y 等于 x 的线, 以查看散点分布情况
```

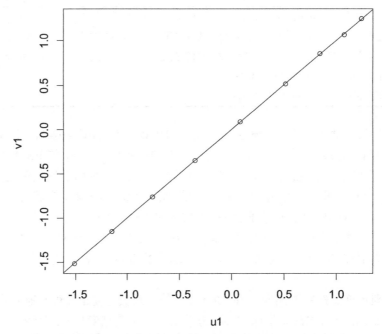

图 9-2 科技活动和经济发展数据第一对典型相关变量得分等值平面图

由得分等值平面图图 9-2 可以看出, 第一对典型相关变量得分散点在一条直线上分布, 两者之间呈高度线性相关关系, 散点图上没有离群点. 这说明我国科技活动与经济发展之间的关系很稳定, 整体波动平稳.

习题

9.1　试述典型相关分析的基本思想.

9.2　指出根据协方差矩阵和相关矩阵所作的典型相关分析的区别和联系.

9.3　分析一组原始变量的典型变量与其主成分的异同.

9.4　(数据文件为 ex9.4) 基于 2005—2017 年我国国民经济数据 (见表 9–5), 利用 R 软件来作邮电业和国民经济之间的典型相关分析. 我们采用如下指标来衡量我国各年份的邮电业: 函件 x_1 (单位: 亿件); 包裹 x_2 (单位: 万件); 移动电话年末用户 x_3(单位: 万户); 固定电话年末用户 x_4(单位: 万户). 同时采用下面的指标来衡量我国各年份的经济状况 (单位都是亿元): 第一产业产值 y_1; 工业产值 y_2; 建筑业产值 y_3; 第三产业产值 y_4.

表 9-5　邮电业与第一、第二、第三产业产值情况表

年份	x_1	x_2	x_3	x_4	y_1	y_2	y_3	y_4
2005	73.5	9 532	39 341	35 045	21 807	77 961	10 401	77 428
2006	71.3	9 318	46 106	36 779	23 317	92 238	12 450	91 760
2007	69.5	9 103	54 731	36 564	27 674	111 694	15 348	115 785
2008	73.6	7 937	64 125	34 036	32 464	131 728	18 808	136 824
2009	75.3	7 230	74 721	31 373	33 584	138 096	22 682	154 762
2010	74.0	6 643	85 900	29 434	38 431	165 126	27 259	182 059
2011	73.8	6 883	98 625	28 510	44 781	195 143	32 927	216 120
2012	70.7	6 876	111 216	27 815	49 085	208 906	36 896	244 852
2013	63.4	6 925	122 911	26 699	53 028	222 338	40 897	277 979
2014	56.1	6 024	128 609	24 943	55 626	233 856	44 881	308 083
2015	45.8	4 243	127 140	23 100	57 775	236 506	46 627	346 178
2016	36.2	2 794	132 193	20 662	60 139	247 878	49 703	383 374
2017	31.5	2 657	141 749	19 376	62 100	278 328	55 314	425 912

资料来源: 中华人民共和国国家统计局年度数据. http://www.stats.gov.cn/tjsj/.

9.5　(数据文件为 ex9.5) 表 9–6 给出了全国 31 个省、市、自治区 (不含港澳台) 的城镇居民平均每人全年家庭收入来源及现金消费支出情况, 其中收入来源指标有: 工资性收入 (x_1), 经营净收入 (x_2), 财产性收入 (x_3), 转移性收入 (x_4). 现金消费支出指标有: 食品 (y_1), 衣着 (y_2), 居住 (y_3), 交通和通信 (y_4). 就这些指标数据进行典型相关分析.

表 9-6　全国各地区 (不含港澳台) 城镇居民平均每人全年家庭收入来源及现金消费支出表

地区	x_1	x_2	x_3	x_4	y_1	y_2	y_3	y_4
北京	27 961.8	1 430.2	717.6	10 993.5	7 535.3	2 638.9	1 970.9	3 781.5
天津	21 523.8	1 200.1	515.5	9 704.6	7 343.6	1 881.4	1 854.2	3 083.4
河北	13 154.5	2 257.5	338.5	6 149.0	4 211.2	1 542.0	1 502.4	1 723.8
山西	14 973.6	1 041.4	301.8	5 783.4	3 855.6	1 529.5	1 438.9	1 672.3
内蒙古	16 872.6	2 698.7	564.0	4 655.5	5 463.2	2 730.2	1 583.6	2 572.9

续表

地区	x_1	x_2	x_3	x_4	y_1	y_2	y_3	y_4
辽宁	14 846.1	2 710.3	493.0	7 866.4	5 809.4	2 042.4	1 433.3	2 323.3
吉林	13 535.3	2 168.8	324.0	5 631.5	4 635.3	2 044.8	1 594.1	1 780.7
黑龙江	11 700.5	1 729.3	186.1	5 752.0	4 687.2	1 806.9	1 336.9	1 462.6
上海	31 109.3	2 267.2	575.8	10 802.2	9 655.6	2 111.2	1 790.5	4 563.8
江苏	20 102.1	3 421.9	690.0	8 305.2	6 658.4	1 916.0	1 437.1	2 689.5
浙江	22 385.1	4 694.4	1 465.3	9 450.0	7 552.0	2 109.6	1 551.7	4 133.5
安徽	14 812.5	2 155.3	549.6	6 007.1	5 814.9	1 540.7	1 397.0	1 809.7
福建	19 976.0	3 337.0	1 795.2	5 769.7	7 317.4	1 634.2	1 753.9	2 961.8
江西	13 348.1	1 946.8	527.6	5 327.7	5 071.6	1 476.6	1 173.9	1 501.3
山东	19 856.1	2 621.4	704.9	4 823.2	5 201.3	2 197.0	1 572.4	2 370.2
河南	13 666.5	2 545.1	333.8	5 351.8	4 607.5	1 886.0	1 190.8	1 730.4
湖北	14 191.0	2 158.3	476.2	6 078.3	5 837.9	1 783.4	1 371.2	1 477.0
湖南	13 237.1	3 008.3	867.8	5 691.4	5 441.6	1 624.6	1 301.6	2 084.2
广东	23 632.2	3 603.9	1 468.7	5 339.6	8 258.4	1 520.6	2 099.8	4 176.7
广西	14 693.5	2 131.8	883.7	5 500.4	5 552.6	1 146.5	1 377.3	2 088.6
海南	14 672.3	2 397.4	717.6	5 022.5	6 556.1	865.0	1 521.0	2 004.3
重庆	15 415.4	2 183.5	538.4	6 673.6	6 870.2	2 228.8	1 177.0	1 903.2
四川	14 249.3	2 017.8	633.8	5 427.3	6 073.9	1 651.1	1 284.1	1 946.7
贵州	12 309.2	1 982.5	355.7	5 395.6	4 992.9	1 399.0	1 013.5	1 891.0
云南	14 408.3	2 425.0	1 000.0	5 167.1	5 468.2	1 759.9	973.8	2 264.2
西藏	17 672.1	570.9	417.9	1 563.3	5 517.7	1 361.6	845.2	1 387.5
陕西	15 547.3	882.0	269.6	5 907.1	5 550.7	1 789.1	1 322.2	1 788.4
甘肃	12 514.9	1 125.7	259.6	4 598.2	4 602.3	1 631.4	1 287.9	1 575.7
青海	12 614.4	1 191.4	93.0	5 847.8	4 667.3	1 512.2	1 232.4	1 549.8
宁夏	13 965.6	2 522.8	160.9	5 252.9	4 768.9	1 875.7	1 193.4	2 110.4
新疆	14 432.1	1 633.2	145.5	3 983.7	5 238.9	2 031.1	1 166.6	1 660.3

资料来源：中华人民共和国国家统计局. 中国统计年鉴: 2013. 北京: 中国统计出版社, 2013.

9.6 (数据文件为 ex9.6) 通过国家统计局网站收集到 2017 年我国 (不含港澳台) 全社会固定资产投资资金情况如表 9-7 所示. 其中: x_1 为国家预算资金, x_2 为国内贷款, x_3 为利用外资, x_4 为自筹资金, x_5 为其他资金. 也收集了 2017 年我国三大产业产值: y_1 为第一产业产值, y_2 为第二产业产值, y_3 为第三产业产值. 试利用典型相关分析找到各类投资与三大产业产值之间的关系.

表 9-7　2017 年全社会固定资产投资资金与三大产业产值情况表　　单位: 亿元

地区	x_1	x_2	x_3	x_4	x_5	y_1	y_2	y_3
北京	1 092.1	2 595.4	21.5	3 600.9	3 608.5	120.4	5 326.8	22 567.8
天津	187.5	2 016.7	32.0	7 803.2	2 786.7	169.0	7 593.6	10 786.6
河北	1 185.1	1 951.8	74.7	25 815.2	2 920.5	3 130.0	15 846.2	15 040.1
山西	337.8	536.9	9.2	3 516.1	1 108.0	719.2	6 778.9	8 030.4

续表

地区	x_1	x_2	x_3	x_4	x_5	y_1	y_2	y_3
内蒙古	1 176.9	1 399.0	3.5	9 830.3	477.8	1 649.8	6 399.7	8 046.8
辽宁	305.6	845.7	191.9	3 925.0	1 885.9	1 902.3	9 199.8	12 307.2
吉林	432.5	651.2	21.2	11 037.9	847.0	1 095.4	6 998.5	6 850.7
黑龙江	533.6	434.1	28.4	9 350.6	1 052.8	2 965.3	4 060.6	8 876.8
上海	811.6	2 013.0	18.8	2 834.9	2 504.1	110.8	9 330.7	21 191.5
江苏	1 044.6	6 397.8	376.1	37 932.4	11 532.0	4 045.2	38 654.9	43 169.7
浙江	2 736.3	4 173.7	73.8	19 180.4	8 573.4	1 933.9	22 232.1	27 602.3
安徽	1 783.9	2 122.7	92.8	19 693.0	5 154.7	2 582.3	12 838.3	11 597.5
福建	1 819.0	2 370.1	71.5	17 013.7	4 516.3	2 215.1	15 354.3	14 612.7
江西	1 151.3	1 641.9	62.2	15 816.7	2 838.9	1 835.3	9 628.0	8 543.1
山东	1 316.9	5 658.6	274.3	40 696.3	6 998.6	4 832.7	32 942.8	34 858.6
河南	1 616.7	4 095.4	83.6	34 422.5	2 990.8	4 139.3	21 105.5	19 308.0
湖北	2 260.2	2 998.5	63.7	21 198.6	4 855.0	3 529.0	15 441.8	16 507.4
湖南	1 611.7	2 863.2	118.6	22 899.9	4 343.3	2 998.4	14 145.1	16 759.1
广东	2 482.0	6 832.7	259.7	22 038.1	11 224.4	3 611.4	38 008.1	48 085.7
广西	1 954.5	2 675.6	17.5	12 484.2	3 183.3	2 878.3	7 450.9	8 194.1
海南	359.8	745.3	3.5	1 828.9	1 977.5	962.8	996.4	2 503.4
重庆	1 011.8	2 563.3	68.7	10 610.0	4 072.4	1 276.1	8 584.6	9 564.0
四川	2 250.0	2 739.2	22.7	20 550.7	6 544.2	4 262.4	14 328.1	18 389.7
贵州	1 085.2	2 324.7	29.5	7 607.8	2 408.0	2 032.3	5 428.1	6 080.4
云南	1 782.2	2 185.3	8.7	7 025.8	2 938.5	2 338.4	6 205.0	7 833.0
西藏	1 037.3	80.6	3.5	371.0	106.7	122.7	513.7	674.6
陕西	1 614.5	2 201.5	61.9	16 137.5	2 278.6	1 741.5	10 882.9	9 274.5
甘肃	791.3	770.5	4.8	2 777.8	901.2	859.8	2 561.8	4 038.4
青海	639.7	903.5	4.0	1 597.4	265.6	238.4	1 162.4	1 224.0
宁夏	254.8	601.2	4.6	1 514.5	539.8	250.6	1 580.6	1 612.4
新疆	1 831.9	1 769.7	21.7	5 455.7	1 527.6	1 551.8	4 330.9	4 999.2

资料来源: 中华人民共和国国家统计局年度数据, http://www.stats.gov.cn/tjsj/.

9.7 (数据文件为 ex9.7) 表 9–8 给出了 2016 年我国各地区 (不含港澳台) 农用化肥施用量, 其中包括氮肥 (x_1)、磷肥 (x_2)、钾肥 (x_3) 和复合肥 (x_4); 同时也给出了主要农产品的产量, 其中包括粮食产量 (y_1)、棉花产量 (y_2)、油料产量 (y_3) 和水果产量 (y_4). 就所给数据进行典型相关分析.

表 9-8　2016 年农用化肥施用量及主要农产品产量　　　　单位: 万吨

地区	x_1	x_2	x_3	x_4	y_1	y_2	y_3	y_4
北京	4.39	0.54	0.51	4.22	53.69	0.01	0.56	78.97
天津	8.99	2.90	1.55	8.34	196.37	2.33	1.60	61.50
河北	144.95	45.17	27.73	113.93	3 460.24	29.95	156.50	2 138.51
山西	31.60	14.80	10.35	60.33	1 318.51	1.03	15.43	840.77

续表

地区	x_1	x_2	x_3	x_4	y_1	y_2	y_3	y_4
内蒙古	98.43	42.90	19.15	74.17	2 780.25	0.02	220.02	316.28
辽宁	60.49	10.75	11.63	65.19	2 100.63	0.01	81.33	802.26
吉林	66.87	6.95	15.21	144.58	3 717.21	0.00	82.54	241.10
黑龙江	87.10	50.70	36.37	78.58	6 058.50	0.00	21.75	259.88
上海	4.62	0.64	0.41	3.46	99.16	0.03	0.90	50.64
江苏	158.17	40.88	18.88	94.59	3 466.01	7.38	131.93	893.00
浙江	44.19	9.71	6.58	24.00	752.20	1.65	29.09	724.32
安徽	104.86	32.08	30.73	159.33	3 417.40	18.46	214.83	1 043.49
福建	47.53	17.70	24.83	33.79	650.87	0.01	31.03	853.81
江西	41.24	22.10	21.24	57.39	2 138.11	7.33	122.02	617.40
山东	146.04	47.06	39.64	223.72	4 700.71	54.83	326.78	3 255.43
河南	228.30	113.80	63.50	309.60	5 946.60	9.75	619.09	2 871.26
湖北	133.97	59.06	30.65	104.28	2 554.12	18.85	329.75	1 010.40
湖南	100.45	26.62	43.08	76.30	2 953.20	12.27	242.87	1 048.18
广东	104.85	25.03	51.09	80.05	1 360.22	0.00	113.29	1 717.01
广西	74.89	31.13	58.96	97.16	1 521.30	0.25	68.95	1 882.50
海南	15.49	3.31	8.82	23.00	177.86	0.00	11.18	395.39
重庆	48.38	17.36	5.44	24.97	1 166.00	0.00	62.72	408.69
四川	121.94	48.93	17.93	60.19	3 483.50	0.88	311.29	979.32
贵州	50.89	12.29	10.12	30.38	1 192.38	0.12	103.43	243.88
云南	115.50	34.97	26.16	58.95	1 902.89	0.01	68.50	759.11
西藏	1.95	1.20	0.49	2.28	101.91	0.00	6.21	1.53
陕西	92.20	19.08	24.69	97.09	1 228.29	3.38	63.80	2 017.84
甘肃	38.55	18.25	8.44	28.18	1 140.59	1.99	76.02	737.96
青海	3.62	1.50	0.18	3.46	103.45	0.00	30.04	4.02
宁夏	17.41	4.44	2.66	16.21	370.60	0.00	14.65	305.77
新疆	112.63	68.19	20.08	49.31	1 512.28	359.38	71.39	1 790.88

资料来源: 中华人民共和国国家统计局年度数据. http://www.stats.gov.cn/tjsj/.

9.8 (数据文件为 ex9.8) 为研究运动员体力与运动能力的关系, 对某高中一年级男生 38 人进行体力 (共 7 项指标) 及运动能力测试 (共 5 项指标). 体力测试指标: x_1 为反复横向跳 (次), x_2 为纵跳距离 (cm), x_3 为背力 (kg), x_4 为握力 (kg), x_5 为台阶试验 (指数), x_6 为立定体前屈 (cm), x_7 为俯卧上体后仰 (cm); 运动能力测试指标: y_1 为 50 米跑时间 (秒), y_2 为跳远距离 (cm), y_3 为投球距离 (m), y_4 为引体向上次数 (次), y_5 为耐力跑时间 (s). 具体数据如表 9-9 所示. 就所给数据进行典型相关分析.

表 9-9 高中一年级男生体力及运动能力测试数据

编号	x_1	x_2	x_3	x_4	x_5	x_6	x_7	y_1	y_2	y_3	y_4	y_5
1	46	55	126	51	75	25	72	6.8	489	27	8	360
2	52	55	95	42	81	18	50	7.2	464	30	5	348

续表

编号	x_1	x_2	x_3	x_4	x_5	x_6	x_7	y_1	y_2	y_3	y_4	y_5
3	46	69	107	38	98	18	74	6.8	430	32	9	386
4	49	50	105	48	98	16	60	6.8	362	26	6	331
5	42	55	90	46	67	2	68	7.2	453	23	11	391
6	48	61	106	43	78	25	58	7.0	405	29	7	389
7	49	60	100	49	91	15	60	7.0	420	21	10	379
8	48	63	122	52	56	17	68	7.1	466	28	2	362
9	45	55	105	48	76	15	61	6.8	415	24	6	386
10	48	64	120	38	60	20	62	7.1	413	28	7	398
11	49	52	200	42	53	6	42	7.4	404	23	6	400
12	47	62	100	34	61	10	62	7.2	427	25	7	407
13	41	51	101	53	62	5	60	8.0	372	25	3	409
14	52	55	125	43	86	5	62	6.8	496	30	10	350
15	45	52	94	50	51	20	65	7.6	394	24	3	399
16	49	57	110	47	72	19	45	7.0	446	30	11	337
17	53	65	112	47	90	15	75	6.6	446	30	12	357
18	47	77	95	47	72	9	64	6.6	420	25	4	447
19	48	60	120	47	86	12	62	6.8	447	28	11	381
20	49	55	113	41	84	15	70	7.0	398	27	4	387
21	48	69	128	42	48	20	63	7.1	485	30	7	350
22	42	57	122	46	54	15	63	7.2	400	28	6	388
23	54	64	155	51	71	19	61	6.9	511	33	12	298
24	54	63	120	42	57	8	53	7.5	430	29	4	353
25	42	71	138	44	65	17	55	7.0	487	29	9	370
26	46	66	120	45	62	22	68	7.4	470	28	7	360
27	45	56	91	29	66	18	51	7.9	380	26	5	358
28	50	60	120	42	57	8	57	6.8	460	32	5	348
29	42	51	126	50	50	13	57	7.7	398	27	2	383
30	48	50	115	41	53	6	39	7.4	415	28	6	314
31	42	52	140	48	56	15	60	6.9	470	27	11	348
32	48	67	105	39	69	23	60	7.6	450	28	10	326
33	49	74	151	49	54	20	58	7.0	500	30	12	330
34	47	55	113	40	71	19	64	7.6	410	29	7	331
35	49	74	120	53	55	22	59	6.9	500	33	21	342
36	44	52	110	37	55	14	57	7.5	400	29	2	421
37	52	66	130	47	46	14	45	6.8	505	28	11	355
38	48	68	100	45	54	23	70	7.2	522	28	9	352

资料来源: 张文彤. SPSS 统计分析高级教程. 北京: 高等教育出版社, 2013.

9.9　(数据文件为 ex9.9) 为研究我国科学研究与开发机构科技投入和产出关系, 选取了我国科学研究与开发机构科技投入指标: x_1 为 R&D 折合全时人员 (单位: 万人年), x_2 为 R&D 经费支出 (单位: 亿元), x_3 为 R&D 政府资金 (单位: 亿元), x_4 为 R&D 企业资金 (单位: 亿元). 还选取了科技产出指标: y_1 为发表科技论文数量 (单位: 篇), y_2 为专利申请受理数 (单位: 件), y_3 为发明专利申请授权数 (单位: 件). 数据详见表 9–10. 就所给数据进行典型相关分析.

表 9-10 我国科学研究与开发机构科技活动情况数据

年份	x_1	x_2	x_3	x_4	y_1	y_2	y_3
2008	26.00	811.30	699.70	28.20	132 072	12 536	3 102
2009	27.70	996.00	849.50	29.80	138 119	15 773	4 077
2010	29.30	1 186.40	1 036.50	34.20	140 818	19 192	5 249
2011	31.57	1 306.74	1 106.12	39.88	148 039	24 059	7 862
2012	34.40	1 548.93	1 292.71	47.41	158 647	30 418	10 935
2013	36.37	1 781.40	1 481.23	60.95	164 440	37 040	12 542
2014	37.40	1 926.20	1 581.00	62.90	171 928	41 966	15 786
2015	38.36	2 136.49	1 802.69	65.36	169 989	46 559	19 720
2016	39.01	2 260.18	1 851.60	90.44	175 169	52 331	21 816
2017	40.57	2 435.70	2 025.91	91.85	177 572	56 267	24 283

资料来源: 中华人民共和国国家统计局年度数据, http://www.stats.gov.cn/tjsj/.

参考文献

[1] 高惠璇. 应用多元统计分析. 北京: 北京大学出版社, 2005.

[2] 王学民. 应用多元统计分析. 上海: 上海财经大学出版社, 2017.

[3] 王斌会. 多元统计分析及 R 语言建模. 广州: 暨南大学出版社, 2016.

[4] 理查德·A. 约翰逊, 迪安·W. 威克恩. 实用多元统计分析. 北京: 清华大学出版社, 2008.

[5] 何晓群. 应用多元统计分析. 北京: 中国统计出版社, 2010.

[6] 薛毅, 陈立萍. 统计建模与 R 软件. 北京: 清华大学出版社, 2007.

附录

(1) 由于 $\Sigma_{11} > 0$, $\Sigma_{22} > 0$, 故 $\Sigma_{11}^{-1} > 0$, $\Sigma_{22}^{-1} > 0$, 所以有

$$M_1 = \Sigma_{11}^{-1} \Sigma_{12} \Sigma_{22}^{-1} \Sigma_{21}$$
$$= \Sigma_{11}^{-1/2} (\Sigma_{11}^{-1/2} \Sigma_{12} \Sigma_{22}^{-1} \Sigma_{21}) \stackrel{\text{def}}{=\!=} AB$$

其中 $A = \Sigma_{11}^{-1/2}$, $B = \Sigma_{11}^{-1/2} \Sigma_{12} \Sigma_{22}^{-1} \Sigma_{21}$.

但 AB 与 $BA = (\Sigma_{11}^{-1/2} \Sigma_{12} \Sigma_{22}^{-1} \Sigma_{21}) \cdot \Sigma_{11}^{-1/2}$ 有相同的非零特征值, 即

$$(\Sigma_{11}^{-1/2} \Sigma_{12} \Sigma_{22}^{-1/2} \Sigma_{22}^{-1/2} \Sigma_{21}) \cdot \Sigma_{11}^{-1/2} = \Sigma_{11}^{-1/2} \Sigma_{12} \Sigma_{22}^{-1} \Sigma_{21} \Sigma_{11}^{-1/2}$$

与 M_1 有相同的特征值.

同理可证 $\Sigma_{22}^{-1/2}\Sigma_{21}\Sigma_{11}^{-1}\Sigma_{12}\Sigma_{22}^{-1/2}$ 与 M_2 有相同的特征值, 所以得出:

$$\Sigma_{11}^{-1}\Sigma_{12}\Sigma_{22}^{-1}\Sigma_{21},\ \Sigma_{22}^{-1}\Sigma_{21}\Sigma_{11}^{-1}\Sigma_{12},\ \Sigma_{11}^{-1/2}\Sigma_{12}\Sigma_{22}^{-1}\Sigma_{21}\Sigma_{11}^{-1/2},$$
$$\Sigma_{22}^{-1/2}\Sigma_{21}\Sigma_{11}^{-1}\Sigma_{12}\Sigma_{22}^{-1/2}$$

有相同的特征向量.

设 $\Sigma_{22}^{-1/2}\Sigma_{21}\Sigma_{11}^{-1}\Sigma_{12}\Sigma_{22}^{-1/2}$ 相应于 $\rho_1^2,\rho_2^2,\cdots,\rho_m^2$ 的正交单位特征向量为 $\beta_1,$ $\beta_2,\cdots,\beta_m,$ 令

$$\alpha_i=\frac{1}{\rho_i}\Sigma_{11}^{-1/2}\Sigma_{12}\Sigma_{22}^{-1/2}\beta_i,\quad a_i=\Sigma_{11}^{-1/2}\alpha_i,$$
$$b_i=\Sigma_{22}^{-1/2}\beta_i,\quad i=1,2,\cdots,m \tag{9.35}$$

则 $\alpha_1,\alpha_2,\cdots,\alpha_m$ 为 $\Sigma_{11}^{-1/2}\Sigma_{12}\Sigma_{22}^{-1}\Sigma_{21}\Sigma_{11}^{-1/2}$ 的相应于 $\rho_1^2,\rho_2^2,\cdots,\rho_m^2$ 的正交单位特征向量, $a_1,a_2,\cdots,a_m$ 为 $\Sigma_{11}^{-1}\Sigma_{12}\Sigma_{22}^{-1}\Sigma_{21}$ 的相应于 $\rho_1^2,\rho_2^2,\cdots,\rho_m^2$ 的特征向量, $b_1,b_2,\cdots,b_m$ 为 $\Sigma_{22}^{-1}\Sigma_{21}\Sigma_{11}^{-1}\Sigma_{12}$ 的相应于 $\rho_1^2,\rho_2^2,\cdots,\rho_m^2$ 的特征向量, 证明如下:

由于

$$\Sigma_{22}^{-1/2}\Sigma_{21}\Sigma_{11}^{-1}\Sigma_{12}\Sigma_{22}^{-1/2}\beta_i=\rho_i^2\beta_i,\quad i=1,2,\cdots,m$$
$$\beta_i^{\mathrm{T}}\beta_j=\begin{cases}1,&i=j\\0,&i\neq j\end{cases},\quad 1\leqslant i,j\leqslant m$$

故

$$\Sigma_{11}^{-1/2}\Sigma_{12}\Sigma_{22}^{-1}\Sigma_{21}\Sigma_{11}^{-1/2}\alpha_i$$
$$=\frac{1}{\rho_i}\Sigma_{11}^{-1/2}\Sigma_{12}\Sigma_{22}^{-1}\Sigma_{21}\Sigma_{11}^{-1}\Sigma_{12}\Sigma_{22}^{-1/2}\beta_i$$
$$=\frac{1}{\rho_i}\Sigma_{11}^{-1/2}\Sigma_{12}\Sigma_{22}^{-1/2}(\Sigma_{22}^{-1/2}\Sigma_{21}\Sigma_{11}^{-1}\Sigma_{12}\Sigma_{22}^{-1/2}\beta_i)$$
$$=\frac{1}{\rho_i}\Sigma_{11}^{-1/2}\Sigma_{12}\Sigma_{22}^{-1/2}(\rho_i^2\beta_i)$$
$$=\rho_i^2\alpha_i,\quad i=1,2,\cdots,m$$

$$\alpha_i^{\mathrm{T}}\alpha_j=\frac{1}{\rho_i\rho_j}\beta_i^{\mathrm{T}}\Sigma_{22}^{-1/2}\Sigma_{21}\Sigma_{11}^{-1}\Sigma_{12}\Sigma_{22}^{-1/2}\beta_j=\frac{1}{\rho_i\rho_j}\beta_i^{\mathrm{T}}(\rho_j^2\beta_j)$$
$$=\frac{\rho_j}{\rho_i}\beta_i^{\mathrm{T}}\beta_j=\begin{cases}1,&i=j\\0,&i\neq j\end{cases},\quad 1\leqslant i,j\leqslant m$$

$$\Sigma_{11}^{-1}\Sigma_{12}\Sigma_{22}^{-1}\Sigma_{21}a_i=\Sigma_{11}^{-1/2}(\Sigma_{11}^{-1/2}\Sigma_{12}\Sigma_{22}^{-1}\Sigma_{21}\Sigma_{11}^{-1/2}\alpha_i)$$
$$=\Sigma_{11}^{-1/2}(\rho_i^2\alpha_i)$$
$$=\rho_i^2a_i,\quad i=1,2,\cdots,m$$

$$\Sigma_{22}^{-1}\Sigma_{21}\Sigma_{11}^{-1}\Sigma_{12}b_i=\Sigma_{22}^{-1/2}(\Sigma_{22}^{-1/2}\Sigma_{21}\Sigma_{11}^{-1}\Sigma_{12}\Sigma_{22}^{-1/2}\beta_i)$$
$$=\Sigma_{22}^{-1/2}(\rho_i^2\beta_i)$$
$$=\rho_i^2b_i,\quad i=1,2,\cdots,m$$

(2) 当取 $a=a_1,b=b_1$ 时, 满足定义 9.1 的第二个约束条件, 且 $\rho(u,v)=a^{\mathrm{T}}\Sigma_{12}b$

达到最大值 ρ_1, 证明如下:

第一对典型变量及其相关系数的推导

令 $\boldsymbol{\alpha} = \boldsymbol{\Sigma}_{11}^{1/2}\boldsymbol{a}$, $\boldsymbol{\beta} = \boldsymbol{\Sigma}_{22}^{1/2}\boldsymbol{b}$, 于是约束条件化为:

$$\boldsymbol{a}^{\mathrm{T}}\boldsymbol{\Sigma}_{11}\boldsymbol{a} = \boldsymbol{\alpha}^{\mathrm{T}}\boldsymbol{\Sigma}_{11}^{-1/2}\boldsymbol{\Sigma}_{11}\boldsymbol{\Sigma}_{11}^{-1/2}\boldsymbol{\alpha} = \boldsymbol{\alpha}^{\mathrm{T}}\boldsymbol{\alpha} = 1$$

$$\boldsymbol{b}^{\mathrm{T}}\boldsymbol{\Sigma}_{22}\boldsymbol{b} = \boldsymbol{\beta}^{\mathrm{T}}\boldsymbol{\Sigma}_{22}^{-1/2}\boldsymbol{\Sigma}_{22}\boldsymbol{\Sigma}_{22}^{-1/2}\boldsymbol{\beta} = \boldsymbol{\beta}^{\mathrm{T}}\boldsymbol{\beta} = 1$$

(9.36)

利用柯西不等式, 有

$$\begin{aligned}(\boldsymbol{a}^{\mathrm{T}}\boldsymbol{\Sigma}_{12}\boldsymbol{b})^2 &= (\boldsymbol{\alpha}^{\mathrm{T}}\boldsymbol{\Sigma}_{11}^{-1/2}\boldsymbol{\Sigma}_{12}\boldsymbol{\Sigma}_{22}^{-1/2}\boldsymbol{\beta})^2\\ &\leqslant (\boldsymbol{\alpha}^{\mathrm{T}}\boldsymbol{\alpha})[(\boldsymbol{\Sigma}_{11}^{-1/2}\boldsymbol{\Sigma}_{12}\boldsymbol{\Sigma}_{22}^{-1/2}\boldsymbol{\beta})^{\mathrm{T}}(\boldsymbol{\Sigma}_{11}^{-1/2}\boldsymbol{\Sigma}_{12}\boldsymbol{\Sigma}_{22}^{-1/2}\boldsymbol{\beta})]\\ &= \boldsymbol{\beta}^{\mathrm{T}}\boldsymbol{\Sigma}_{22}^{-1/2}\boldsymbol{\Sigma}_{21}\boldsymbol{\Sigma}_{11}^{-1}\boldsymbol{\Sigma}_{12}\boldsymbol{\Sigma}_{22}^{-1/2}\boldsymbol{\beta}\end{aligned}$$

(9.37)

由矩阵代数知识知, 当 $\boldsymbol{\beta} = \boldsymbol{\beta}_1$ 时, $\boldsymbol{\beta}^{\mathrm{T}}\boldsymbol{\Sigma}_{22}^{-1/2}\boldsymbol{\Sigma}_{21}\boldsymbol{\Sigma}_{11}^{-1}\boldsymbol{\Sigma}_{12}\boldsymbol{\Sigma}_{22}^{-1/2}\boldsymbol{\beta}$ 达到的最大值, 即为 $\boldsymbol{\Sigma}_{22}^{-1/2}\boldsymbol{\Sigma}_{21}\boldsymbol{\Sigma}_{11}^{-1}\boldsymbol{\Sigma}_{12}\boldsymbol{\Sigma}_{22}^{-1/2}$ 的最大特征值 ρ_1^2.

若取 $\boldsymbol{\alpha} = \boldsymbol{\alpha}_1 = \dfrac{1}{\rho_1}\boldsymbol{\Sigma}_{11}^{-1/2}\boldsymbol{\Sigma}_{12}\boldsymbol{\Sigma}_{22}^{-1/2}\boldsymbol{\beta}_1$ 和 $\boldsymbol{\beta} = \boldsymbol{\beta}_1$, 则满足式 (9.36), 式 (9.37) 中不等号处的等号成立. 从而, 当取 $\boldsymbol{a} = \boldsymbol{a}_1(= \boldsymbol{\Sigma}_{11}^{-1/2}\boldsymbol{\alpha}_1)$, $\boldsymbol{b} = \boldsymbol{b}_1(= \boldsymbol{\Sigma}_{22}^{-1/2}\boldsymbol{\beta}_1)$ 时, $Corr(u, v) = \boldsymbol{a}^{\mathrm{T}}\boldsymbol{\Sigma}_{12}\boldsymbol{b}$ 达到最大值 ρ_1.

显然 $\rho_1 \leqslant 1$, 我们称

$$u_1 = \boldsymbol{a}_1^{\mathrm{T}}\boldsymbol{x}, v_1 = \boldsymbol{b}_1^{\mathrm{T}}\boldsymbol{y}$$

为**第一对典型变量**, 称 $\boldsymbol{a}_1$, $\boldsymbol{b}_1$ 为**第一对典型系数向量**, 称 ρ_1 为**第一典型相关系数**.

(3) 第一对典型变量 u_1, v_1 提取了原始变量 $\boldsymbol{x}$ 与 $\boldsymbol{y}$ 之间相关的最主要部分, 如果这一部分还显得不够, 可以在剩余相关中再求出第二对典型变量 $u_2 = \boldsymbol{a}^{\mathrm{T}}\boldsymbol{x}$, $v_2 = \boldsymbol{b}^{\mathrm{T}}\boldsymbol{y}$, 也就是 $\boldsymbol{a}$, $\boldsymbol{b}$ 应满足定义 9.1 的第二个约束条件, 且应使得第二对典型变量不包括第一对典型变量所含的信息, 即

$$Corr(u_2, u_1) = Corr(\boldsymbol{a}^{\mathrm{T}}\boldsymbol{x}, \boldsymbol{a}_1^{\mathrm{T}}\boldsymbol{x}) = \boldsymbol{a}^{\mathrm{T}}\boldsymbol{\Sigma}_{11}\boldsymbol{a}_1 = 0$$

$$Corr(v_2, v_1) = Corr(\boldsymbol{b}^{\mathrm{T}}\boldsymbol{y}, \boldsymbol{b}_1^{\mathrm{T}}\boldsymbol{y}) = \boldsymbol{b}^{\mathrm{T}}\boldsymbol{\Sigma}_{22}\boldsymbol{b}_1 = 0$$

在这些约束条件下使得

$$\rho(u_2, v_2) = \rho(\boldsymbol{a}^{\mathrm{T}}\boldsymbol{x}, \boldsymbol{b}^{\mathrm{T}}\boldsymbol{y}) = \boldsymbol{a}^{\mathrm{T}}\boldsymbol{\Sigma}_{12}\boldsymbol{b}$$

达到最大. 一般地, 第 $i(1 < i \leqslant m)$ **对典型变量** $u_i = \boldsymbol{a}^{\mathrm{T}}\boldsymbol{x}, v_i = \boldsymbol{b}^{\mathrm{T}}\boldsymbol{y}$ 是指, 找出 $\boldsymbol{a} \in \mathrm{R}^p, \boldsymbol{b} \in \mathrm{R}^q$, 在约束条件

$$\boldsymbol{a}^{\mathrm{T}}\boldsymbol{\Sigma}_{11}\boldsymbol{a} = 1, \boldsymbol{b}^{\mathrm{T}}\boldsymbol{\Sigma}_{22}\boldsymbol{b} = 1$$

$$\boldsymbol{a}^{\mathrm{T}}\boldsymbol{\Sigma}_{11}\boldsymbol{a}_k = 0, \boldsymbol{b}^{\mathrm{T}}\boldsymbol{\Sigma}_{22}\boldsymbol{b}_k = 0, \quad k = 1, 2, \cdots, i-1$$

(9.38)

下, 使得

$$Corr(u_i, v_i) = Corr(\boldsymbol{a}^{\mathrm{T}}\boldsymbol{x}, \boldsymbol{b}^{\mathrm{T}}\boldsymbol{y}) = \boldsymbol{a}^{\mathrm{T}}\boldsymbol{\Sigma}_{12}\boldsymbol{b}$$

达到最大.

当取 $\boldsymbol{a}=\boldsymbol{a}_i$, $\boldsymbol{b}=\boldsymbol{b}_i$ 时, 能满足定义 9.1 的第二个约束条件, 并使 $Corr(u_i, v_i)$ 达到最大值 ρ_i, 称它为**第 i 典型相关系数**, 称 $\boldsymbol{a}_i$, $\boldsymbol{b}_i$ 为**第 i 对典型系数向量**. 证明如下:

当 $\boldsymbol{\beta}=\boldsymbol{\beta}_i$ 时, $\boldsymbol{\beta}^{\mathrm{T}}\boldsymbol{\Sigma}_{22}^{-1/2}\boldsymbol{\Sigma}_{21}\boldsymbol{\Sigma}_{11}^{-1}\boldsymbol{\Sigma}_{12}\boldsymbol{\Sigma}_{22}^{-1/2}\boldsymbol{\beta}$ 达到最大值 ρ_i^2. 若取 $\boldsymbol{\alpha}=\boldsymbol{\alpha}_i(=\dfrac{1}{\rho_i}\boldsymbol{\Sigma}_{11}^{-1/2}\boldsymbol{\Sigma}_{12}\boldsymbol{\Sigma}_{22}^{-1/2}\boldsymbol{\beta}_i)$, $\boldsymbol{\beta}=\boldsymbol{\beta}_i$, 则依矩阵代数知识, 式 (9.37) 中不等号处的等号成立. 所以, 当取 $\boldsymbol{a}=\boldsymbol{a}_i(=\boldsymbol{\Sigma}_{11}^{-1/2}\boldsymbol{\alpha}_i)$, $\boldsymbol{b}=\boldsymbol{b}_i(=\boldsymbol{\Sigma}_{22}^{-1/2}\boldsymbol{\beta}_i)$ 时, 显然满足约束条件式 (9.37), 且 $Corr(u_i, v_i)=\boldsymbol{a}^{\mathrm{T}}\boldsymbol{\Sigma}_{12}\boldsymbol{b}$ 达到最大值 ρ_i.

(4) 设 $\boldsymbol{x}$, $\boldsymbol{y}$ 的第 i 对典型变量为:

$$u_i=\boldsymbol{a}_i^{\mathrm{T}}\boldsymbol{x}, v_i=\boldsymbol{b}_i^{\mathrm{T}}\boldsymbol{y}, \quad i=1,2,\cdots,m$$

则有

$$Var(u_i)=\boldsymbol{a}_i^{\mathrm{T}}\boldsymbol{\Sigma}_{11}\boldsymbol{a}_i=1, Var(v_i)=\boldsymbol{b}_i^{\mathrm{T}}\boldsymbol{\Sigma}_{22}\boldsymbol{b}_i=1, \quad i=1,2,\cdots,m$$
$$\rho(u_i,u_j)=Cov(u_i,u_j)=\boldsymbol{a}_i^{\mathrm{T}}\boldsymbol{\Sigma}_{11}\boldsymbol{a}_j=0, \quad 1\leqslant i\neq j\leqslant m \qquad (9.39)$$
$$\rho(v_i,v_j)=Cov(v_i,v_j)=\boldsymbol{b}_i^{\mathrm{T}}\boldsymbol{\Sigma}_{22}\boldsymbol{b}_j=0, \quad 1\leqslant i\neq j\leqslant m$$

这表明由 $\boldsymbol{x}$ 组成的第一组典型变量 $u_1, u_2, \cdots, u_m$ 互不相关, 且均有单位方差; 同样, 由 $\boldsymbol{y}$ 组成的第二组典型变量 $v_1, v_2, \cdots, v_m$ 也互不相关, 且也均有单位方差.

由上面的推导知, 显然有 $\rho(u_i, v_i)=\rho_i$ $(i=1,2,\cdots,m)$.

$$Corr(u_i,v_j)=Cov(u_i,v_j)=Cov(\boldsymbol{a}_i^{\mathrm{T}}\boldsymbol{x},\boldsymbol{b}_j^{\mathrm{T}}\boldsymbol{y})=\boldsymbol{a}_i^{\mathrm{T}}Cov(\boldsymbol{x},\boldsymbol{y})\boldsymbol{b}_j$$
$$=\boldsymbol{\alpha}_i^{\mathrm{T}}\boldsymbol{\Sigma}_{11}^{-1/2}\boldsymbol{\Sigma}_{12}\boldsymbol{\Sigma}_{22}^{-1/2}\boldsymbol{\beta}_j=\rho_j\boldsymbol{\alpha}_i^{\mathrm{T}}\boldsymbol{\alpha}_j=0, \quad 1\leqslant i\neq j\leqslant m$$

表明不同组的任意两个典型变量, 当 $i=j$ 时, 相关系数为 ρ_i; 当 $i\neq j$ 时, 是彼此不相关的.

第 10 章

Chapter 10 多维标度分析

10.1 多维标度法的基本思想

当维数 $p > 3$ 时, 即使给出了 p 维空间 $\mathbf{R}^p$ 中 n 个样本点的坐标, 我们都难以想象这 n 个点的相互位置关系, 自然希望在我们熟悉的低维空间 $\mathbf{R}^k$ ($k < p$, 如 $k = 1, 2, 3$) 中以较高的相似度重新展示这 n 个点的数据结构, 并由此对原始样本数据进行统计分析. 另外, 即使维数 $p \leqslant 3$, 有时问题也不容易解决. 比如地图上任意两个城市之间的直线距离和实际道路距离不一样, 若仅给了一组城市相互间的实际道路距离, 你能否标出这些城市之间的相对位置呢? 又假定只知道哪两个城市最近, 哪两个城市次近, 等等, 你还能确定它们之间的相对位置吗? 重新标度的位置与实际位置相似度达到多大? 把上面的不同 "城市" 换作不同的 "产品""品牌""指标" 等, 也会遇到类似的问题. **多维标度法** (Multidimensional Scaling, MDS) 就是一类将高维空间中的研究对象 (样本或变量) 简化到低维空间中进行定位、归类和分析, 同时又能有效地保留研究对象间原始结构关系的多元数据分析技术的总称, 是一种降维方法. 换言之, 多维标度法就是在低维空间展示和分析对应的多维数据结构的一种数据分析技术, 目的是要使降维后重新标度的数据结构发生的 "形变" 尽量小, 尽量保持原始多维数据之间的相似性.

多维标度法于 20 世纪 40 年代起源于心理测度学, 用于大致测定人们判断的相似性, 1958 年 Torgerson 在其博士论文中首先正式提出了这一方法. 它现在已经广泛应用于心理学、市场营销、经济管理、交通、生态学及地质学等领域. 根据研究对象的相关指标是用距离、比例等度量化数据给出还是用顺序、秩等非度量化数据给出, 相应的分析方法分为度量分析法和非度量分析法两类. 度量分析法中最常用的是古典多维标度法.

多维标度法内容丰富、方法较多. 其理论分析手段与主成分分析有相通之处, 但也有自己的特点. 共同之处是都是降维简化数据, 同时要求数据的信息损失尽量小, 而且降维后的维数都是用特征值的累积贡献率的大小来确定. 不同之处是主成分分析是将原始高维数据综合成少数几个彼此不相关的主成分, 再用这少数几个主成分来代替原来较多的变量进行统计分析. 而多维标度分析是将维数为 p 的 n 个样品点简化为维数为 $k(k < p)$ 的 n 个样品点, 样品点的个数不变, 仍为 n, 但每个样品点的维数都降低为 k, 然后用低维空间中的这 n 个 k 维点来近似展示和分析原来高维空间中的 n 个

p 维样品点的位置结构和彼此关系, 从而进行定位、归类和分析. 另外, 主成分分析中对应的特征值全部非负, 而多维标度法对应的特征值可能为正也可能为负, 据下面式 (10.3) 中 $\boldsymbol{B} \geqslant 0$ 是否成立而定.

10.2　古典多维标度法

下面根据本章参考文献 [2], 先给出一个后面要多次使用的距离矩阵, 然后借助它来介绍几个与多维标度法相关的基本概念.

例 10.1　(数据文件为 eg10.1) 表 10–1 给出了我国部分城市间的距离.

表 10-1　我国八个城市间的道路距离　　　　　　　单位: 千米

	北京	天津	济南	青岛	郑州	上海	杭州	南京
北京	0							
天津	118	0						
济南	439	363	0					
青岛	668	571	362	0				
郑州	714	729	443	772	0			
上海	1 259	1 145	886	776	984	0		
杭州	1 328	1 191	872	828	962	203	0	
南京	1 065	936	626	617	710	322	305	0

由于城市相互间的道路弯弯曲曲, 高高低低, 这些距离并不是这些城市间真正的空间距离. 我们希望在平面地图上重新标出这八个城市, 使得它们之间的距离尽量接近表 10–1 中的距离. 这就是在后面的例 10.3 中将给出的古典多维标度解, 参见定义 10.1.

10.2.1　多维标度法的几个基本概念

定义 10.1　一个 $n \times n$ 阶矩阵 $\boldsymbol{D} = (d_{ij})_{n \times n}$ 如果满足条件
(1) $\boldsymbol{D} = \boldsymbol{D}^{\mathrm{T}}$;
(2) $d_{ij} \geqslant 0, d_{ii} = 0 \ (i, j = 1, 2, \cdots, n)$,
则称矩阵 $\boldsymbol{D}$ 为广义距离阵, d_{ij} 称为第 i 点与第 j 点间的距离.

注意: 这样定义的广义距离不是通常意义下的距离, 而是通常意义下距离的拓广, 比如以前人们熟悉的距离三角不等式在这里就未必成立.

对广义距离阵 $\boldsymbol{D} = (d_{ij})_{n \times n}$, 多维标度法的目的是要寻找较小的正整数 k (如 $k = 1, 2, 3$) 和相应低维空间 R^k 中的 n 个点 $\boldsymbol{x}_1, \boldsymbol{x}_2, \cdots, \boldsymbol{x}_n$, 记 $\widehat{\boldsymbol{D}} = (\widehat{d}_{ij})_{n \times n}$, $\widehat{d}_{ij}$ 表示 $\boldsymbol{x}_i$ 与 $\boldsymbol{x}_j$ 在 R^k 中的欧氏距离, 使得 $\widehat{\boldsymbol{D}}$ 与 $\boldsymbol{D}$ 在某种意义下尽量接近. 将找到的这 n 个点写成矩阵形式

$$\boldsymbol{X} = (\boldsymbol{x}, \boldsymbol{x}_2, \cdots, \boldsymbol{x}_n)^{\mathrm{T}}$$

称 X 为 D 的一个古典多维标度 (CMDS) 解. 在多维标度分析中, 形象地称 x_i 为 D 的一个拟合构造点, 称 X 为 D 的拟合构图, 称 $\widehat{D}$ 为 D 的拟合距离阵. 特别地, 当 $\widehat{D} = D$ 时, 称 x_i 为 D 的构造点, 且称 X 为 D 的构图. 又若 X 为 D 的构图, 令

$$y_i = Px_i + a$$

式中, P 为正交阵, a 为常数向量, 则 $Y = (y_1, y_2, \cdots, y_n)$ 也为 D 的构图. 这是因为平移和正交变换不改变两点间的欧氏距离, 即若 D 的构图存在, 那么它是不唯一的.

定义 10.2　对于一个 $n \times n$ 的距离阵 $D = (d_{ij})_{n \times n}$, 如果存在某个正整数 k 和 R^k 中的 n 个点 $x_1, x_2, \cdots, x_n$, 使得

$$d_{ij}^2 = (x_i - x_j)^{\mathrm{T}}(x_i - x_j), \quad i, j = 1, 2, \cdots, n \tag{10.1}$$

则称 D 为欧氏距离阵.

下面讨论如何判断一个距离阵 D 是否为欧氏距离阵. 在已知 D 为欧氏距离阵的条件下, 如何确定定义 10.2 中相应的 k 和 R^k 中的 n 个构造点 $x_1, x_2, \cdots, x_n$? 令

$$A = (a_{ij}), \quad a_{ij} = -\frac{1}{2}d_{ij}^2 \tag{10.2}$$

$$B = HAH, \quad H = I_n - \frac{1}{n}\mathbf{1}_n\mathbf{1}_n^{\mathrm{T}} \tag{10.3}$$

式中, I_n 为 $n \times n$ 阶单位阵; $\mathbf{1}_n$ 为分量全为 1 的 n 维列向量. 借助这些定义, 下面给出判断一个距离阵 D 为欧氏距离阵的充要条件.

定理 10.1　设 D 为 $n \times n$ 阶距离阵, B 由式 (10.3) 定义, 则 D 是欧氏距离阵的充要条件为 $B \geqslant 0$.

证明　见本章参考文献 [1].

下面给出从欧氏距离阵 D 出发得到构图 X 的方法, 即

$$D \to A \to B \to X$$

具体步骤: (1) 由 D 知 d_{ij}, 由 $a_{ij} = -d_{ij}^2/2$ 确定 A; (2) 由关系式 $b_{ij} = a_{ij} - \bar{a}_{i\cdot} - \bar{a}_{\cdot j} + \bar{a}_{\cdot\cdot}$ 得到 B, 其中 $\bar{a}_{i\cdot} = \frac{1}{n}\sum_{j=1}^n a_{ij}$, $\bar{a}_{\cdot j} = \frac{1}{n}\sum_{i=1}^n a_{ij}$ 和 $\bar{a}_{\cdot\cdot} = \frac{1}{n^2}\sum_{i=1}^n\sum_{j=1}^n a_{ij}$ 分别为行均值、列均值和总平均值; (3) 最后求 B 的特征值 $\lambda_1, \lambda_2, \cdots, \lambda_k$ (k 的确定见下一段的说明) 和相应的 k 个 $n \times 1$ 特征向量 $x_{(1)}, x_{(2)}, \cdots, x_{(k)}$. 将 $n \times k$ 阶矩阵 $X = (x_{(1)}, x_{(2)}, \cdots, x_{(k)})$ 的 n 个 $1 \times k$ 行向量转置后得到的 n 个 $k \times 1$ 列向量 $x_1, x_2, \cdots, x_n$, 它们即为 D 的 n 个构成点, 而矩阵 $X = (x_1, x_2, \cdots, x_n)^{\mathrm{T}}$ 即为 D 的构图.

由定理 10.1 知, D 是欧氏距离阵的充要条件是 $B \geqslant 0$. 因此若 B 有负特征值, 那么 D 一定不是欧氏距离阵, 此时不存在 D 的构图, 只能求 D 的拟合构图, 记作 $\widehat{X}$, 以区分真正的构图 X. 在实际中, 即使 D 为欧氏距离阵, 记它的构图为 $n \times k$ 矩阵 X, 当 k 较大时也失去了实用价值, 这时宁可不用 X, 而去寻找低维的拟合构图 $\widehat{X}$. 也就是说, 在 D 的构图不存在和构图存在但 k 较大两种情形下都需要寻找 D 的低维拟合构图 $\widehat{X}$. 令

$$a_{1\cdot k} = \sum_{i=1}^{k} \lambda_i \bigg/ \sum_{i=1}^{n} |\lambda_i|, \quad a_{2\cdot k} = \sum_{i=1}^{k} \lambda_i^2 \bigg/ \sum_{i=1}^{n} \lambda_i^2$$

这两个量相当于主成分分析中的累积贡献率, 我们希望 k 不要取太大, 就可以使 $a_{1\cdot k}$ 和 $a_{2\cdot k}$ 比较大, 比如说, 大于 80%. 当 k 取定后, 用 $\widehat{\boldsymbol{x}}_{(1)}, \widehat{\boldsymbol{x}}_{(2)}, \cdots, \widehat{\boldsymbol{x}}_{(k)}$ 表示 $\boldsymbol{B}$ 的对应于特征值 $\lambda_1, \lambda_2, \cdots, \lambda_k$ 的正交化特征向量, 使得 $\widehat{\boldsymbol{x}}_{(i)}^{\mathrm{T}} \widehat{\boldsymbol{x}}_{(i)} = \lambda_i (i = 1, 2, \cdots, k)$. 通常还要求 $\lambda_k > 0$, 若 $\lambda_k < 0$, 要缩小 k 的值. 最后, 令

$$\widehat{\boldsymbol{X}} = (\widehat{\boldsymbol{x}}_{(1)}, \widehat{\boldsymbol{x}}_{(2)}, \cdots, \widehat{\boldsymbol{x}}_{(k)}) = (\widehat{\boldsymbol{x}}_1, \widehat{\boldsymbol{x}}_2, \cdots, \widehat{\boldsymbol{x}}_n)^{\mathrm{T}}$$

则 $\widehat{\boldsymbol{X}}$ 即为 $\boldsymbol{D}$ 的拟合构图, 或者说 $\widehat{\boldsymbol{X}}$ 为 $\boldsymbol{D}$ 的古典多维标度解, $\widehat{\boldsymbol{x}}_1, \widehat{\boldsymbol{x}}_2, \cdots, \widehat{\boldsymbol{x}}_n$ (均为 $k \times 1$ 向量) 即为 $\boldsymbol{D}$ 的 n 个拟合构造点. 有的文献也把 $\widehat{\boldsymbol{x}}_1, \widehat{\boldsymbol{x}}_2, \cdots, \widehat{\boldsymbol{x}}_n$ 称为 $\boldsymbol{X}$ 的主坐标, 把多维标度分析称为主坐标分析.

下面用一个具体例子 (参见本章参考文献 [2]) 来说明上述求解步骤.

例 10.2　设有距离阵 $\boldsymbol{D}$ 如下 (为简洁起见, 对称阵都只写出了上三角部分):

$$\boldsymbol{D} = \begin{bmatrix} 0 & 1 & \sqrt{3} & 2 & \sqrt{3} & 1 & 1 \\ & 0 & 1 & \sqrt{3} & 2 & \sqrt{3} & 1 \\ & & 0 & 1 & \sqrt{3} & 2 & 1 \\ & & & 0 & 1 & \sqrt{3} & 1 \\ & & & & 0 & 1 & 1 \\ & & & & & 0 & 1 \\ & & & & & & 0 \end{bmatrix}$$

由于 $a_{ij} = -d_{ij}^2/2$, 可求得 $\boldsymbol{A}, \bar{a}_{i\cdot}, \bar{a}_{\cdot j}$ 及 $\bar{a}_{\cdot\cdot}$ 如下:

0	$-\dfrac{1}{2}$	$-\dfrac{3}{2}$	-2	$-\dfrac{3}{2}$	$-\dfrac{1}{2}$	$-\dfrac{1}{2}$	$-\dfrac{13}{14}$
	0	$-\dfrac{1}{2}$	$-\dfrac{3}{2}$	-2	$-\dfrac{3}{2}$	$-\dfrac{1}{2}$	$-\dfrac{13}{14}$
		0	$-\dfrac{1}{2}$	$-\dfrac{3}{2}$	-2	$-\dfrac{1}{2}$	$-\dfrac{13}{14}$
			0	$-\dfrac{1}{2}$	$-\dfrac{3}{2}$	$-\dfrac{1}{2}$	$-\dfrac{13}{14}$
				0	$-\dfrac{1}{2}$	$-\dfrac{1}{2}$	$-\dfrac{13}{14}$
					0	$-\dfrac{1}{2}$	$-\dfrac{13}{14}$
						0	$-\dfrac{3}{7}$
$-\dfrac{13}{14}$	$-\dfrac{13}{14}$	$-\dfrac{13}{14}$	$-\dfrac{13}{14}$	$-\dfrac{13}{14}$	$-\dfrac{13}{14}$	$-\dfrac{3}{7}$	$-\dfrac{6}{7}$

再由 $b_{ij} = a_{ij} - \bar{a}_{i\cdot} - \bar{a}_{\cdot j} + \bar{a}_{\cdot\cdot}$, 比如 $b_{11} = 0 - \left(-\dfrac{13}{14}\right) - \left(-\dfrac{13}{14}\right) + \left(-\dfrac{6}{7}\right) = \dfrac{26}{14} - \dfrac{12}{14} = 1 \left(= \dfrac{1}{2} \times 2 \text{ 其余类似计算}\right)$ 可得

$$\boldsymbol{B} = \frac{1}{2} \begin{bmatrix} 2 & 1 & -1 & -2 & -1 & 1 & 0 \\ & 2 & 1 & -1 & -2 & -1 & 0 \\ & & 2 & 1 & -1 & -2 & 0 \\ & & & 2 & 1 & -1 & 0 \\ & & & & 2 & 1 & 0 \\ & & & & & 2 & 0 \\ & & & & & & 0 \end{bmatrix}$$

由于 $\boldsymbol{B}$ 的 7 个列 $\boldsymbol{b}_1, \boldsymbol{b}_2, \cdots, \boldsymbol{b}_7$ 有如下线性关系:

$$\boldsymbol{b}_3 = \boldsymbol{b}_2 - \boldsymbol{b}_1, \boldsymbol{b}_4 = -\boldsymbol{b}_1, \boldsymbol{b}_5 = -\boldsymbol{b}_2, \boldsymbol{b}_6 = \boldsymbol{b}_1 - \boldsymbol{b}_2, \boldsymbol{b}_7 = \boldsymbol{0}$$

于是 $\boldsymbol{B}$ 的秩最多为 2, 注意到 $\boldsymbol{B}$ 的第一个二阶主子式非退化, 故 $\mathrm{rank}(\boldsymbol{B}) = 2 = k$, 并且可求得 $\boldsymbol{B}$ 的 7 个特征值分别为:

$$\lambda_1 = \lambda_2 = 3, \quad \lambda_3 = \lambda_4 = \cdots = \lambda_7 = 0$$

且对应于 λ_1, λ_2 的特征向量分别为:

$$\boldsymbol{x}_{(1)} = (\sqrt{3}/2, \sqrt{3}/2, 0, -\sqrt{3}/2, -\sqrt{3}/2, 0, 0)^{\mathrm{T}}$$
$$\boldsymbol{x}_{(2)} = (1/2, -1/2, -1, -1/2, 1/2, 1, 0)^{\mathrm{T}}$$

故 7 个拟合构造点在 R^2 中的坐标分别为:

$$(\sqrt{3}/2, 1/2), (\sqrt{3}/2, -1/2), (0, -1), (-\sqrt{3}/2, -1/2), (-\sqrt{3}/2, 1/2), (0, 1), (0, 0)$$

因为对称阵 $\boldsymbol{B}$ 的特征值全部非负, 故 $\boldsymbol{B} \geqslant 0$, 所以原矩阵 $\boldsymbol{D}$ 是欧氏距离阵, 故这 7 个拟合构造点就是 $\boldsymbol{D}$ 的构造点.

容易验证, 这 7 个构造点在 R^2 中的欧氏距离阵 $\widehat{\boldsymbol{D}}$ 恰为 $\boldsymbol{D}$, 即

	$\left(\frac{\sqrt{3}}{2}, \frac{1}{2}\right)$	$\left(\frac{\sqrt{3}}{2}, -\frac{1}{2}\right)$	$(0, -1)$	$\left(-\frac{\sqrt{3}}{2}, -\frac{1}{2}\right)$	$\left(-\frac{\sqrt{3}}{2}, \frac{1}{2}\right)$	$(0, 1)$	$(0, 0)$
$\left(\frac{\sqrt{3}}{2}, \frac{1}{2}\right)$	0	1	$\sqrt{3}$	2	$\sqrt{3}$	1	1
$\left(\frac{\sqrt{3}}{2}, -\frac{1}{2}\right)$		0	1	$\sqrt{3}$	2	$\sqrt{3}$	1
$(0, -1)$			0	1	$\sqrt{3}$	2	1
$\left(-\frac{\sqrt{3}}{2}, -\frac{1}{2}\right)$				0	1	$\sqrt{3}$	1
$\left(-\frac{\sqrt{3}}{2}, \frac{1}{2}\right)$					0	1	1
$(0, 1)$						0	1
$(0, 0)$							0

10.2.2　已知距离矩阵时 CMDS 解的计算

上面计算 CMDS 解的过程在 R 软件中可使用 stats 包中的 cmdscale() 函数来实现, 也可以使用 MASS 包中处理非度量 MDS 问题的 isoMDS() 函数来实现, 但 cmdscale() 函数的好处是可以同时计算出 B 的特征值和特征向量以及两个累积贡献率 $a_{1 \cdot k}$ 和 $a_{2 \cdot k}$ 的值.

例 10.3　(数据文件为 eg10.3) 根据表 10–1 给出的我国八个城市间的距离矩阵 D, 利用 R 软件 stats 包中的 cmdscale() 函数求 D 的 CMDS 解, 给出拟合构图 $\widehat{X}$ 及拟合构造点.

解: 在 R 中的程序为:

```
#例10.3:  我国八个城市间的多维标度分析
> setwd("C:/data")   #设定工作路径
> eg10.3<-read.csv("eg10.3.csv",header=T)  #将eg10.3.csv数据读入
> d10.3=eg10.3[,-1]  #eg10.3的第一列为样本名称不是数值, 先去掉
> rownames(d10.3)=eg10.3[,1]   #用eg10.3的第一列为d10.3的行用中文命名
> D10.3=cmdscale(d10.3,k=2,eig=T)   # k取为2, eig=T给出前两个特征向量和特征值
```

输出结果如下:

```
> D10.3
$points
                [,1]          [,2]
 北京   -658.14610    -52.301759
 天津   -522.00992   -133.917153
 济南   -229.30657     32.365307
 青岛    -80.72182   -277.225217
 郑州   -171.98297    474.047645
 上海    610.52727   -102.636996
 杭州    659.93216      5.717159
 南京    391.70794     53.951014
$eig
 [1] 1.756015e+06   3.367695e+05    7.888679e+04    3.770390e+04
 [5] 1.320482e+04  -7.275958e-12   -1.434722e+04   -3.259473e+04
......
sum(abs(D10.3$eig[1:2]))/sum(abs(D10.3$eig))    #计算a_1·2
[1] 0.9221257
sum((D10.3$eig[1:2])^2)/sum((D10.3$eig)^2)    #计算a_2·2
[1] 0.9971656
```

由 R 计算结果可见, 矩阵 B 的八个特征值分别为:

1 756 015,　336 770,　788 87,　37 704,　132 05,　0,　−143 47,　−32 595

最后两个特征值为负, 表明距离矩阵 D 不是欧氏距离阵. $a_{1 \cdot 2}=92.2\%$, $a_{2 \cdot 2}=99.7\%$, 故

$k = 2$ 就可以了. 由前两个特征向量可得八个拟合构造点分别为:

$$(-658.1, -52.3), (-522.0, -133.9), (-229.3, 32.4), (-80.7, -277.2),$$
$$(-172.0, 474.0), (610.5, -102.6), (659.9, 5.7), (391.7, 54.0)$$

再画八个城市距离矩阵的拟合构图 (见图 10-1), 并用中文标明 (注意拟合构图主要表示八个城市间的相对距离, 和各城市在地图上的实际位置可能不一致), R 程序如下:

```
> x=D10.3$points[, 1]; y=D10.3$points[, 2]
> plot(x, y, xlim=c(-700, 800), ylim=c(-300, 600))
                        #根据特征向量值画散点图 (见图10-1)
> text(x, y, labels=row.names(eg10.3), adj=c(0, -0.5), cex=0.8)   #给拟合点标名
```

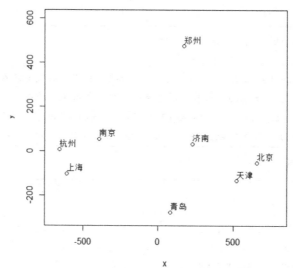

图 10-1　我国八城市距离阵的拟合构图

容易计算出八个拟合构造点在 R^2 中的欧氏距离阵如表 10-2 所示. 将它们与表 10-1 中城市间的原始距离数据进行对比, 可见大多数距离数据拟合较好, 个别数据误差较大.

说明: 八个拟合构造点在 R^2 中的欧氏距离阵在 Excel 中很容易计算, 见数据文件 eg10.3(1) (见网上) 给出的计算表. 双击其中的单元格可查看计算公式.

表 10-2　八个拟合构造点在R^2中的欧氏距离矩阵

		x	−658.1	−522.0	−229.3	−80.7	−172.0	610.5	659.9	391.7
		y	−52.3	−133.9	32.4	−277.2	474.0	−102.6	5.7	54.0
x	y		北京	天津	济南	青岛	郑州	上海	杭州	南京
−658.1	−52.3	北京	0	159	437	620	717	1 270	1 319	1 055
−522.0	−133.9	天津	159	0	337	464	702	1 133	1 190	933
−229.3	32.4	济南	437	337	0	343	445	851	890	621
−80.7	−277.2	青岛	620	464	343	0	757	713	793	577
−172.0	474.0	郑州	717	702	445	757	0	972	955	703
610.5	−102.6	上海	1 270	1 133	851	713	972	0	119	269
659.9	5.7	杭州	1 319	1 190	890	793	955	119	0	273
391.7	54.0	南京	1 055	933	621	577	703	269	273	0

10.2.3　已知相似系数矩阵时 CMDS 解的计算

定义10.3　一个 $n \times n$ 阶的矩阵 $C = (c_{ij})_{n \times n}$ 如果满足条件

(1) $C = C^{\mathrm{T}}$;

(2) $c_{ij} \leqslant c_{ii}, i, j = 1, 2, \cdots, n$,

则称 C 为相似系数矩阵, c_{ij} 称为第 i 点与第 j 点间的相似系数.

在进行多维标度分析时, 如果已知的数据不是 n 个对象之间的广义距离, 而是 n 个对象间的相似系数, 则只需将相似系数矩阵 C 按式 (10.4) 转换为广义距离阵 D, 其他计算与上述方法相同. 令

$$d_{ij} = (c_{ii} + c_{jj} - 2c_{ij})^{1/2} \tag{10.4}$$

由定义 10.3 可知, $c_{ii} + c_{jj} - 2c_{ij} \geqslant 0$, 显见 $d_{ii} = 0$, $d_{ij} = d_{ji}$, 故 D 为距离阵. 可以证明, 当 $C \geqslant 0$ 时, 由式 (10.4) 定义的距离阵 $D = (d_{ij})$ 为欧氏距离阵 (见习题 10.1).

例10.4　(数据文件为eg10.4) 为了分析下列六门课程之间的结构关系, 找到了由劳雷和马克斯维尔得到的相关系数矩阵 (见表10-3), 其中, 相关系数的值越大 (小), 表示课程越 (不) 相似. 易见相关系数矩阵也为相似系数矩阵, 记为 C, 求 C 的 CMDS 解, 并给出拟合构图 $\hat{X}$ 及拟合构造点.

表 10-3　六门课程相关系数矩阵

	盖尔语	英语	历史	算术	代数	几何
盖尔语	1	0.439	0.410	0.288	0.329	0.248
英语	0.439	1	0.351	0.354	0.320	0.329
历史	0.410	0.351	1	0.164	0.190	0.181
算术	0.288	0.354	0.164	1	0.595	0.470
代数	0.329	0.320	0.190	0.595	1	0.464
几何	0.248	0.329	0.181	0.470	0.464	1

解: 先读入表 10-3 给出的六门课程的相关系数矩阵, 这里 $c_{ii} = c_{jj} = 1(i, j = 1, 2, \cdots, 6)$. 于是由变换式 (10.4) 知

$$d_{ij} = (c_{ii} + c_{jj} - 2c_{ij})^{1/2} = \sqrt{2 - 2c_{ij}}, \quad i, j = 1, 2, \cdots, 6 \tag{10.5}$$

再由式 (10.5) 可得六门课程的广义距离阵 D (见下面程序输出的 d10.4). 其相应的 R 程序如下:

```
> setwd("C:/data")   # 设定工作路径
> eg10.4<-read.csv("eg10.4.csv", header=T)   # 将 eg10.4.csv 数据读入
> c10.4=eg10.4[, -1]   #eg10.4 的第一列为样本名称不是数值, 先去掉
> d10.4=round(sqrt(2-2*c10.4), 3)   # 相似阵转换成广义距离阵, 取三位小数
> rownames(d10.4)=eg10.4[, 1]   # 用 eg10.4 的第一列为 d10.4 的行重新命名
> d10.4
```

	盖尔语	英语	历史	算术	代数	几何
盖尔语	0.000	1.059	1.086	1.193	1.158	1.226
英语	1.059	0.000	1.139	1.137	1.166	1.158
历史	1.086	1.139	0.000	1.293	1.273	1.280
算术	1.193	1.137	1.293	0.000	0.900	1.030
代数	1.158	1.166	1.273	0.900	0.000	1.035
几何	1.226	1.158	1.280	1.030	1.035	0.000

余下工作可以仿照例 10.3 进行, 在 R 中的程序如下:

```
> D10.4=cmdscale(d10.4,k=2,eig=T)   # k 取为 2, 给出特征向量和特征值
> D10.4
$points
               [,1]            [,2]
 盖尔语   0.4028583    0.26570653
 英语     0.2415986    0.48339407
 历史     0.6210937   -0.50817963
 算术    -0.4575066    0.03803193
 代数    -0.4216733   -0.04017726
 几何    -0.3863706   -0.23877565
$eig
 [1]  1.142825e+00   6.225908e-01   6.022539e-01   5.245848e-01
 [4]  3.963587e-01   2.220446e-15
......
> sum(abs(D10.4$eig[1:2]))/sum(abs(D10.4$eig))   # 计算a₁.₂
[1] 0.5368268
> sum((D10.4$eig[1:2])^2)/sum((D10.4$eig)^2)    # 计算 a₂.₂
[1] 0.6805523
```

由上面 R 输出的计算结果可知, B 的六个特征值按从大到小的顺序依次为:

$$\lambda_1 = 1.142\,8, \quad \lambda_2 = 0.622\,6, \quad \lambda_3 = 0.602\,3$$
$$\lambda_4 = 0.524\,6, \quad \lambda_5 = 0.396\,4, \quad \lambda_6 = 0$$

两个累积贡献率分别为 $a_{1.2}$=53.68%, $a_{2.2}$=68.06%, 均不足 80%, 可考虑取 k=3 (这里从略).

由前两个特征向量可得六个拟合构造点分别为:

$$(0.403, 0.266), \quad (0.242, 0.483), \quad (0.621, -0.508)$$
$$(-0.458, 0.038), \quad (-0.422, -0.040), (-0.386, -0.239)$$

将这六个拟合构造点画出并用中文命名, 得到六门课程相似系数矩阵的古典拟合构图 (见图 10-2), R 程序如下:

```
> x=D10.4$points[,1]; y=D10.4$points[,2]
> plot(x,y,xlim=c(-0.6,0.8), ylim=c(-0.6,0.7))
```

```
                              # 根据特征向量的分量大小绘制拟合图
> text(x,y,labels=row.names(d10.4),adj=c(0,-1),cex=0.8)   # 将拟合点用行名标出
> abline(h=0,v=0,lty=3)   # 用虚线划分四个象限
```

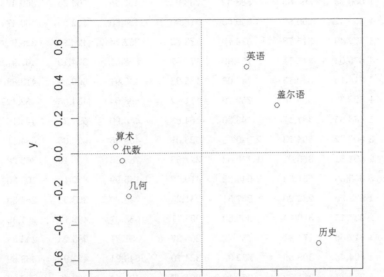

图 10-2 六门课程相似系数矩阵的古典拟合构图

从图 10-2 可以直观地看出, 算术、代数、几何三门课程较为接近, 英语和盖尔语也较为接近, 而历史与其他课程的差异较大.

在实际问题中, 可能涉及很多不易量化的相似性测度, 如两种颜色的相似性, 虽然可以用较小的数字表示颜色非常相似, 用较大的数字表示颜色非常不相似, 但是这里的数字只表示颜色之间的相似或不相似程度, 并不表示色彩实际的数值大小, 因而这是一种非度量的定序尺度, 能够利用的唯一信息就是这种顺序 (秩). 对于这种情形, 古典多维标度法基于主成分分析的思想, 先在低维空间上利用主坐标重新标度距离, 再进行多维标度分析, 但具体情况较为复杂, 读者可参阅本章参考文献 [1] 和 [2].

10.3 案例: 中国农村居民家庭人均支出的多维标度分析

案例 10.1 (数据文件为 case10.1) 表 10–4 给出了 2010 年我国 31 个省、市、自治区 (不含港澳台) 农村居民家庭人均生活消费支出的统计数据. 一共选取八个指标: x_1 为食品消费; x_2 为衣着消费; x_3 为居住消费; x_4 为家庭设备用品及服务; x_5 为交通通信; x_6 为文教娱乐用品及服务; x_7 为医疗保健; x_8 为其他商品和服务支出. 试用多维标度法对其进行统计分析, 并对分析结果的实际意义进行解释.

表 10-4　2010 年我国各地区农村居民家庭人均生活消费支出　　　单位: 元

	x_1	x_2	x_3	x_4	x_5	x_6	x_7	x_8
北京	2 994.66	699.42	1 990.21	473.62	1 112.44	950.61	840.61	193.21
天津	2 060.83	365.86	888.32	233.02	467.48	462.25	360.47	98.50
河北	1 351.41	250.92	839.66	218.90	464.80	462.25	360.47	78.87
山西	1 372.49	315.78	614.70	173.62	357.74	420.21	328.92	80.40
内蒙古	1 675.04	317.71	751.99	177.91	598.61	374.19	467.97	97.41
辽宁	1 714.15	369.15	745.03	185.23	448.97	500,28	413.83	112.87
吉林	1 523.32	309.75	752.79	171.92	368.64	454.05	462.42	104.47
黑龙江	1 483.95	387.17	793.80	164.63	455.90	560.71	443.16	101.86
上海	3 806.82	554.13	2 020.25	528.01	1 459.45	997.65	584.51	209.66
江苏	2 491.51	350.01	1 170.88	327.69	785.53	908.10	362.28	146.87
浙江	3 055.59	551.53	2 044.32	410.62	1 145.99	839.19	709.30	172.34
安徽	1 632.96	232.20	867.51	231.23	338.99	363.92	264.39	82.10
福建	2 537.15	310.14	865.50	292.71	638.07	462.17	251.36	141.23
江西	1 812.66	174.61	782.72	205.27	331.81	285.23	243.84	75.48
山东	1 804.45	305.56	832.95	324.70	649.21	421.91	383.89	84.51
河南	1 371.17	261.52	765.18	254.47	401.44	250.47	287.83	90.14
湖北	1 763.05	217.61	816.42	262.26	331.35	288.12	295.24	116.73
湖南	2 087.85	209.85	719.20	243.90	343.82	315.93	293.59	96.23
广东	2 630.05	215.51	986.70	235.01	637.08	326.53	307.43	177.27
广西	1 675.41	110.46	692.51	192.77	310.30	182.55	228.99	62.30
海南	1 724.47	117.36	609.77	135.22	312.53	318.04	138.35	90.49
重庆	1 750.01	224.13	548.00	260.71	281.73	239.03	270.31	50.70
四川	1 881.18	226.62	625.28	239.48	360.70	218.62	276.06	69.59
贵州	1 319.43	137.49	621.80	135.64	229.66	186.19	178.07	44.21
云南	1 604.50	160.72	638.09	167.66	337.85	206.45	239.94	43.11
西藏	1 325.71	326.65	352.88	181.27	282.43	51.06	71.16	75.77
陕西	1 299.22	237.87	837.54	233.37	336.22	397.61	376.20	75.77
甘肃	1 315.25	184.23	551.63	146.93	256.70	238.03	203.13	46.09
青海	1 442.88	255.19	944.23	193.59	369.60	198.53	307.92	62.55
宁夏	1 541.77	302.61	776.44	188.12	444.02	241.08	417.92	101.22
新疆	1 394.38	303.66	695.17	137.69	382.14	170.15	314.73	59.94

资料来源: 中华人民共和国国家统计局. 中国统计年鉴: 2011. 北京: 中国统计出版社, 2011.

　　解: 本案例我们采用 R 软件 MASS 包中的 isoMDS() 函数来进行分析计算 (当然也可以用前面使用的 cmdscale() 函数). 在 R 中的操作过程如下:

```
> setwd("C:/data")   # 设定工作路径
> case10.1<-read.csv("case10.1.csv",header=T)   # 将 case10.1.csv 数据读入
> c10.1=case10.1[,-1]   #case10.1 的第一列不是数值先去掉, 命名为 c10.1
```

```
> rownames(c10.1)=case10.1[,1]    # 用 case10.1 的第一列为 c10.1 的行重新命名
> D1=as.matrix(c10.1)   # 需要将数据转换成矩阵形式
> D=dist(D1)   # 求距离矩阵
> library(MASS)   # 载入 MASS 包，这样才能使用 isoMDS() 函数
> fit=isoMDS(D,k=2); fit
$points
                  [,1]            [,2]
 北京    -2305.06973    -496.6954287
 天津     -221.90433     102.3356795
 河北      463.03716    -388.1327326
 山西      636.42052    -197.6396873
 ......
 海南      443.64506     281.1281191
 重庆      441.56998     277.5653022
 四川      252.38328     320.8123284
 贵州      867.86454      -0.6398311
 云南      533.13395     144.4071072
 西藏     1024.27984     200.6914059
 陕西      582.46658    -378.9000226
 甘肃      872.13253     -12.3664804
 青海      455.60427    -235.6501182
 宁夏      393.26194    -152.8716811
 新疆      648.58096    -128.8476922
$stress
[1] 3.267717
> x=fit$points[,1]; y=fit$points[,2]
> plot(x,y,xlim=c(-3500,1500),ylim=c(-600,600))    # 画散点图（见图 10-3）
> text(x,y,labels=row.names(c10.1),adj=c(0.5,1.5),cex=0.7)
> abline(h=0,v=0,lty=3)   # 这两行命令设置标签位置、大小，划分四个象限
```

　　从图 10-3 可直观地看出以下特征：(1) 大多数省市集中在第一、第四象限，代表我国农村居民家庭人均生活消费支出的一般水平. 海南和重庆、贵州和甘肃等几乎重叠在一起. (2) 广东和福建很接近，位于上方. (3) 北京和浙江也较为接近，可归为一类. (4) 上海比较特殊，独占一方，这与上海特殊的经济和金融地位相关.

　　对上述特征可作如下解释：在人均生活消费支出方面，上海、北京、广东、浙江、江苏、天津、福建等沿海地区，是我国传统的经济发达地带，又是改革开放的前沿，雄厚的经济实力为农业和农村经济发展奠定了坚实的基础，农村居民的人均消费水平相对较高. 北京在享受型消费方面领先于其他省市，说明北京的农民比较重视文化生活，由于他们身处祖国的政治文化中心，因此在文化、教育、医疗等方面有很大的消费和投入. 而广东、福建的农村居民更重视物质上的消费，尤其在食物方面，广东人很下功夫，他们在文化生活上支出却不高，也不太注重这方面的投入.

从总体来看, 我国绝大多数省市农村居民家庭的人均消费水平比较低, 消费结构不合理, 我国农村居民家庭人均消费水平在不同省市间存在着明显的差异. 综合看来, 多维标度分析得到的结论与实际情况是吻合的.

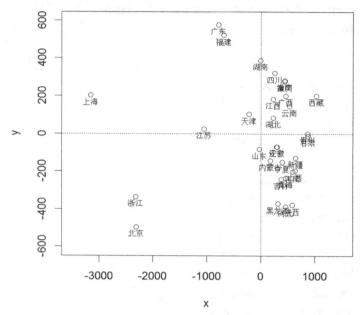

图 10-3　2010 年我国农村居民家庭人均生活消费支出古典拟合构图

习题

10.1　证明当 $C \geqslant 0$ 时, 由式 (10.4) 定义的距离阵 $\boldsymbol{D} = (d_{ij})$ 为欧氏距离阵.

10.2　(数据文件为 ex10.2) 表 10–5 中给出的是 2017 年云南省 16 个州市的生产总值数据. 其中 x_1, x_2 和 x_3 分别为第一、第二和第三产业总产值; x_4 为工业总产值; x_5 为建筑业总产值; x_6 为交通运输仓储邮政业总产值; x_7 为批发零售业总产值; x_8 为人均 GDP (元/人). 利用古典多维标度法对该数据集进行多维标度分析.

表 10-5　2017 年云南省各州市生产总值数据

州市	x_1	x_2	x_3	x_4	x_5	x_6	x_7	x_8
昆明	210.13	1 865.97	2 781.54	1 159.20	707.44	106.59	568.21	71 906
曲靖	351.76	756.88	832.48	565.49	192.17	48.41	212.24	31 806
玉溪	141.95	729.44	543.75	662.53	67.43	22.43	101.78	59 510
保山	159.06	245.70	274.19	159.12	86.78	15.35	55.44	26 058
昭通	156.38	357.94	318.13	218.49	139.54	15.95	49.60	15 119
丽江	49.61	137.14	152.73	71.98	65.28	8.53	24.66	26 368
普洱	159.82	222.89	241.88	118.11	104.83	9.86	35.49	23 821
临沧	162.24	207.87	233.95	123.00	84.99	7.22	45.72	23 942

续表

州市	x_1	x_2	x_3	x_4	x_5	x_6	x_7	x_8
楚雄	171.02	366.11	400.24	246.23	120.22	23.04	80.45	34 192
红河	225.03	687.94	565.60	499.47	188.68	23.86	128.14	31 479
文山	163.03	291.67	354.41	182.21	110.19	16.38	78.91	22 299
西双版纳	96.80	106.63	190.41	58.44	48.31	12.55	20.34	33 490
大理	214.95	409.63	441.97	301.63	108.43	32.97	88.67	29 846
德宏	81.87	89.19	185.91	57.59	31.66	8.20	66.55	27 427
怒江	20.86	43.25	77.39	23.82	19.44	1.87	6.30	25 940
迪庆	12.01	75.99	110.65	20.39	55.59	11.72	12.47	48 334

资料来源: 云南省统计局. 云南统计年鉴: 2018. 北京: 中国统计出版社, 2018.

10.3 (数据文件为 ex10.3) 表 10–6 给出了 2017 年全国 31 个省、市、自治区 (不含港澳台) 城镇居民家庭人均消费性支出的 8 个主要指标数据. 根据这些数据, 采用多维标度法进行分析评价.

表 10-6 2017 年全国 31 个省、市、自治区 (不含港澳台) 人均消费性支出数据 单位: 元

地区	食品烟酒 x_1	衣着 x_2	居住 x_3	生活用品及服务 x_4	交通通信 x_5	教育文化娱乐 x_6	医疗保健 x_7	其他用品及服务 x_8
北京	8 003.3	2 428.7	13 347.4	2 633.0	5 395.5	4325.2	3 088.0	1 125.1
天津	9 456.2	2 118.9	6 469.9	1 773.8	3 924.2	2979.0	2 599.5	962.2
河北	5 067.1	1 688.8	5 047.6	1 485.1	2 923.3	2172.7	1 737.3	478.4
山西	4 244.2	1 774.4	3 866.6	1 093.8	2 658.2	2559.4	1 741.4	465.9
内蒙古	6 468.8	2 576.7	4 108.0	1 670.2	3 511.3	2 636.7	1 907.3	758.8
辽宁	6 988.3	2 167.9	4 510.6	1 536.8	3 770.7	3 164.3	2 380.1	860.6
吉林	5 168.7	1 954.1	3 800.0	1 114.9	2 785.9	2 445.4	2 164.0	619.0
黑龙江	5 247.0	1 920.8	3 644.1	1 030.8	2 563.9	2 289.5	1 966.7	606.9
上海	10 456.5	1 827.0	14 749.0	1 927.9	4 253.5	5 087.2	2 734.7	1 268.5
江苏	7 616.2	1 838.5	6 773.5	1 708.6	3 971.6	3 450.5	1 573.7	793.6
浙江	8 906.1	1 925.7	8 413.5	1 617.4	4 955.8	3 521.1	1 871.8	713.0
安徽	6 665.3	1 544.1	4 234.6	1 215.0	2 914.3	2 372.2	1 274.5	520.1
福建	8 551.6	1 438.0	6 829.1	1 478.1	3 353.0	2 483.5	1 235.1	612.1
江西	5 994.0	1 531.2	4 588.8	1 196.2	2 156.9	2 235.4	1 044.3	497.7
山东	6 179.6	2 033.6	4 894.8	1 736.5	3 284.4	2 622.5	1 780.6	540.2
河南	5 187.8	1 779.3	4 226.6	1 572.1	2 269.6	2 226.9	1 611.5	548.5
湖北	6 542.5	1 544.8	4 669.4	1 287.2	2 131.7	2 420.9	2 165.5	513.6
湖南	6 585.0	1 682.4	4 353.2	1 492.6	2 904.6	3 972.9	1 693.0	478.9

续表

地区	食品烟酒 x_1	衣着 x_2	居住 x_3	生活用品及服务 x_4	交通通信 x_5	教育文化娱乐 x_6	医疗保健 x_7	其他用品及服务 x_8
广东	9 711.7	1 587.1	7 127.8	1 782.8	4 285.5	3 284.3	1 503.6	915.1
广西	6 098.5	908.1	3 884.6	1 093.3	2 607.3	2 151.5	1 254.2	351.0
海南	7 575.3	895.7	3 855.9	1 102.8	2 811.5	2 236.1	1 505.1	389.5
重庆	7 305.3	1 950.9	3 960.4	1 592.1	2 992.0	2 528.5	1 882.5	547.5
四川	7 329.3	1 723.3	3 906.2	1 403.8	3 198.3	2 221.9	1 595.6	612.1
贵州	6 242.6	1 570.0	3 819.8	1 359.2	2 889.0	2 731.3	1 244.0	491.9
云南	5 665.1	1 144.2	3 904.8	1 162.7	3 113.6	2 363.1	1 786.6	419.5
西藏	9 253.6	1 973.3	4 183.6	1 161.8	2 312.5	1 044.0	639.7	519.0
陕西	5 798.6	1 627.0	3 796.5	1 486.6	2 394.7	2 617.9	2 140.8	526.1
甘肃	6 032.6	1 905.8	3 828.3	1 358.0	2 952.6	2 341.9	1 741.2	499.1
青海	6 060.8	1 901.1	3 836.8	1 398.8	3 241.3	2 528.3	1 948.6	557.2
宁夏	4 952.2	1 768.1	3 680.5	1 257.1	3 470.9	2 629.7	1 936.6	524.5
新疆	6 359.6	2 025.3	3 954.7	1 590.0	3 545.2	2 629.5	2 065.6	627.1

资料来源：中华人民共和国国家统计局. 中国统计年鉴: 2018. 北京: 中国统计出版社, 2018.

10.4　(数据文件为 ex10.4) 对表 10-7 给出的我国 12 个城市间的航空距离矩阵 D, 利用 R 软件中的 cmdscale() 函数求 D 的 CMDS 解, 并给出拟合构图 $\widehat{X}$ 及拟合构造点.

表 10-7　我国 12 个城市间的航空距离矩阵

	北京	合肥	长沙	杭州	南昌	南京	上海	武汉	广州	成都	福州	昆明
北京	0	959	1 446	1 200	1 398	981	1 178	1 133	1 967	1 697	1 681	2 266
合肥	959	0	641	476	450	145	412	345	1 105	1 392	730	1 795
长沙	1 446	641	0	805	331	799	964	332	620	940	743	1 116
杭州	1 200	476	805	0	468	240	176	656	1 099	1 699	519	2 089
南昌	1 398	450	331	468	0	583	644	343	665	1 240	437	1 457
南京	981	145	799	240	583	0	273	504	1 255	1 618	747	1 870
上海	1 178	412	964	176	644	273	0	761	1 308	1 782	678	2 042
武汉	1 133	345	332	656	343	504	761	0	873	1 047	780	1 364
广州	1 967	1 105	620	1 099	665	1 255	1 308	873	0	1 390	763	1 357
成都	1 697	1 392	940	1 699	1 240	1 618	1 782	1 047	1 390	0	1 771	711
福州	1 681	730	743	519	437	747	678	780	763	1 771	0-	1 959
昆明	2 266	1 795	1 116	2 089	1 457	1 870	2 042	1 364	1 357	711	1 959	0

资料来源：张文彤. SPSS 统计分析高级教程. 北京: 高等教育出版社, 2004.

10.5　(数据文件为 ex10.5) 在 R 中对表 10-8 给出的 2017 年云南省各州市私人车辆拥有量数据进行多维标度分析. 其中, x_1 为私人车辆拥有量, x_2 为载客汽车拥有量, x_3 为载货汽车拥有量, x_4 为拖拉机拥有量, x_5 为摩托车拥有量.

表 10-8 2017 年云南省各州市私人车辆拥有量数据   单位: 万辆

州市	x_1	x_2	x_3	x_4	x_5
昆明	233.59	182.39	12.47	2.25	36.05
曲靖	115.44	51.65	7.87	3.17	52.41
玉溪	89.17	30.72	6.95	4.81	46.36
保山	79.47	16.46	4.79	3.21	54.85
昭通	85.61	21.72	5.87	1.10	56.60
丽江	31.56	12.94	2.74	2.18	13.49
普洱	106.96	17.15	5.38	5.08	79.13
临沧	88.59	11.97	4.28	6.04	66.19
楚雄	69.32	19.93	3.58	3.31	42.33
红河	106.04	34.77	5.73	4.18	61.23
文山	82.59	23.22	3.38	2.24	53.52
西双版纳	48.49	12.82	3.53	1.46	30.66
大理	102.09	31.42	6.96	2.21	61.07
德宏	59.08	12.65	4.03	2.52	39.79
怒江	10.50	2.53	0.79	0.58	6.54
迪庆	10.65	4.50	1.73	0.92	3.44

资料来源: 云南省统计局. 云南统计年鉴: 2018. 北京: 中国统计出版社, 2018.

参考文献

[1] 王斌会. 多元统计分析及 R 语言建模. 2 版. 广州: 暨南大学出版社, 2010.
[2] 方开泰. 实用多元统计分析. 上海: 华东师范大学出版社, 1989.
[3] 张文彤. SPSS 统计分析高级教程. 北京: 高等教育出版社, 2004.

图书在版编目（CIP）数据

多元统计分析：基于 R／费宇主编. — 2 版. -- 北京：中国人民大学出版社，2020.4
（基于 R 应用的统计学丛书）
ISBN 978-7-300-27658-8

Ⅰ.①多… Ⅱ.①费… Ⅲ.①统计软件–高等学校–教材 Ⅳ.①O212.4

中国版本图书馆 CIP 数据核字（2019）第 254170 号

基于 R 应用的统计学丛书

多元统计分析——基于 R（第 2 版）
主　编　费　宇
副主编　郭民之　陈贻娟
Duoyuan Tongji Fenxi——Jiyu R

出版发行	中国人民大学出版社			
社　　址	北京中关村大街 31 号		邮政编码	100080
电　　话	010 – 62511242（总编室）		010 – 62511770（质管部）	
	010 – 82501766（邮购部）		010 – 62514148（门市部）	
	010 – 62515195（发行公司）		010 – 62515275（盗版举报）	
网　　址	http://www.crup.com.cn			
经　　销	新华书店			
印　　刷	天津鑫丰华印务有限公司		版　次	2014 年 5 月第 1 版
规　　格	185 mm×260 mm　16 开本			2020 年 4 月第 2 版
印　　张	14　插页 1		印　次	2023 年 11 月第 4 次印刷
字　　数	312 000		定　价	36.00 元

教师教学服务说明

中国人民大学出版社管理分社以出版经典、高品质的工商管理、统计、市场营销、人力资源管理、运营管理、物流管理、旅游管理等领域的各层次教材为宗旨。

为了更好地为一线教师服务，近年来管理分社着力建设了一批数字化、立体化的网络教学资源。教师可以通过以下方式获得免费下载教学资源的权限：

在中国人民大学出版社网站 www.crup.com.cn 进行注册，注册后进入"会员中心"，在左侧点击"我的教师认证"，填写相关信息，提交后等待审核。我们将在一个工作日内为您开通相关资源的下载权限。

如您急需教学资源或需要其他帮助，请在工作时间与我们联络：

中国人民大学出版社　　管理分社

联系电话：010－82501048，62515782，62515735

电子邮箱：glcbfs@crup.com.cn

通讯地址：北京市海淀区中关村大街甲 59 号文化大厦 1501 室（100872）